中国国家地理
CHINESE NATIONAL GEOGRAPHY

天地之美　阅然纸上

美是进化的奖励

Beauty is an Evolutionary Reward

从孔雀尾巴到蒙娜丽莎

From Peacock's Tail to Mona Lisa

陈水华 著

CNS K 湖南科学技术出版社 · 长沙

图书在版编目（CIP）数据

美是进化的奖励：从孔雀尾巴到蒙娜丽莎 / 陈水华著. — 长沙：湖南科学技术出版社, 2025. 2.

ISBN 978-7-5710-3332-3

Ⅰ. Q959.7

中国国家版本馆CIP数据核字第20245TQ112号

MEI SHI JINHUA DE JIANGLI:
CONG KONGQUE WEIBA DAO MENGNALISHA

美是进化的奖励：从孔雀尾巴到蒙娜丽莎

著　　者：陈水华
出 版 人：潘晓山
总 策 划：陈沂欢
策划编辑：董佳佳　邢晓琳
责任编辑：李文瑶
特约编辑：曹紫娟
图片编辑：贾亦真
责任美编：彭怡轩
营销编辑：王思宇　蔡咏乐
装帧设计：别境Lab
特约印制：焦文献
制　　版：北京美光设计制版有限公司
出版发行：湖南科学技术出版社
地　　址：长沙市开福区泊富国际金融中心 40 楼
网　　址：http://www.hnstp.com
湖南科学技术出版社天猫旗舰店网址：
http://hnkjcbs.tmall.com
邮购联系：本社直销科 0731-84375808
印　　刷：北京华联印刷有限公司
版　　次：2025 年 2 月第 1 版　　印　　次：2025 年 2 月第 1 次印刷
开　　本：889 mmmm × 1194 mm 1/32　　印　　张：11.125
字　　数：256 千字
书　　号：ISBN 978-7-5710-3332-3
定　　价：98.00 元

推荐语

这绝对是一部思想性和趣味性俱佳的优秀原创作品，是践行科学与人文融合发展的一次大胆尝试。作为一名鸟类学研究的同行，我对作者跨界融合科学、美和艺术的壮举，感到由衷的敬佩和欣喜，自然也强烈推荐。

周忠和

中国科学院院士、中国科学院古脊椎动物与古人类研究所研究员、古鸟类学家
中国科普作家协会理事长

陈水华先生"文理两全"，既是优秀的鸟类学家、演化生物学家，也是具有广泛涉猎和极高品位的文艺家，对艺术与美学有着深刻和独特的感悟。本书对美的演化、审美与艺术、爱和幸福均有旁征博引、条分缕析的讨论，彰显了作者深厚的学术功底和驾驭文字的非凡能力。

苗德岁

美国堪萨斯大学生物多样性研究所荣休教授、古生物学和进化生物学家
《物种起源》权威译者、自然科普畅销书作者

从神经美学和进化美学出发，这部旁征博引的原创性著作把关于孔雀开屏之类自然美和蒙娜丽莎之类艺术美的哲学思辨问题转换成了科学实证问题，充分体现了鸟类学家的科学精神和博物馆馆长的人文素养的完美结合。

杨大春

浙江大学人文学部副主任、教育部长江学者、哲学学院暨外国哲学研究所教授

在我们这个时代，“美是什么”是个重要而困难的问题，陈水华博士的《美是进化的奖励》提出了一种基于新达尔文主义的解释，这是我近年来读过的最为大胆而睿智的关于“美学之谜”的理论探讨。

王杰

中华美学学会原副会长、教育部长江学者、《马克思主义美学研究》主编

大脑是人体最复杂和神秘的器官。本书中基于脑神经生理学发展形成的神经美学观点，为我们理解审美心理，乃至人生的快乐和幸福，提供了独特、新颖的视角。

胡海岚

浙江大学脑科学与脑医学学院院长、脑与脑机融合前沿科学中心主任

本书以美学为核心，通过丰富的艺术案例、科学理论与哲学思考，展现了美与审美的概念如何从原始朴素的生理需求演化到多元而复杂的艺术与信仰。它让我明白，即便在当今快速变化和理性的社会中，对美的追求依然是一个永无止境的过程，因为它激发了生命与艺术的创造力。

刘阳

中山大学生态学院教授、博士生导师、瑞士伯尔尼大学生态与演化博士

目录 CONTENTS

II

PART TWO

第二部分

艺术的本质

III

PART THREE

第三部分

审美和艺术的困惑

IV

PART FOUR

第四部分

生之愉悦

序言

达尔文后花园的秘密

随着科学的发展，我们对这个世界的认识已经越来越清晰。但有一个领域，依然云山雾罩，现有理论也多含糊其辞，甚至矛盾百出——这个领域就是审美和艺术。

面对落日或者飞鸟，我们会不约而同地赞美，但面对艺术作品，却总是众说纷纭。达·芬奇的《蒙娜丽莎》、米开朗基罗的《大卫》和梵高的《向日葵》，让所有人都心潮澎湃，但在毕加索的《亚威农少女》、达利的《永恒的记忆》和杜尚的《泉》面前，却有不少人锁起了眉头。

关于审美和艺术，每个人心中都有不少困惑，无论是普通人还是艺术家，甚至包括那些哲学家和美学家。我们的困惑，主要源自下列问题：美是客观的吗？美有没有标准？审美时为什么能够感受到快乐？审美和快乐是什么关系？审美是一种感性活动还是理性活动？什么是艺术？为什么会出现艺术？审美和艺术是什么关系？为什么不同的人有共同的审美偏好，却也有不同的审美趣味？艺术审美与自然审美有什么关系，又有什么区别？当代艺术是怎么回事？当代艺术是艺术吗？

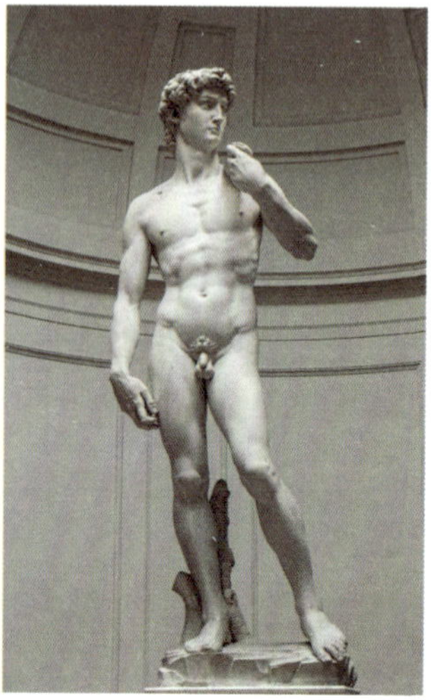

千百年来，哲学家们穷经皓首，对美和艺术的问题做了大量的阐释，但这些阐释在审美和艺术之外，又构筑起另一重迷雾。在人类理性高度发达的今天，为什么我们对于美和艺术的认识仍如雾里看花一般，总是莫衷一是？关于美和艺术的阐述甚至成了玄学，充满随意的语言和混乱的逻辑，思想表达和艺术表达混为一谈。对此，我们甚至都习以为常了。

关于美，存在三个基本问题：什么是美（what）？如何美（how）？为什么美（why）？

第一个问题，是我们每个人认识美的出发点，也就是我们周边，哪些东西是美的，美的要素是什么？第二个问题，问的是美的形成机制，也是美的近因，即我们的生理，特别是脑神经是如何感受美的？第三个问题，问的是美的根源，也即美的终因，即在生命的演化中，为什么会产生美，它有什么适应功能？

左 | 达·芬奇 —《蒙娜丽莎》
中 | 米开朗基罗 —《大卫》

右 | 梵高 —《向日葵》

千百年来，人类讨论的焦点，依然集中在第一个问题。因为单在这个问题上，人类就吵得不可开交，根本无法达成共识，甚至没有意识到如何美和为什么美的问题。关于如何美，局限主要来自科学基础，长期以来，大脑对于人类一直是个神秘的黑箱。而为什么美，则是一个石破天惊的问题，因为美具有先天性，不依赖任何基础，这是一个传统美学共识。而科学发展的历程告诉我们，对常识，尤其是习以为常的事物，问一句为什么，才是我们认识世界的起步。

值得欣喜的是，科学的发展，为我们认识审美投下了曙光。同时也提醒我们，应该把第一个问题暂时搁在一边，审视一下第二和第三个问题，很可能后者才是我们认识审美问题的根本。

基于脑神经生理学发展起来的神经美学，为我们理解大脑的审美机制提供了帮助。它试图回答，大脑是如何审美的。当我们说美的时候，大脑发生了什么反应？许多令人困惑的审美

毕加索 —《亚威农少女》

现象，有其生理基础吗？而基于达尔文进化论发展起来的进化美学，则带领我们一起探寻审美的起源，告诉我们，为什么那些我们习以为常的美会是美的，丑会是丑的，它们与我们人类的起源进化和生存发展有什么关系。

神经美学和进化美学的观点，让我有豁然开朗之感，也明白了美学和艺术理论之所以长期以来混乱的根源所在：美和艺术，不只是哲学问题，更应该是科学问题。只有借助科学和理性的光芒，我们才能看清美和艺术的原真面目。

然而，在阅读现有论著的过程中，我仍能感觉到跨越科学的局限。尤其当科学家进入艺术领域，总有点犹犹豫豫，含糊其辞，甚至底气不足。其中固然与这些科学家对哲学和艺术理论把握不足有关，更关键的还在于，现有的研究或者理论还没有触及问题的核心。那么，问题的核心是什么呢？在我看来，问题的核心是：在生命演化史上为什么会出现美和艺术？它们分别扮演着什么角色？

从神经美学和进化美学这两条主线出发，我了解了近年来脑神经科学、认知科学、进化生物学和进化心理学等相关领域的最新进展。我惊讶地发现，在这些问题的背后，都有一个隐隐约约的身影——奖惩系统，这是一个从生命进化之初就存在的动力系统。我忽然明白了，美其实是一种进化奖励，而快乐、幸福、爱情和美都是同一个东西，是美的不同面相。美的演化史，就是奖惩系统的演化史。而艺术和性选择，是个体利用奖惩系统追求自身利益的结果，是个体试图摆脱自然选择控制的努力，或者说是载体对基因的反叛。形象的比喻是，美是自然选择控制个体的诱饵，而个体吞食了这个诱饵，却没有上钩，这就是艺术。审美是动物的生存本能，而艺术利用了这一本能。

明白了这一点，我心中原有关于审美和艺术，甚至人生的困惑，似乎都迎刃而解了。美和艺术的起源与演化历史在我面前呈现出清晰的脉络：什么是主干，什么是枝干，什么是外来寄生的藤蔓，相互之间是什么关系。我甚至明白了，为什么人类具有先天直觉，为什么理性和感性之间具有剪不断理还乱的联系，我们为什么需要艺术，生命为什么有一个方向，明白了为什么我们总是觉得不幸福，人生为什么需要意义，明白了美、

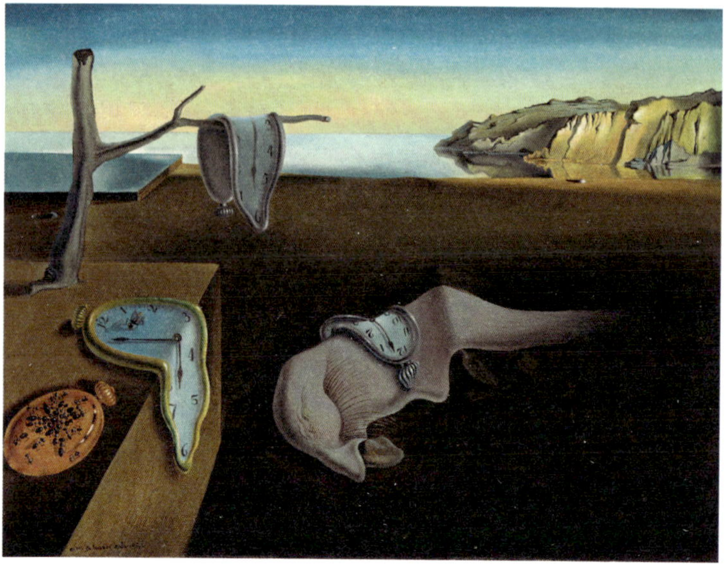

达利 —《永恒的记忆》

艺术和生命的关系，明白了爱才是生命演化的奇迹。

美的演化历史如此壮观，而现有的研究和论著仍陷于局部和片段。且多数论者或困于科学逻辑，或乏于人文素养，较少做触类旁通的推论。以至于我们只见树木，不见森林。我希望把我看到的面貌介绍给大家。其中的主体部分，基于相关领域的研究进展。在此基础上，我也做了许多类似铺路搭桥、捅破窗户纸的事情。我希望打通看似独立的学科与主题之间的关系，提供一套合理的理解框架。

本书始终围绕“美是进化的奖励”这一核心主题，力图展现美的起源和演化的主体面貌，回答并解决其中的关键问题。全书分为四大单元，第一单元“美的起源和演化”，是基础部分，回答美学的三个基本问题：什么是美？如何美？为什么

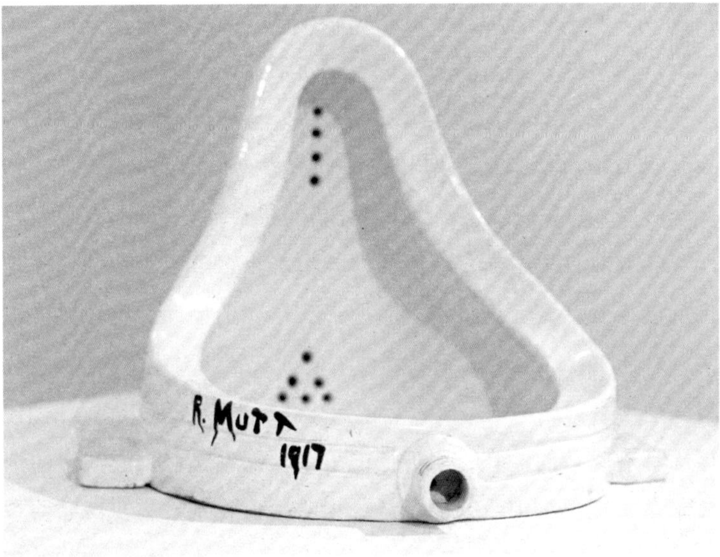

杜尚 —《泉》

美？如果把美的演化史比喻为一棵大树，第一单元是其中的主干；第二单元“艺术的本质”，聚焦艺术，回答艺术和审美的关系，艺术起源、艺术审美和进化的关系；第三单元“审美和艺术的困惑”，着力于分析和回答审美和艺术中最常困扰我们的问题，包括审美的感性和理性纠葛、审美的功利性、审丑现象、当代艺术和抽象艺术；第四单元“生之愉悦”，是对美的演化史的延伸，展示审美、艺术、爱情和幸福一脉相承的关系，美同样是生命演化和人生幸福的基础和追求。

在我最初的计划中，这是一本科普书籍，但在阅读和写作的过程中，我发现现有的学术进展和论著依然无法回答我的全部问题。而且，当我把不同领域的文献综合在一起的时候，原来相对独立的议题便出现了自动拼接的现象，展现出了新的图景。对于其中缺失的环节，根据文献和分析，我做了自认为合理的推演。所以，这又有点类似学术著作了。为了严谨，我尽可能列出主要科学观点和论述的出处，但为了阅读的通俗性，我并没有追求资料的全面和前沿，或者列出所有文献的出处。如有必要，我希望后续有改正与完善的机会。

这本书的文体也有点奇怪，既不是正宗学术表达，也不是传统的科普语言，许多章节有明显文学化的倾向，类似科学散文。总体上，这是一个崇尚理性、爱好文艺、对世界充满好奇、对人生还有困惑的人写给自己的一本书。我试图基于科学前沿，摒除耳畔嘈杂的声音，用理性的思维，探索自己内心欲望的细枝末节，梳理脑中纷繁的思绪，想明白，我是谁，我该如何与世界相处，与自我相处。

如果你心中也有困惑，或者也厌倦了耳旁的那些陈词滥调，不妨打开本书，和我一起寻找答案。但如果你看了这篇序言，不明白我在说什么，那么我建议你从目录中挑选一两个感兴趣的话题，尝试阅读。如果还是无果，则大可放下。虽然我的表述已经尽可能通俗，并为提及的人物和部分专业知识给出了适当的注释，但因为有太多跨界的内容，我得承认，这本书确实不容易阅读。

达尔文在伦敦市郊的家，名为“唐恩小筑”。房子不算大，比较简朴，但房子后面有个花园，达尔文特别喜欢。他曾在里面做各种各样的实验，观察他种的植物，还试着培育过植物的种子。在里头，他也养过鸽子，以及其他各种各样的动物，解剖过世界各地的殖民者、探险家、商人寄给他的标本。某种程度上，这个花园也是《物种起源》这一伟大著作的萌发地和孕育地。我很难想象，当世界图景和人类的秘密在达尔文眼前展现时，他是怎样的心境。但我相信，达尔文是一个极度理性的人，环顾小花园，他一定也发现了，花园的一角一直迷雾重重，其中隐藏着人类审美和艺术的真相。达尔文在其后半生曾经试图驱散这些迷雾，他因此创作了《人类的由来及性选择》。达尔文一度相信，他已经做到了。然而，150 多年过去，达尔文的后花园依然云雾缭绕。这确实令人沮丧，似乎也表明，即便有了先知，人类也并不那么容易走出迷途。世间过于嘈杂，而人类并不善于倾听。但终究，光还是照进来了，云雾在逐渐消散。

PART I

THE ORIGIN AND EVOLUTION OF BEAUTY

第一部分 美的起源与演化

第1章

认识你自己

2016年10月的一天，我在南非克鲁格国家公园考察。可能是时差的关系，半夜时分，我突然惊醒，一时不知身在何处。躺了一会儿，还是睡不着，我起身走到露台上。室外月明星稀，广袤的稀树草原影影绰绰。想起这是一片人类祖先曾经生活的大陆，作为7万年前走出非洲的智人[1]后裔，我深吸了一口清凉的空气，虽然血液中并没有什么东西被激活的特别感受，但在这样一个身处异乡午夜梦回的夜晚，遥望这片陌生的土地，以及浩瀚的星空，不免陷入沉思：我是谁？我从哪里来？我要到哪里去？

真正使人成为人的，是人类获得了认识世界的能力。随着科技的发展，宏观上，我们已经可以探索太空，微观上，我们深入到了夸克。可以说，世界图景在我们面前已经逐渐展现，

1. 地球上曾经出现过多个人种，而智人 *Homo sapiens* 是唯一现存的人种。也就是说，今天所有的人类都属于智人。根据基因学证据，智人起源于非洲，世界其他地方的人类都是六七万年前走出非洲的智人的后裔。

人类也获得了看似无穷的能力。正如历史学家尤瓦尔·赫拉利[1]所说的，人类离神已经不远了。然而，人类理性光芒所及之处，依然存在一个阴影，那就是我们自己。

古希腊奥林匹斯山德尔斐神殿有一块石碑，上书“认识你自己”。数千年来，人类一直为此不懈努力，却步履艰难。除了人类理性的局限之外，有限的记忆也是个中原因。在时间的长河中，我们出发太久，乃至忘记了自己是谁。不过，最大的障碍，还是来自人类的主体意识。在每个人的心中，“我”永远是生活的主角。“不识庐山真面目，只缘身在此山中”，我们很难跳出自己来认识自己，就像眼睛看不到眼睛一样，始终存在“灯下黑”。

人类的觉醒

大约在700万年前的东非，人类的祖先与黑猩猩分家，走上了独立演化的道路。400万年前，人类祖先开始直立行走；到了250万年前，开始学会使用石器。这时，人类仍是一种没什么特别的动物，因为许多动物，包括黑猩猩也会使用简单的工具。150万年前，人类祖先第一次走出了非洲。在这过程中，人类学会了用火，但要到约50万年前，才学会生火。20万年之前，出现了新的人种，也就是今天人类真正的祖先——“智人”。这时候的智人，其实仍是个“糊涂人”。一直到7万年前，人类进化

1. 尤瓦尔·赫拉利（Yuval Noah Harari，1976— ），以色列历史学家、作家，耶路撒冷希伯来大学教授，毕业于牛津大学。他创作的《人类简史》《今日简史》和《未来简史》三部曲引发了全球广泛关注。

史上才有了真正的飞跃，发生了认知革命。人类开始意识到了自己的存在，并试图认识和解释周围的世界，包括人类存在这一事实。语言开始广泛使用，大大促进了人类社群的构建与发展。

但由于没有文字帮助记忆，这时的人类不能算是真正觉醒，至多是时而清醒时而糊涂的“失忆人”。然而，就算是“失忆”的智人，也比“糊涂”的智人要好。凭借着有限的智力，人类的祖先再次走出非洲，彻底打败了早期出走的直立人[1]，以及后期进化出的尼安德特人[2]，占领了整个世界。1 万年前，人类终于走出了山洞，开始了聚落生活。这时，发生了人类进化史上的第二次飞跃——农业革命。此前，人类靠狩猎和采集为生，农业革命之后，人类学会了驯养动物，栽种植物。从此，人类过上了相对稳定和富足的生活。5500 年前美索不达米亚乌鲁克文化遗址出土的象形文字被公认为人类最早的文字，这些象形文字又演变为相对成熟的楔形文字。然后是稍后的古埃及出现了象形文字。中国的甲骨文，出现在距今 3600 年前。文字的出现，对于人类的发展具有不可估量的意义。借助于文字，人类终于把这份觉醒巩固下来，彻底摆脱了遗忘的侵蚀。

但这时的人类，就像走到荒野中或者森林里突然清醒的失忆患者，完全不记得此前发生了什么。环顾四周，全是低等生物，一种孤独感和自豪感油然而生。如何解释世界和自己的存在，是

1. 直立人 *Homo erectus* 是已经灭绝的古人类之一。直立人起源于非洲，100 万年前走出非洲，扩散到欧洲和亚洲，据考证为后来发展起来的智人所灭。北京市周口店发现的“北京人”即为直立人，而“山顶洞人”为智人。

2. 尼安德特人 *Homo neanderthalens* 是约 12 万到 3 万年前居住在欧洲及西亚的一种古人类。

摆在所有人类面前的首要问题。不同的族群找到了各自认为合理的解释。西方有上帝创世，中国有盘古开天。不论何种解释，人类始终位于世界的中心，周边所有一切存在，都服务于人的生存。人是万物的尺度，也是万物的目的。即便后来发现，地不是平的，天也不是一个盖，人类实际上生活在一个球体上面，但有一点是肯定的，那就是，这个球是宇宙的中心。

1543年，哥白尼发表《天体运行论》，提出日心说，自然要被认为是异端邪说，乃至半个多世纪之后，布鲁诺还因为宣传日心说而被活活烧死。一直到牛顿的《自然哲学的数学原理》问世，地球中心主义的乌云才彻底消散。

对于人类的自我中心意识，达尔文的进化论显然更具杀伤力。1859年，达尔文出版《物种起源》，提出生物进化论，揭开了生物物种和人类起源的奥秘，全世界一片哗然。这个观点，才是真正的认知革命，几乎颠覆了人类的全部认识。我们身边如此丰富多彩的生物，难道不是上帝创造的吗？这个疑惑不难理解。即便是一只蝴蝶、一只小鸟，其内部细胞、组织和器官的结构也是错综复杂，相互之间的配合又如此神奇巧妙，纵然是今天的科学，也无法完全理解其中的奥妙，更别提仿制。所以，在达尔文之前，人们普遍相信，这些神奇复杂的生物一定有个设计者，这个设计者既然不是人类，那只能是上帝。而人类又远比动物复杂，还有情感和思想，当然更是上帝的杰作。圣经的《创世纪》对此是这样描述的：上帝第一天创造了白天和黑夜，第二天创造空气和天，第三天创造了地、海、山川、平原、花、草、树木，第四天创造了天上的星辰，第五天创造了鱼、鸟等各种动物，第六天，上帝用泥土创造了男人亚当，又用亚当的一根肋骨创造了女人夏娃。

《物种起源》的核心观点，可以总结成一句话：一个 35 亿多年前的单细胞生物逐步演化出了地球上的所有物种，包括人类，而促成演化的动力是自然选择。自然选择理论是达尔文生物进化论的关键，也是其中最具革命性的地方。具体来说，如果一个物种的不同个体间存在基因的差异，这些差异势必影响到它们的生存能力和繁殖能力，那么在下一代，高存活率和高繁殖力的好基因就比坏基因拥有更多的拷贝。只要时间足够长，好基因将占据整个群体，坏基因将逐渐消除，种群将变得更加适应环境，物种也潜移默化发生了改变。这个过程就是自然选择的过程，也被通俗理解为“适者生存”。

进化论将人类混同于一般动物，同时，用自然选择替换了本该是上帝的位置。为了避免汹涌的怒火，实际上，达尔文在《物种起源》中并没有直接论述人类的起源问题，仅在书末隐晦地提出：“人类的起源与历史必将大白于天下。”直至 1871 年，达尔文才在《人类的由来及性选择》中，对人类的起源问题进行了系统阐述。

虽然达尔文对人类的自尊心造成了极大的伤害，但人类中心主义长期以来依然阴魂不散。在大多数人眼里，人类和动物之间存在巨大的鸿沟，如果人类真是动物，那么，世界上存在两类动物——一类是人类，另一类是其他动物。

我们常说，人是由猴子变来的。这是一个很通俗的说法。严格来说，人类的祖先是类人猿，和我们所熟悉的猴子都属于灵长类。现存的黑猩猩 *Pan troglodytes* 与大猩猩 *Gorilla* sp.[1] 就属

1. 大猩猩现分为两个物种：东非大猩猩 *Gorilla beringei* 和西非大猩猩 *Gorilla gorilla*，分别生活在非洲热带雨林和非洲大陆赤道附近的丛林中。

于类人猿。然而，从基因相似度来说，黑猩猩最近的亲戚是人类，而不是其他灵长类，甚至不是大猩猩。

人类的骄傲多数源于人类的灵魂错觉。灵魂或者心智，自人类有自觉意识以来，一直令思想家们疯魔着迷。先贤们倾向于认为，灵魂是人类所特有的，是其他动物所不具备的。而灵魂拥有许多高尚的特质，比如互助合作、友爱、自我牺牲、审美和艺术创造等等。这些高贵的特质，也常被称为“人性”。而围绕在人性周围的则是迷雾重重。

人性和道德的迷障

1975 年，哈佛大学的生物学教授爱德华 · 威尔逊[1]，出版了皇皇巨著《社会生物学：新的综合》。爱德华 · 威尔逊长期致力于研究蚂蚁和其他群居性昆虫，被认为是当今最杰出的生物学家和思想家，著作丰厚，曾两度获普利策奖。1996 年，爱德华 · 威尔逊被《时代》杂志评为“25 位最有影响力的美国人”之一。爱德华 · 威尔逊的著作创造了一个新的学科——社会生物学，旨在探讨人类行为的起源与进化的生物学机制。

社会生物学理论被认为是达尔文进化论以来最重要的理论创新，当然，也不可避免地引发巨大的争议。反对威尔逊理论的有名人，有科学家，如同样是进化生物学家的斯蒂芬 · 古尔

1. 爱德华 · 威尔逊（Edward O. Wilson，1929—2021），美国著名生物学家。1975 年出版《社会生物学》，被誉为“社会生物学之父”。

德[1]；也有普通民众，如 1978 年美国科学促进会年会上，向威尔逊头上倒冰水的年轻妇女。她是一位反种族主义示威者，而她的同伴则在旁边齐声高喊："威尔逊，你湿透了！"（You are all wet！）这是句美国俚语，意思是："你不受欢迎！"这次事件据说成为美国近代史上科学家因为表达理念而遭到身体攻击的唯一案例。

威尔逊的社会生物学理论到底讲了什么，以致引起这么大的愤怒？《社会生物学：新的综合》总体上属于学术著作，重点关注的是动物的社会行为。社会生物学认为，社会行为并不是人类所特有的，而是许多社会性生物共有的。威尔逊系统梳理了昆虫、鱼类、鸟类和哺乳动物的群体行为，包括亲缘关系、侵犯行为、利他行为、性关系和通信行为等，揭示了这些行为背后的基因支配机制和进化生物学基础。然而，在著作的最后一章"人类：从社会生物学到社会学"，威尔逊把动物的社会行为外推到了人类，探讨了人类社会行为的起源与进化，明确提出：人类的互相协作、日常交往、文化、艺术、宗教、伦理和审美现象都有其生物学基础。人类的行为在很大程度上类似动物，是由基因决定的，是自然选择的结果。正是这个观点触怒了普通民众：如果基因决定一切，是否等于说，种族之间的文化差异也是基因决定的？威尔逊于是被扣上了种族主义者的帽子。

真正对人类自尊心造成伤害的，是社会生物学对道德的威胁。长期以来，道德一直是人类引以为傲的高尚特质。人类有理由相信，动物都是自私自利的，只有人类可以摆脱自私的本

1. 斯蒂芬·古尔德（Stephen J. Gould，1941—2002），美国著名的古生物学家、进化生物学家和科普作家。

性，拥有为群体和他者牺牲和奉献的高尚情操。根据达尔文的自然选择理论，适者生存，生物为了生存，势必你死我活，不择手段。然而，随着生物学的发展，人们逐渐发现，事实并非如此，在动物界也存在大量的利他行为，甚至是牺牲自己帮助同类的行为。

动物界中最常见的利他行为是互惠利他：海葵用刺细胞保护寄居蟹，寄居蟹则背着海葵四处游荡觅食；有一种吸血蝙蝠，为了应对饥一顿饱一顿的觅食挑战，演化出一种互助机制，吸到血的蝙蝠会把血吐给没找到食物的伙伴，以共渡难关；生活在南美洲的燕尾娇鹟 *Chiroxiphia caudata* 会进行集体求偶，参加求偶的雄鸟通常 5～6 只一组，在雌鸟面前跳集体舞，它们之间可能毫无血缘关系，甚至可以是随便加入的“流浪汉”，却表现出高度的默契——只要雌鸟看中其中的一只，其他雄鸟马上识趣地离开，绝不争风吃醋；合作捕猎是最常见的互惠行为，狮群、非洲野犬、栗翅鹰 *Parabuteo unicinctus*、海豚、行军蚁等都有合作捕猎的现象。

互惠利他比较容易理解，是生物个体为了更好地生存繁衍，演化出的合作行为模式。让人费解的是，生物界中还存在大量的看似毫不利己、专门利他的现象：蚁巢中的兵蚁，它们的主要职责是防卫，当蚁巢被打破时，工蚁会纷纷逃避，而兵蚁则争先恐后地跑出来，抵挡入侵者；蜂巢中的工蜂，整天忙忙碌碌，脏活累活抢着干，却并不留下自己的后代；在鸟类中，合作繁殖也是个普遍现象，有些个体放弃自己繁殖的机会，转而帮助父母或者其他亲戚养育后代；鲸鱼会背着行动不便的同伴到处游动，以帮助它们恢复健康；遇到险情时，狒狒 *Papio* sp. 首领会奋不顾身地冲向敌人，拼命掩护同伴撤离；汤氏瞪羚

Eudorcas thomsonii 发现敌人逼近时，会高高跳起提醒伙伴，而自己却暴露在捕食者的血盆大口之下……这样的例子不胜枚举。极端的例子来自螳螂，在交配过程中，雌螳螂会吃掉雄螳螂，雄螳螂似乎也心甘情愿，甚至，有时雄螳螂头被吃掉了，生殖器还在奋力工作。

达尔文对此现象也曾大惑不解，承认这是对自然选择理论的最大挑战。在《物种起源》中，达尔文曾经指出："没有任何一种本能是专门为他人谋利而形成的，相反，所有的动物都在欺骗和利用对方。"长期以来，生物学家一直试图解释这个反常现象，却一筹莫展。

直到 1964 年，英国进化生物学家威廉·汉密尔顿[1]提出了亲缘选择理论，也称为广义适合度理论，才完美地解释了利他行为。根据这个理论，利他行为主要出现在亲族之间，亲缘越近，利他越明显。亲缘关系近，表明它们有共同的基因。生物生存的目的在于基因传递，帮助了亲戚，其实也间接地帮助了自己。

1976 年，英国进化生物学家理查德·道金斯[2]在他的著作——《自私的基因》中更充分地论述了这个观点。而在此之前，沃森[3]和克里克[4]提出了 DNA 双螺旋结构模型，标志着分子

1. 威廉·汉密尔顿（William D. Hamilton，1939—2000），英国演化生物学家，提出了著名的亲缘选择理论。

2. 理查德·道金斯（Richard Dawkins，1941—　），英国牛津大学教授，著名演化生物学家、动物行为学家和科普作家。创作了《自私的基因》等一系列脍炙人口的作品。

3. 詹姆斯·沃森（James Watson，1928—　），美国生物学家、遗传学家，20 世纪分子生物学的带头人之一，1953 年和克里克发现 DNA 双螺旋结构。

4. 弗朗西斯·克里克（Francis Crick，1916—2004），英国生物学家，1953 年和沃森发现 DNA 双螺旋结构。

生物学的建立。人们逐渐明白，基因才是最基本的遗传物质。道金斯认为，生物个体和群体只是基因的临时载体，只有基因才是永恒的。基因既是遗传的基本单位，也是自然选择的基本单位。基因的本质是自私的，它们控制着生物的行为，目的就是为了使自身能更多更快地复制。利他行为本质上仍是自私的基因在作祟。在利己与利他两种可选的策略中，哪一种更利于基因的生存和复制，生物就会选择哪一种策略。生物表面的"崇高"就这样被完美地解构了，甚至连天下最纯真的母子亲情也未能幸免。根据这个逻辑，母爱其实也是自私基因的工具。

如果只讲动物，那也就罢了，但类推到人，这一观点就令人难以接受了。这应该是大多数人的反应。人类的道德和动物的利他行为能一样吗？人们更愿意相信，动物是出于本能反应，而人类的道德是文化的产物，是一种主动的行为，是人类自由意志的体现。如果行为受基因控制，那么还存在所谓的自由意志吗？

达尔文曾经说过："自由意志是进化带给我们的一种幻觉。"这当然与普通人的日常体验不同。我们确实常常面对两难的处境，而且，我们确实根据自己的意愿做出了选择，怎么能说没有自由意志呢？对此，社会生物学的回答是这样的：所有的选择都是权衡的结果，都不是自由的选择。即便是那些看似随意的选择，背后也有你所不知道的原因，可能与你做选择时体内的激素分泌密切相关，从来就没有无缘无故的选择。英国哲学家大卫·休谟[1]有一个著名表述："理性是激情的奴隶。"如果

1. 大卫·休谟（David Hume，1711—1776），苏格兰著名哲学家、不可知论者，西方哲学史中最重要的人物之一。

从社会生物学层面来理解，其中应该包含两层含义：我们以为的理性，其实是激情的化身；人类的理性，其实常为激情所左右。

法国哲学家拉美特里[1]提出，人是一台机器。随着基因科学的发展，这种机械唯物论的思想有了更多的拥趸。如果把人理解为一台生化机器，人的生理基础便属于硬件部分，精神活动则属于软件部分。而在软件部分中，潜意识又占了主体，留给自由意志的空间似乎非常有限。在生活中，大家都会遇到情绪失控的时候，我们一直告诫自己，不要生气，但总是气愤难平。我们也知道吸烟有害，但情不自禁，又摸出一支点上了。在科幻电视剧《西部世界》[2]里，那些接待员一直以为自己是个具有自由意志的正常人，殊不知，他们都是正在进行角色扮演的机器人。他们的记忆可以被随便抹去和植入，软件可以随时更新。今天是张三，明天又成了李四，不同的行为，不同的台词。这样看来，我们有什么理由认为，窗外的小鸟和家中的小猫，它们就没有自由意志呢？它们有意志，而且也能感觉到自由。看着每天的微信朋友圈，每个人都有其固定的行为和思维模式，我们难道不困惑：我们到底是灵魂受制于肉体，还是肉体受制于灵魂？

对威尔逊的责难，更多来自其理论可能造成的社会影响。

1. 朱利安·奥弗鲁瓦·德·拉美特里（Julien Offroy De La Mettrie，1709—1751），法国启蒙思想家、哲学家。

2. 《西部世界》（*Westworld*）是2016年美国出品的科幻类连续剧，以一座名为“西部世界”的大型高科技游乐园为背景，展示了人类游客残虐的本性，以及机器人接待员逐渐觉醒，并最终反叛的故事。

古尔德就指出，科学是解放的工具，而社会生物学有可能为阶级压迫和种族歧视提供科学依据。威尔逊则辩解说，科学应该是一种理性的探索行为，不应该过多牵涉政治和意识形态。当然，随着科学的发展，已经有越来越多的证据显示，社会生物学的理论是正确的。这些证据多数来自最新发展的分子生物学和神经生物学。

科学的发展也培育了人类的理性。威尔逊的成就受到了越来越多的肯定，1999 年还获得了美国人道主义者协会颁发的“人道主义奖”。同年，他还出版了同样野心勃勃、影响广泛的《知识大融通：21 世纪的科学与人文》，试图融合自然科学和社会科学。当然，在书中，威尔逊自己也承认，这种融合在理论上是可行的，在现实中也是必要的，但确实存在许多困难。最大的困难，在威尔逊看来，主要来自社会学家的迂腐与守旧：“他们对人性的领悟来自常识，也就是基于通俗心理，若以爱因斯坦的定义来看，则是以 18 岁之前学到的东西为根基。然而这些领悟却充满了误解，而且只比希腊哲学家的想法高明一点点。即便是那些先进的社会学家，也同样对通俗心理感到满意，并且照例地忽视心理学和生物学上的科学发现。”

关于人类的道德起源，英国科普作家马特 · 李德利[1] 在《美德的起源：人类本能与协作的进化》一书中，进行了更加全面和系统的论述。大量研究已经证明，人类的道德感并不是理性思

1. 马特 · 李德利（Matt Ridley，1958— ），英国记者、科学家、科普作家，以在科学、环境学与经济学领域的著作而闻名。

考后的自觉行为，更多的是出于天生的情感（Ridley，1998）。一个人看到不公或者残忍的行为时觉得厌恶，这是一种本能的感受。典型的案例来自乱伦禁忌，也就是直系亲属之间不发生性关系的伦理。在弗洛伊德看来，乱伦禁忌是一种文化现象，是道德观念抑制了家庭成员性的欲望。而随后大量的研究发现，乱伦禁忌并不是一种简单的文化现象，而是一种遗传现象。在世界各地，不同民族，无关信仰，均存在乱伦禁忌，是熟悉导致了性欲的消失，尤其是在儿童发育早期的亲密相处，是导致性吸引力消失的主要原因。这实际上是自然选择的结果，从而防止近亲繁殖导致的后代畸形。这种禁忌不只在人类，在其他动物中也存在，在灵长类动物中尤其普遍。

社会学家普遍拒绝，甚至无视社会生物学的观点，他们强调人类的行为更多受到文化和环境的影响，强调不同文化之间存在的道德差异。实际上，社会生物学虽然强调了道德的生物学基础，但并没有否定道德的文化影响。在生物学上，假设永远是假设，除非得到数据的支持。在爱德华·威尔逊看来，如果社会科学家继续墨守成规，其领域最终将为自然科学家所占领。两者之间目前已经搭建起了四座桥梁：认知神经科学、行为遗传学、进化生物学和环境科学。有一个简单例子，可以说明生物学基础和环境影响的相互作用：我们的手掌和脚掌经过不断摩擦就会长出老茧，这是一种保护性的适应机制。而这种适应机制需要环境的不断刺激才能触发，缺少摩擦便不会形成茧子。但如果没有先天的适应机制，无论怎么摩擦，也只会磨破皮肤，而不会长出茧子。这也是我们常说的，内因和外因相互作用的原理。

理性的光芒

自从文字发明以来，人类社会有了突飞猛进的发展。最根本的原因在于：借助于文字，人类建立了逻辑，培育了理性，而理性是人类认识世界最重要的工具。尤其是科学的发展，解决了一个又一个的问题，为人类社会带来了全新的面貌。人们开始相信，借助于科学，人类最终可以解决所有问题，包括贫困、疾病、战争、饥荒、衰老，甚至死亡。

这样的乐观情绪在科学革命到来之际达到高峰。1620 年，英国哲学家培根[1]发表了《新工具》，提出了“知识就是力量”的科学宣言。然而，随着逻辑实证主义和科学主义的发展，理性的局限也逐渐显现。尤其是休谟的怀疑论，动摇了归纳法和因果律的基础，进而动摇了人类认识论的基础。

不可知论和怀疑论一直是哲学的一股潮流。不同时期的哲学家，从不同层面告诉我们，我们所看到的一切都只是表象，我们不可能通过逻辑和理性抵达世界的本质。我们不仅不能认识世界，甚至连这个世界是否存在都不能确定。超弦理论[2]认为我们的宇宙可能是十维的，甚至是更多维的，但人类的认识被困在四维世界之中，就像困在蚁穴中的蚂蚁，或者鱼缸中的金鱼。不管蚂蚁和金鱼拥有何等智慧和理性，如果它们竟异想天

1. 弗朗西斯·培根（Francis Bacon，1561—1626），英国文艺复兴时期著名散文家、哲学家。

2. 超弦理论（Superstring Theory），物理学理论，属于弦理论的一种，认为物质的基石为十维时空中的弦。而弦理论认为，宇宙的基本单元不是粒子，是因为弦在空间运动，才产生了各种粒子。世界中所发生的一切相互作用，所有的物质和能量，都可以用弦的分裂与结合来解释。

开地认为自己能够认识世界，说实在的，我们也觉得十分荒谬。

中国古代“庄周梦蝶”的故事，其实已经对人类的理性提出了挑战。庄周梦见自己变成了蝴蝶，因而忘记了自己是庄周。醒来后，发现自己原来是庄周，却又不能分辨是庄周梦见蝴蝶，还是蝴蝶梦见了庄周。

美国哲学家希拉里·普特南[1]在《理性、真理与历史》一书中提出了“缸中之脑”的假想，将对理性的质疑推到了极致。我们知道，我们的大脑位于脑颅之中，所有的感觉来自外部神经的信号传入。普特南因而设想：“假如一个人被邪恶科学家施行了手术，他的大脑被从身体上切了下来，放进一个盛有维持大脑存活的营养液的缸中。脑的神经末梢连接在计算机上，这台计算机按照程序向脑传送信息，自身的运动、身体感觉都可以输入，以使他保持一切完全正常的幻觉。对于他来说，似乎人、物体、天空还都存在，他甚至‘感觉’到，他自己正在这里阅读这段有趣而荒唐的文字。”（Putnam，1981）如果这个人就是我们自己，我们能否确认自己的脑此刻是在缸中，还是在颅内？

电影《黑客帝国》[2]被认为是受到了“缸中之脑”的影响。在电影中，叛徒塞弗厌倦了在现实中喝那些苦涩的浊酒，宁愿在母体（Matrix）中享受那虚拟的牛排。他也知道那些牛排并不存在，只是信号的输入，但他确实感觉到了牛排的多汁和美味，

1. 希拉里·普特南（Hilary Putnam，1926—2016），美国当代著名哲学家、逻辑学家，新实用主义的主要代表人物。

2. 《黑客帝国》（*The Matrix*）是由华纳兄弟公司发行的系列动作片，讲述了网络黑客尼奥发现身边看似正常的现实世界，实际上是一个由人工智能控制的虚拟世界，从而加入了进行反抗的黑客组织，并走上了与人工智能抗争征途的故事。

这就够了。至于牛排是否真的存在，对他来说并不重要。

对于人类的理性虽然有种种质疑，但我们应该看到，它依然是人类进化和发展中最辉煌的成就，是我们探知世界唯一可依靠的工具，更是人类文明的基石。没有理性，毫无疑问，人类至今还是一种没什么特别的“裸猿”而已。

这使我想起小时候走夜路的情景。少年时期，我住在乡下外婆家，常和小伙伴们到另一个村庄看电影，回程多要走漆黑的夜路。因为熟悉的缘故，即便在月光昏暗的夜晚，我们凭感觉也能摸黑到家。但是有一回，半路上我们忽然想起，附近有一户人家的桃子熟了，由于主人特别凶悍，偷吃桃子这事儿在白天我们想都不敢想，但在这样的夜晚，我们手头正好有一支手电，虽然也不够明亮，但已经足够指引我们爬到那棵树上，摘到我们梦寐以求的桃子。

进化论无疑是最耀眼的理性光芒。从来没有一个理论像进化论这样，自提出之日起，在160多年间始终生气蓬勃，至今还在不断拓展着人类的认知。进化论的应用，已经远远超越了生物学，几乎覆盖了所有学科，从自然科学到人文科学，从分子生物学到社会行为学，从现实生命到虚拟生命。既然人类自身就是进化的产物，那么与人相关的所有问题，都离不开进化这个大的背景。

在《达尔文的危险思想》一书中，美国哲学家丹尼尔·丹尼特[1]认为，达尔文的进化论无疑是宇宙层面的强酸：“它几乎把所有的观念都销蚀掉，在其身后留下一个革命化的世界观，

1. 丹尼尔·丹尼特（Daniel Dennett，1942—2024）美国塔夫茨大学哲学教授与认知科学研究中心主任。当代著名哲学家，代表作有《意识的解释》等。

大多数旧有的景观仍然依稀可辨，但也经历了彻底的改造。”（Dennett，1996）丹尼特的想法似乎过于乐观了，在进化论提出160多年之后，许多领域其实仍是铁板一块，比如审美和艺术领域。

在对人类行为的重新审视方面，进化心理学、遗传心理学和认知心理学走在了前沿。进化心理学是一门革命性的新学科，它提供了一个有趣而独特的视角，来观察人类的心理和行为，是现代心理学和进化生物学在理论上的真正融合。进化心理学吸收了跨文化研究、生理学、遗传学和神经生理学等研究的方法和最新成果，系统探究了学习和记忆、情绪和激情、吸引力、嫉妒、性行为、自尊、地位、自我牺牲、亲代抚育、亲属关系、择偶偏向、合作、战争、攻击行为、伦理道德、文化意识等人类心理和行为的多个方面，为人类认识自我揭开了新的篇章。而遗传心理学则告诉我们，对于每个个体来说，我们最终会成为怎样的人。我们想当然地以为，父母很重要，学校很重要，人生经历也很重要，但大量的研究显示，DNA才是唯一能产生系统性差异的因素，占心理特征差异的50%，其余的差异则来自随机环境的影响。认知心理学告诉我们，我们的大脑存在两套系统，一套是古老的自发式系统，也称为非理性系统，它控制着我们几乎所有的生理活动；另一套是分析式系统，这是后天进化出的系统，又称为理性系统，具有自我意识和逻辑分析的能力。这两套系统，有时协调，有时冲突。但对于生物进化和繁衍来说，理性系统并不是必需的，而是人类觉醒的结果。

遗传和生理是塑造我们最重要的因素。然而，由于科学的局限，人类的基因密码和脑神经生理一直是人类认识自我最大的两个黑箱。值得庆幸的是，近二三十年，科学在这两方面均取得了突飞猛进的发展。虽然还只是初步的，但无异于在黑箱上劈开了一条裂缝，人性最神秘、最幽暗的区域终于透进了一束光芒。爱德华·威尔逊在《知识大融通》一书中激动地说："我有幸能在有生之年，亲眼看到分子生物学的英雄时代、地质学的板块构造理论，以及进化生物学的现代综合学说。目前则轮到了大脑科学的发展。"

2003 年 4 月，科学家首次完成了人类基因组计划，标志着我们终于破译了这份来自"上帝"的人类基因密码。这份密码由 60 亿个字母组成，包含着我们人类许多重大的秘密，比如我们的祖先来自哪里，我们可能会躲过哪些疾病，哪些疾病可能会使我们丧命，我们天生具有哪些心理和生理特征等等。

前年夏天，我在妻子的鼓动下，在手机上下载了一个基因检测软件，订购了一份基因检测套餐。过几天，就收到一个快递，要求回寄 2 毫升唾液样本。两周之后，收到检测方发过来的一份详细的基因检测报告，内容涵盖祖源分析、遗传风险、遗传特质、遗传变异携带、营养需求、药物反应、运动健身等多项内容。其中两项内容解释了我长久以来的困扰：基因检测显示，我对咖啡因和酒精过敏。从此，我决定不在下午喝咖啡和绿茶，以免影响睡眠，同时，我也放弃了通过锻炼提高酒量的努力。

雨果[1]说：世界上最广阔的是大海，比大海更广阔的是天空，比天空更广阔的是人的心灵。长期以来，心灵被认为是人类最神秘的领域，科学家一向敬而远之。他们普遍的态度是：心灵的话

1. 维克多·雨果（Victor Hugo，1802—1885），法国 19 世纪浪漫主义文学的代表，代表作有《巴黎圣母院》《九三年》和《悲惨世界》等，在法国及世界有着广泛的影响力。

题最好留给哲学家去讨论。然而，20 世纪 70 年代以来，这个风向正在转变。借助于新的科技，一门新的学科逐渐建立，那就是认知神经科学，又称为大脑科学。尤其是脑显像术的发展，使我们得以越来越精细地观测神经网络上的活动，为人类最终理解自身欲望、审美、幻想、情绪、意识等心灵活动提供了可能。

审美和艺术，被认为是人类心灵活动最后的圣地。历史上，相关哲学和美学论著可谓汗牛充栋，但要么浅尝即止，要么莫衷一是，从而使得审美和艺术上空阴云密布，迷雾重重，成为一片玄妙莫测、难以言说的秘境。终究，对于这片最美的花园，人类并不准备就这么放弃好奇之心，任其杂草丛生，更何况那里还隐藏着我们人生最大的秘密：关于欲望、快乐和生命的意义。如何把审美和艺术纳入科学的范畴，我们已经看到了先驱们的努力，也不乏我国学者的身影。而进化美学和神经美学的诞生，则是这一努力标志性的开端。

大门已经打开，阳光也已洒入。借助于理性的光芒，透过时间和语言的重重迷雾，不妨和我一起去探寻一下，在这片荒芜而又美丽的花园里，能否找到那个答案：我们是谁，我们从哪里来，我们要到哪里去。当然这是一趟危险的旅程，进入下一章节之前，建议你先看一遍电影《黑客帝国》。现在，你正面临着电影主人公尼奥一样的选择：相信达尔文和进化美学，等于吞下了那颗蓝色的药丸，将带你回到现实，而且，你再也回不到原先虚幻的世界了。

第 2 章

审美的起源

达尔文出版《物种起源》之初，曾遭到普遍的嘲笑和质疑，同时也被卷入了无休止的论争之中。达尔文不得不用自己的理论去解释各种生物现象，甚至是明显刁难的问题。达尔文提出进化论，当然不是坐在办公室里脑洞大开，而是基于大量的观察和调查事实。所以，对于达尔文和他的捍卫者们，多数问题都不是问题，可以兵来将挡、水来土掩。其中人们质疑颇多的，是复杂器官的进化。达尔文在《物种起源》中写道："如果世上有任何复杂的器官，不能通过许多连续的微小改良而形成，我的理论就垮了。"针对这一点，有人就质疑，眼睛不可能通过连续微小的变化而形成：5% 的眼睛有什么用？这个问题给达尔文造成了不小的麻烦。然而，大千世界无奇不有，自然界最终证明，动物的眼睛确实存在连续的变化，即便 5% 的眼睛依然有其功能。

孔雀尾巴之谜

真正给达尔文造成困扰的是孔雀的尾巴。1860 年，在写给美国生物学家阿萨 · 格雷（Asa Gray，1810—1888）的一封信中，达尔文对孔雀的尾巴大发牢骚：“我清楚地记得关于眼睛的想法如何令我全身发冷，但我终于熬过了那个阶段。现在，反而是那些微不足道的结构让我心烦意乱。比如那些雄孔雀尾巴上的羽毛，无论我什么时候看见，都不胜厌烦。”达尔文为什么害怕看到孔雀的尾巴？因为孔雀长长的尾巴和华丽的图案看起来没有任何适应价值，对于孔雀的生存反而是个累赘，不可能是自然选择的结果。

为了系统阐述人类的起源，同时解决孔雀尾巴的困境，1871 年，达尔文又出版了《人类的由来及性选择》，提出了生物进化的第二个机制——性选择。也就是说，雄孔雀的长尾巴，不是自然选择的结果，而是雌孔雀选择的结果。雌孔雀希望自己的后代有一个优良的基因，长期选择那些尾巴又长又漂亮的雄孔雀为配偶，于是雄孔雀的尾巴越来越长，图案和羽色越来越漂亮。

为了验证达尔文的性选择理论，英国生态学家玛丽昂 · 皮特里（Marion Petrie）对惠普施耐德公园内放养的蓝孔雀 *Pavo cristatus* 进行了观察，发现雄性尾羽上的眼点数量与其获得的配偶数量成正比，尾羽最精美的那只雄孔雀居然占有全部交配机会中的 36%（Petrie & Halliday，1994）。为了进一步验证这一结果，玛丽昂 · 皮特里又将雄孔雀分组，并将其中一组的雄孔雀每只都剪去了 20 个眼点，结果发现，剪去眼点的雄孔雀平均

雄性绿孔雀开屏（黄秦/摄）

配偶数量减少了 2.5 个。

既然减少精美度会导致配偶的减少，那么增加的结果会如何呢？此前，瑞典生态学家马尔特·安德松（Malte Andersson）曾经对一种非洲长尾巧织雀 *Euplectes progne* 进行了实验，他将雄鸟分成三组，把其中一组的长尾巴剪下一段，粘贴到另一组的尾巴上。结果短尾组配偶明显减少，长尾组配偶数量暴涨，几乎是正常组的两倍（Andersson，1982）。

性选择理论提出之后，已经被广泛接受了。自然选择和性选择成了生物进化的双重推动力。今天，多数进化生物学家对孔雀长尾巴的存在是这样解释的：长尾巴确实是一个不利的生存条件，但这些不利的条件恰恰反映了拥有者具有优良的素质，尾巴越长，图案越华丽，素质越高。这比较容易理解，较长的尾巴会导致孔雀行动缓慢，华丽的图案更容易被天敌发现，这样的个体要生存下来，自然需要更好的体质。另一方面，羽色鲜艳，也说明身体健康，身上没有寄生虫。1975 年，以色列鸟类学家阿莫茨 · 扎哈维[1]将此总结为“不利条件原理”（Handicap Principle）：这些特征越复杂，代价越大，条件越不利，则代表考验越严格，被选中的配偶素质越好（Zahavi，1975）。

在动物界，求偶炫耀是婚配的重要步骤，其方式五花八门，或唱歌，或跳舞，或载歌载舞。总之，在繁殖季节，那些成年个体，通常是雄性，会使出浑身解数来吸引异性，以获得交配的权利。在求偶过程中，那些华而不实的装饰性特征，也就是不利条件，自然成了炫耀资本，被拥有者尽情展现。这等于夸耀自己在健康、生存和繁殖方面的优势，不仅可以为配偶提供额外的保护，获取更多食物，占领优质领地，远离疾病，在养育后代中投入更多精力，还可以为后代提供优良的基因。这种炫耀通常一对一进行，也常有一对二，甚至一对多的例子，比较夸张的当数艾草松鸡 *Centrocercus urophasianus*：每年春天晨昏之际，雄鸟们聚集在空旷的求偶场，数量可达 70 多只。在众多雌鸟的注视下，雄鸟们将空气吸进胸前的金色气囊，然后不停抖动挤压，制造出咕咕的响声以吸引雌鸟。雌鸟根据观察，选择其中最具吸引力的雄鸟交配。

在《人类的由来及性选择》中，达尔文认为性选择和自然

1. 阿莫茨 · 扎哈维（Amotz Zahavi，1928—2017），以色列特拉维夫大学鸟类学家，提出了著名的性选择“不利条件原理”。

一对鸳鸯，前方漂亮的是雄鸟，后方朴素的是雌鸟

选择是两种截然不同的进化机制。以鸳鸯 *Aix galericulata* 为例，可以比较清楚地说明两者的区别。鸳鸯是一种雌雄异色的野鸭，雄鸟羽色鲜艳，尤其是翅上那对栗黄色直立的扇状帆羽，特征明显，使其在鸭类中独树一帜；雌鸟不仅缺乏雄鸟那样的羽冠和帆羽，而且除了一弯白色眉纹，整体羽色暗淡，呈灰褐色。和其他鸭类一样，鸳鸯雌雄交配后，由雌鸟独自孵卵和育雏。雌鸟的羽色就是自然选择的结果，她在孵蛋和育雏过程中，需要尽可能隐蔽。那些鲜艳的雌鸟容易被天敌发现，繁殖成功率偏低，后代越来越少，也就逐渐被淘汰了。而雄鸟则不然，他不参与孵育后代，而雌鸟又希望自己的后代有优良的基因，长期选择的结果导致雄鸟的羽色越来越漂亮。

动物有审美能力吗

德国博物学家恩斯特·海克尔[1]在1899—1904年间，陆续出版了影响广泛的《自然的艺术形态》，书中描绘了自然界绚丽多姿的形态之美。花卉、水母、海葵、贝壳、虾蟹、昆虫、热带鱼、蛙类、蜥蜴、鸟类……在我们身边，自然之美无处不在。有些动物类群，其形态之美甚至达到了无以复加的程度，比如蝴蝶、热带鱼和鸟类。这些动植物的美为什么会存在？当然，这不可能是出于人类欣赏的需要，因为早在人类出现之前，它们就已经在这个世界长期生存了。而进化生物学告诉我们，自然界中所有奇迹的出现，绝非出于偶然。那么，难道是出于动物自身的审美需要吗？

在《人类的由来及性选择》中，达尔文系统梳理了昆虫、鱼类、两栖类、爬行类、鸟类和兽类的第二性征[2]之后，提出了一个长期被质疑而导致被忽视的观点：动物具有审美能力。

2017年，《美的进化》一书的出版，将这一观点重新带回人们的视野。这本书的作者是美国耶鲁大学鸟类学家理查德·普鲁姆（Richard O. Prum）教授。《美的进化》出版后，引起了广泛关注，甚至是一片哗然，因为普鲁姆在书中提出了一个革命性的观点：鸟类的羽毛之所以如此绚丽多彩，完全是出于鸟类审美的需要（Prum，2017）。

当然，普鲁姆强调，这个观点不是他的首创，而是达尔文

1. 恩斯特·海克尔（Ernst Haeckel，1834—1919年），德国著名博物学家、艺术家和哲学家，生态学的创始人。

2. 指动物雌雄个体之间除了生殖器官之外的外形区别特征。

早在《人类的由来及性选择》中就提出来的。然而，达尔文的这个观点自提出之日就遭到普遍的反对，其中最激烈的批评来自昔日的同伴——和他共同发现自然选择机制的阿尔弗雷德·华莱士[1]。华莱士认为，那些炫耀特征之所以会被配偶选中，是因为如实反映了拥有者的身体素质和健康状况。这是持续到今天有关性选择的主流观点，这个观点也被称为性选择的"素质论"和"诚实信号假说"。

1915年，英国遗传学家罗纳德·费希尔[2]提出了"失控选择模式"（runaway process），认为那些炫耀特征虽然反映了拥有者的素质，但也确实给了选择者以美感，这也导致炫耀特征和择偶偏好的协同演化，并逐渐失控，最后，对美的渴望超过了对素质的渴望（Fisher，1915）。费希尔的论点虽然发展了达尔文的审美观，但仍属于非主流的观点。

阿莫茨·扎哈维提出的"不利条件原理"，为素质论提供了看似完美的解释："任何炫耀行为的本质在于，它对信号发出方来说，是一个代价很大的负担，即一个不利条件。装饰性不利条件的存在，证明了信号发出者优秀的素质，因为它即使在这种条件下仍然有能力生存。"（Zahavi，1975）扎哈维关于"不利条件原理"的论文在科学界引起了轰动，更是彻底将动物的审美观打入了冷宫。

与多数生物学家不同，普鲁姆反对性选择中的素质论、诚

1. 阿尔弗雷德·华莱士（Alfred Russel Wallace，1823—1913），英国博物学家、探险家、地理学家，与达尔文同时提出了自然选择理论。

2. 罗纳德·费希尔（Ronald Fisher，1890—1962），英国统计学与遗传学家，现代统计科学的奠基人之一。

实信号假说和不利条件原理，普鲁姆把这些观点的支持者统统称为“适应主义者”。普鲁姆认为，类似孔雀尾巴这样无用的装饰器官并不反映拥有者的素质，只是动物审美能力随机演化的结果。他秉持达尔文最初的观点，认为美的进化的主要原因在于，它让观察者感到愉悦，与拥有者的潜在素质无关。炫耀特征与“美的标准”协同演化，互相影响，逐渐加强。普鲁姆认为，这一观点长期以来被生物学家有意忽视，被当成了“阁楼上的疯女人[1]”，无人提及。因此，普鲁姆给《美的进化》取的副标题是“被遗忘的达尔文配偶选择理论如何塑造了动物世界以及我们”。

普鲁姆从自己的研究出发，列举了大量的研究案例，指出所有动物，从蚱蜢到飞蛾，从鱼到鸟，都具有审美能力。普鲁姆提出，美的进化并不总是带来新的适应，有时也带来适应的退化。他质问道：“与掌握完整基因组信息的科学家相比，一只雌性大眼斑雉怎么可能感知到潜在配偶的遗传素质呢？”大眼斑雉 *Argusianus argus* 是一种生活在婆罗洲热带雨林深处的隐秘雉类，和孔雀一样，雄性大眼斑雉有着美丽的尾羽和带眼斑的眩目羽色，因而也成为探讨性选择和炫耀特征进化的典型物种。

2002 年 2 月，我有幸访问美国堪萨斯大学自然博物馆，与普鲁姆教授有一面之缘。当时，他是博物馆的研究人员，他和他的同事非常友善地接待了我，并向我介绍了他关于恐龙羽毛和鸟类羽毛起源的研究。所以，当我阅读他基于鸟类羽毛研究的理论专著——《美的进化》时，心中多了几分亲切。但作为长

1. 典出英国小说家夏洛蒂·勃朗特的名著《简·爱》。当小说主人公简·爱与罗切斯特终于跨越身份地位的差异，准备宣誓结合时，一个疯女人的出现粉碎了一切梦想，她就是一直被关在阁楼里、被大家有意或无意忽视的罗切斯特的妻子。

期在素质论熏陶下成长起来的生物学家，我对他的论述也颇感怀疑。我想，普鲁姆在写作的过程中，一定感受到了同行质疑的压力，因为他花了大量的篇幅进行辩驳，尤其是针对进化生物学的素质论者和进化心理学家。这也导致这本书专业性较强，对于普通读者来说有点晦涩，没那么通俗易懂。在阅读的过程中，我能感受到普鲁姆的激愤，甚至无力感。对于绝大多数读者来说，《美的进化》只是日常所阅书籍中的一本，读过也就算了；即便是同行，也只是聚在一起的时候议论一阵，然后就把其中的观点搁置一边；有少数认真的，会发文质疑几句，就像当年达尔文提出同样观点时经历的遭遇。连达尔文都遭到了忽视和质疑，更何况普鲁姆。

有没有可能普鲁姆是对的呢？因为与普鲁姆有过一面之缘，并为他的真诚所打动，这个问题浮现在我心中，并挥之不去。为了解答这个问题，我回头重读《美的进化》。在重读的过程中，我放弃了原本的质疑立场，仔细斟酌普鲁姆的观点，忽然明白了，达尔文和普鲁姆是对的：动物确实具有审美能力，只有这样，一切才说得通，性选择才能得以实施。

其实，性选择的素质论与普鲁姆的审美观并不存在根本的冲突，两者都对，但都失之偏颇。它们分别回答了性选择的两个环节：素质论回答的是选择的原因，为什么这样选择，而审美观回答的是选择的机制，如何进行选择。素质论过度强调了选择的原因，忽视了选择的机制。而普鲁姆则是过度强调了选择的机制，忽视了美感产生的原因，也即是审美的起源。

让我们重新面对普鲁姆的质问：一只雌性大眼斑雉怎么可能感知到潜在配偶的遗传素质呢？是啊，一只蝴蝶、一条鱼和一只大眼斑雉，它们显然缺乏必要的认知能力，如何能判断对方的遗传素质呢？在今天，即使利用先进的知识和科学工具，要准确评估动物的遗传素质并预测其未来的健康状况都非常困难。这些雌性大眼斑雉，在评估潜在配偶的素质时，既不验血、做 B 超，也不使用血压计、听诊器和心电图机，光靠观言察色，怎么就能比人类医生更好地评估那些潜在配偶的健康状况呢？这确实是性选择理论长期忽视的问题。当今绝大部分进化生物学家在强调素质论时，都没有好好想一想，动物们是怎么判断对方素质的。即便像贾雷德·戴蒙德[1]这样的进化生物学大家，在其著作中也没有意识到这个问题。在《第三种黑猩猩》一书中，贾雷德·戴蒙德以园丁鸟为例，这样阐述性选择中的素质论（Diamond，1992）：

园丁鸟是分布在澳大利亚、新几内亚的一类鸟，它们的雄鸟在繁殖期会用树枝和五颜六色的装饰品搭建一座花亭，唯一的目的，就是吸引雌鸟，达到交配的目的……当雌鸟发现了一个它喜欢的花亭，立刻可以断定，“那是只很强壮的雄鸟”，因为那个花亭的重量是雄鸟体重的几百倍，而且有些装饰品重达它体重的一半，必须从十几米外抬回来。它知道雄鸟非常灵巧，因为把几百根树枝编成小屋、塔或墙，并不容易。雄鸟必然很聪明，不然无法依据复杂的设计建造成品。雄鸟的视力、记忆力都不错，不然无法在丛林中找到适当的建材、装饰品。雄鸟必然懂得生存之道，不然无法活得长久，学会足够的技巧，建

1. 贾雷德·戴蒙德（Jared Diamond，1937— ），美国著名演化生物学家和作家。出版有《枪炮、病菌与钢铁：人类社会的命运》《剧变：人类社会与国家危机的转折点》等。

大眼斑雉，前方是雄鸟特写，后方是求偶炫耀场景

造吸引雌鸟的花亭。还有，那只雄鸟的社会地位必然很高，因为雄鸟没事就较量高低，而且会互相偷取建材、装饰品，甚至破坏他人的花亭。威震群雄的雄鸟，地位高，建造的花亭才不受破坏。因此，花亭全面地反映了雄鸟的基因品质。

贾雷德·戴蒙德并没有告诉我们，雌鸟是怎么知道这一切的。数据告诉我们，雌鸟是知道的，对于绝大多数野外生物学家来说，这已经足够了，他们并不关心雌鸟是怎么知道的。他们也强调，其实不是雌鸟真知道，而是进化“知道”，性选择的背后是进化机制在发挥作用。但他们忘记了，在现场进行选择的确实是雌鸟，自然选择是怎么指挥雌鸟进行选择的？其中必须有一个选择机制，一个简单、实用、能够综合反映雄鸟素质

园丁鸟及其求偶亭

的直觉判断。这个选择机制就是审美。

普鲁姆从达尔文的著作中重新发现了被人遗忘的“阁楼上的疯女人”，敏锐地意识到，只有审美才是性选择唯一的驱动力。正如普鲁姆所指出的，雌鸟并没有进行素质分析，在她眼里只有美感，因为自然选择已经把素质综合打包成了美感，埋藏在了她的内心。

长期以来，生物学家可能被传统美学误导了，认为审美是人类特有的高级精神活动。所以，当达尔文在《人类的由来及性选择》中，以大眼斑雉为例，论述审美与性选择关系时提出：“经过雌性审美偏好一代又一代的选择，雄性大眼斑雉变得越来越美丽，装饰性越来越强。而雌性的审美能力也在不断强化和提升，就像我们自己的品位逐渐提升一样。”大家误以为达尔文是在进行拟人化表述，殊不知，达尔文是在用科学语言进行严肃的科学表述。对于达尔文来说，从“自然选择”这个词出现在他脑海中以来，人类就已经完全失去了万物之灵的中心地位。所以，正如许多进化生物学大家所指出的，虽然进化论提出已经 160 多年，但人们的思想转变和对达尔文遗产的继承还远没有完成。

审美是动物的进化本能

我们倾向于认为，审美是一项人类特有的高级精神活动，是社会和文化的产物。虽然不同的社会群体，常常对美的标准莫衷一是，但在人类的美感中，确实有许多共性的东西，它们与种族、地域和文化无关。比如人类对音乐、舞蹈、色彩、人体、景观和食物等，都表现出高度一致的审美观。这些共同的美感是怎么产生的？或者说，为什么我们会觉得它们是美的？

达尔文已经察觉到了，审美可能是进化的产物。但他显然无法建立动物审美和人类审美之间的联系，尤其无法分辨，文化在多大程度上对人类审美产生影响。

长期以来，文化塑造了人类的审美始终是主流观点。直到 20 世纪 60 年代，奥地利动物学家康拉德 · 洛伦茨[1]的研究才打破了这一格局。康拉德 · 洛伦茨是动物行为学的奠基人，也是著名科普书籍《所罗门王的指环》和《攻击与人性》的作者。基于对动物行为的大量研究，康拉德 · 洛伦茨提出了他的认知

1. 康拉德 · 洛伦茨（Konrad Lorenz，1903—1989），奥地利动物行为学家、科普作家，现代动物行为学创立者之一，代表作有科普书籍《所罗门王的指环》。

进化理论。他认为，人类的认知器官和身体一道，是在长期的进化过程中形成的。为了应对各种环境问题，人类的大脑不得不处理大量的信息，并逐渐形成有利于自身生存和繁衍的认知算法和情感模式，人类的审美和行为的背后其实带有深刻的进化烙印（Lorenz，1965）。

进化生物学是一个新的科学范式，基于这个科学范式，诞生了大量的新兴学科，进化美学即是其中之一。进化美学告诉我们，人类美感的产生是人类起源和进化的产物，与人类对性、食物和安全的需求密切相关。

达·芬奇的《蒙娜丽莎》吸引了全世界的目光，并引发经久不衰的讨论，蒙娜丽莎神秘微笑的背后，除了达·芬奇的艺术天才，也蕴含着人类对面孔的共同审美偏好。奥黛丽·赫本[1]被成年男性认为是20世纪最美丽的女性，而加里·格兰特[2]和保罗·纽曼[3]则在女性眼中最美男性的调查中平分秋色（Chatterjee，2013）。研究发现，无论是男性还是女性，那些骨肉匀称、不胖不瘦的脸型都被认为是最美的（Thornhill & Gangestad，1999）。在生物学上，这样的脸型意味着更加年轻。

具体到两性差异上，男性倾向于喜欢那些高前额、大眼睛、小鼻子、厚嘴唇、小下巴的女性，这些特征通常与女性的雌激素水平和生育力密切相关。而女性倾向于喜欢浓眉、方下巴、

1. 奥黛丽·赫本（Audrey Hepburn，1929—1993），英国女演员，代表作有《罗马假日》《蒂凡尼的早餐》等。

2. 加里·格兰特（Cary Grant，1904—1986），英国男演员，代表作有《美人计》《西北偏北》《谜中谜》等。

3. 保罗·纽曼（Paul Newman，1925—2008），美国男演员，代表作有《浓爱痴情》《骗中骗》《金钱本色》等。

奥黛丽 · 赫本

玛丽莲 · 梦露

脸颊瘦削的男性，这些特征也通常被称为“男性气概”。但女性对这种男性气概的青睐是有限度的，过分的男性气概会被女性认为“专横”，而专横的男性通常不善于照顾孩子，不太顾家。

在体型上，男性喜欢沙漏身材的女性，也即是细腰、大胸脯和大屁股的女性，这是女性生育力的象征（Singh，1993）。这一体型特征可以体现在腰臀比上，如果腰臀比在 0.67～0.8 之间更佳。研究显示，腰臀比小于 0.8 的女性，平均来说，比腰臀比大于 0.8 的女性怀上孩子的可能性高一倍。而来自不同文化背景的男性，都偏好腰臀比为 0.7 的女性。虽然长相和身材不尽相同，但作为全民偶像，奥黛丽 · 赫本和玛丽莲 · 梦露[1]的腰臀比

1. 玛丽莲 · 梦露（Marilyn Monroe，1926—1962），美国女演员、模特，代表作有《彗星美人》《七年之痒》《游龙戏凤》等。

加里 · 格兰特

保罗 · 纽曼

都是 0.7。而女性则喜欢倒三角形身材，也就是宽肩、细臀，有结实肌肉的男性，这样的身材是力量的体现，也是男性睾酮素的产物（Horvath，1979）。

人体审美源于人类的生殖需求，这是毋庸置疑的。这些“美”的要素是配偶优良的基因体现，可以繁衍同样健康、有生育力的后代。达尔文甚至说，人类的舞蹈，其实就是一种求偶炫耀仪式，和鸟类、昆虫一样。

食物和水是人类生存最根本的需求。人类大量的审美偏好都与食物需求有关（Chatterjee，2013）。当我们面对一个鲜艳饱满的好苹果时，我们普遍觉得它是美的，而面对一个腐烂发霉的坏苹果，我们一致觉得它丑。为什么？因为好苹果可以吃，坏苹果不能吃。咬一口的话，好苹果甜，说明其中含有糖分，糖是人体所需要的。而坏苹果苦，苦往往意味着有毒，对人体有害。我们

好苹果与坏苹果

想当然地以为甜的好吃，苦的不好吃。如果换一下，假如糖是苦的，有毒物质是甜的，那我们今天就会说，苦好吃，甜不好吃。

同样，鱼肉的鲜美，源于我们对蛋白质的需求。咸味的偏好，源自身体对盐分的需求。水果散发的“乙醇香味”是果实成熟的标志，人类不仅可以通过果实中酒精的口味和气味判断其成熟程度，甚至可以判断其热量值。而人类对酒精的迷恋，则是对果实的审美适应带来的“副作用”。为了防止摄入毒素，人类进化出了“厌恶”机制，人类对腐烂的食物、肮脏的食物、恶臭的食物、残羹剩饭、昆虫接触过的食物、粪便等表现出普遍的厌恶（Buss，2012）。因为这些食物和物质含有有害成分，可能给人体带来伤害或者疾病。

人类对烹饪食物的偏好同样是一种进化适应。烹饪不仅可以杀死微生物，也使食物更易于消化。因此，火的使用极大地推动了人类进化的步伐。孕妇的妊娠反应，也被认为是一种进

非洲稀树草原景观

化适应。孕妇对食物特别敏感，尤其是闻到变质的肉类时，常常引发呕吐。呕吐反应可以阻止毒素进入孕妇的血液，从而保证胎儿的生长不受侵害。

对风景的偏好则来源于人类对栖息环境的需求。那些引人入胜的美景，意味着奔流的溪水、丰富的鱼类、可口的蔬果，以及安全的栖息场所。一项在澳大利亚、美国和阿根廷开展的调查显示，“热带稀树草原”（savanna）被普遍认为是最美的风景（Orians & Heerwagen，1992）。非洲的热带稀树草原是人类的起源地，这一结果契合了进化塑造人类栖所偏好的假说。热带稀树草原视野开阔，物种丰富，既方便寻找食物，也便于逃避危险，草原上的树木还可以让人免受日晒之苦。人们喜欢翠绿的树木和缤纷的花卉，因为它们意味着累累的果实。人类对奔腾河流和宁静湖泊的偏爱，源于它们可以满足我们对水的需求，并提供丰富的鱼类资源。

毒蜘蛛、眼镜蛇和蝙蝠

为了躲避敌害，人类进化出了恐惧和焦虑情绪（Buss, 2012）。这些让人类恐惧的对象包括：蛇、蜘蛛、悬崖、密集、陌生人，等等。而蛇则是世界各地不同人群普遍的恐惧对象，因为它是人类进化过程中长期面临的主要威胁。即便是从来没有见过蛇和蜘蛛的婴幼儿，在面对蛇和蜘蛛的照片时，也会表现出恐惧反应。有时我想，为什么蝙蝠看起来那么丑，这是一种偶然吗？虽然还没有看到进化心理学的相关研究，但最近新冠疫情的发生，使我有理由推测，由蝙蝠引发的危及人类生存的类似疫情应该曾在人类进化史上反复上演。

新西兰进化美学家丹尼斯·达顿[1]在他的《艺术本能》一书中举过一个例子：为了吓跑窗外聚集不散、吵闹不休的鸽子，他买了一条橡皮蛇放在窗台上。那些鸽子聚集过来，看到蛇的一刹那，马上就惊恐地飞开了，然后再不回来。新西兰并没有蛇，这些来自欧洲的鸽子，虽然已经在新西兰生存繁衍几百代了，但它们的祖先对蛇类的恐惧依然铭刻在基因之中（Dutton，2009）。

今天，多数人已经移居城市，安全舒适，衣食无忧，但对自然环境的渴求依然根深蒂固。窗外的一根树枝、天空掠过的一只飞鸟、附近的一泓清水、案台上的一盆花卉，仿佛都具有抚慰心灵的魔力。

美感引导生存

面对大自然，我们常常困惑，蝴蝶为何色彩斑斓？花卉为何缤纷娇艳？果实为何浓香四溢？鸟类为何载歌载舞？羚羊犄角为何如此盘根错节？它们存在的理由是什么？这些自然之美如此华而不实，难道只是为了满足人类的审美需求吗？小狗为什么一出生就能找到母亲的奶头？刚孵化的小海龟为什么知道奔向大海？猴子为什么知道哪些果子可以吃，哪些果子不能吃？阿拉斯加棕熊为什么总能赶上鲑鱼洄游的高峰？花园里樱桃青涩的时候为什么不见鸟类，一旦成熟就马上被一抢而空？虎为什么不食子，却对牛羊毫不留情？蛇这么恶心，为什么不会吓着同类？那些毫无

1. 丹尼斯·达顿（Denis Dutton，1944—2010），新西兰进化美学家，著有《艺术本能》。

阿拉斯加棕熊总能赶上鲑鱼洄游的高峰

智商的动物，为什么在求偶交配方面都能无师自通？

随着我们对自然的了解越多，我们越加相信，进化不仅为每一种生物塑造了适应其生存环境的身体结构，同时也为它们“预装”了生存必需的“软件系统”。那么，这个软件系统又是什么呢，它到底是如何运作的？

相信很多人都看过小狗的算术表演：一群小狗规规矩矩地坐在那里，在驯兽员的指挥下，根据观众出的算术题，轮流上台将写着阿拉伯数字的牌子衔给驯兽员，正确地“算”出答数，或者以“汪汪汪”的叫声数量“准确”地给出答案。这时，你可能会惊奇：小狗怎么那么聪明，还会做算术？有些妈妈还会趁机教育身边的小朋友：你看小狗都会做算术，你怎么老做错？小狗真的会做算术吗？小狗当然不会做算术。如果你不明白这点，你可能忽视了小狗答对之后驯兽员的动作：他们会摸一下小狗的头，然后给它喂一颗食物。这就是其中的奥秘。这些小狗的算术表演并不是即兴表演，而是反复训练之后的条件反射。在日常训练中，驯兽员会打出一些常规的手势，小狗根据这些手势做出反应。做对了，驯兽员立即给予小狗食物奖励；做错了，则予以惩罚或纠正。通过不断重复，形成条件反射，现场奖励也是在强化这一条件反射。所以，并不是小狗在做算术，而是驯兽员在做算术。当然，这些算术要足够简单，否则训练难度会大大增加。

虽说做算术不能反映小狗的智慧，但同时我们确实观察到几乎所有的动物都具有令人惊异的生存智慧，其“聪慧”程度有时令人类都难望其项背。其中的矛盾又如何解释？这个问题的答案，揭示了生物进化最核心的秘密：是进化塑造了生物界的高度智慧。正是这种不可思议的智慧化，让达尔文之前的人们普遍相信，生命背后一定存在着一个上帝。

举个盲人过桥的例子：一群盲人要通过悬崖上空一条长长的独木桥走到对岸。这是一个看似不可能完成的任务，但这就是生物进化的缩影。绝大多数的盲人都在走的过程中失足掉下了悬崖，但只要人数足够多，总有一个盲人“非常幸运”地走到了对岸。如果你没有看到那些摔下悬崖的盲人，你一定会惊叹这个幸存者的“智慧”。其实，我们今天看到的所有生物，包括我们人类，都是“幸运”走到了对岸的盲人。这就是统计学上著名的“幸存者偏差[1]”。因而，动物身上所体现的绝大多数智慧，并不是动物自己的智慧，而是进化的智慧。

1. 幸存者偏差，指的是当所获取的信息仅来自幸存者时，此信息可能会与实际情况存在偏差。自然选择是一个优胜劣汰的过程，由于未幸存者不在现场，人们只看到经过筛选而产生的结果，导致误读了筛选的过程。

在小狗的例子中，小狗在算术表演中体现的智慧，是驯兽员的智慧，而它在日常生活中的生存智慧，则是来自进化的智慧。那么，进化又是如何塑造动物的生存智慧的？其实，进化就是一个高级驯兽员。动物，包括我们人类的祖先，和盲人无异，并不具备足够的智慧应对自然界的各种风险。如何才能走过“进化”这条独木桥呢？进化形成了一套完美的奖惩训练机制：做对了，给予奖励，做错了给予惩罚。对于这些动物来说，生存就是最高的奖励，死亡就是最大的惩罚。介于两者之间的，是生理上的愉悦感和厌恶感。你觉得甜的苹果好吃，就是一种奖励，苦的不好吃，就是一种惩罚；你觉得鲜艳饱满的苹果美，就是一种鼓励，发霉腐烂的苹果丑，就是一种警告；馥郁表示果实成熟了，青涩告诉你还要等些时候；为什么粪便那么臭，因为对于你来说，那是排泄物，如果可以利用，小狗会觉得你的粪便臭吗？鸟类美丽，你可以靠近，蛇类丑恶，最好远离它；眼缘就是吸引力，进化告诉你，他/她正是你所需要的；山清水秀之所以美丽，因为那里才是食物最丰富也最安全的栖所……

经过一代又一代的强化训练，这种奖惩机制已经融入了血液，铭刻在神经之中，成了一种本能的生理反应。它就是我们需要重新审视的审美，它不是人类特有的高级精神活动，而是进化赋予所有动物的生存本能。它像“上帝”的手，引导它的“子民们”安全地走过漫长进化这条独木桥，逢凶化吉，生存繁衍。

第 3 章

审美的生理奥秘

新冠疫情期间，我坐高铁去北京。当嘈杂的车厢安静下来，背后传来两个女孩对话的声音。我忽然觉得其中一个女孩的声音很美。她说着一口北京话，但我从来不觉得北京话好听，而且，我仔细听了一会儿，也不觉得她音色和语调有多美。一路上，我百思不得其解：我一开始这个“美”的感觉从何而来？车过济南站的时候，我忽然想明白了：她和我认识的一个女孩声音很像，而那个女孩很美。所以，大多数时候，当我们在说一个事物很美的时候，我们其实并不明白它美在哪里，或者为什么美。

大脑及其奖惩系统

1848 年，25 岁的菲尼亚斯 · 盖奇[1]在美国佛蒙特州铁路建

1. 菲尼亚斯 · 盖奇（Phineas P. Gage，1823—1860），美国工人，因工作时发生意外，被铁棍穿透头颅，却依然存活。此事被誉为“十大起死回生事件”“十大医学奇迹”。他本人也成为医学研究的热点。

设工地上负责爆破岩石。一天，他正手持一根长近 1 米、直径 3.2 厘米、重 6 千克的钢钎，往岩石里面装炸药。意外出现的火花引爆了炸药，钢钎穿透了他的头颅，从颧骨下面进入，眉骨上方出去，在空中继续飞行一段距离后，落在他身后的地上。随后赶来的工友发现，盖奇虽然头上穿了个洞，但话语如常，思维清晰，而且没有疼痛的感觉。他活下来了，但行为和性格发生了巨大的改变。受伤前的盖奇是个刻苦努力、负责任、执行能力很强的人，受伤后他完全变了。用同僚的话说，“他不再是盖奇了”。他变得躁动、无礼、冲动，情绪常常不受控制地爆发，而且脏话连篇。受伤后他再也不能胜任以前的工作了。盖奇的遭遇成了神经科学上的经典案例（Macmillan，2002），因为这一事件说明，个体行为看起来是由个人意志决定的，但最根本的决定因素还是生理机制，尤其是大脑的神经生理机制。

人类的大脑是宇宙中已知最复杂的事物。19 世纪以来，得益于脑损伤研究、脑细胞电化学研究，以及脑成像技术的成果，人类对大脑的认识取得了突飞猛进的发展。其中，功能性磁共振成像（fMRI，functional magnetic resonance imaging）技术为我们认识大脑提供了最有效的工具。fMRI 是一种新兴的神经影像学方法，其原理是利用磁共振造影来测量神经元活动所引发的血流动力变化，能实时跟踪信号的改变，时间分辨率达到 1 秒。由于具有非侵入性、无辐射暴露等优点，自 20 世纪 90 年代以来，fMRI 技术已广泛应用于脑的基础研究和临床治疗，极大地促进了脑部功能定位和认知神经科学的研究。

人类的大脑重约 1.5 千克。它由大脑皮质、丘脑、基底核、海马体、小脑和脑干等部分组成。其中大脑皮质是大脑的主体部分，它就像被揉成一团的桌布，凹陷部分称为脑沟，突出部

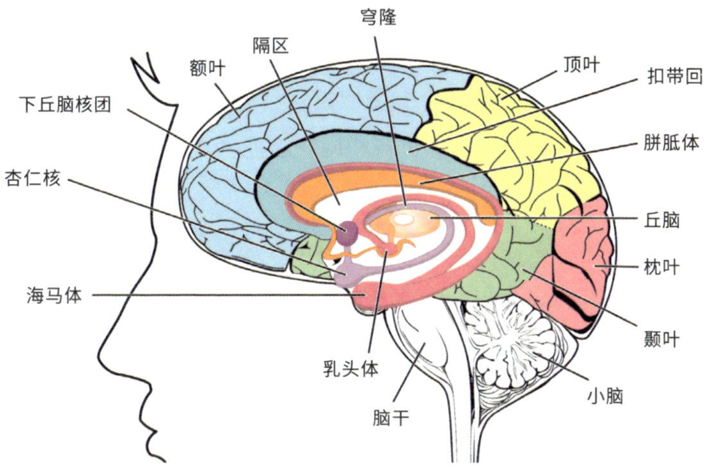

人类大脑的主要组成部分和分区图

分称为脑回。它们由3000多亿个神经细胞组成，包含有至少1000万亿个相互连接。大脑皮质又可分为额叶、顶叶、枕叶、颞叶四大区域。

大脑是如何开展工作的？早期科学家认为大脑是一个整体，其活动具有整合性。后来的脑损伤实验发现，大脑的功能具有区域性，所以又具有模块性的特点。美国著名的神经生物学家杰拉尔德·埃德尔曼[1]认为，不管是整合性还是模块性，都存在一定的片面性。大脑是进化的产物，而不是设计出来的，因而大脑的运行机制远比我们想象的复杂（Edelman，2004）。大脑

1. 杰拉尔德·埃德尔曼（Gerald Maurice Edelman，1929—2014），美国生物学家。因关于免疫系统的研究而获得1972年的诺贝尔生理学或医学奖。创作有科普书籍《比天空更宽广》。

功能存在区域分工，但又以复杂的方式连接成一个整体。即不同的区域有特定的功能，但不同区域的功能又可协同工作。而且，大脑的运行还有一个重要的特点，就是简并性，也就是一个系统中不同的组分能够执行相同的功能，或产生相同的输出，这也是大脑反应多样性的基础。

为了便于理解，可以把大脑看成一台超级计算机。和计算机一样，大脑运行包含输入系统、处理系统和输出系统。输入系统包括眼睛、耳朵、鼻子、舌头、皮肤等，也就是产生视觉、听觉、嗅觉、味觉和触觉的感觉器官。各种感受通过神经进入丘脑——丘脑位于大脑中心，比一节拇指还小——然后由丘脑传送到皮质的特定区域。对于接收到的信息，大脑有三种处理方式：一是丘脑和皮质之间往返式的处理结构，二是基底核和皮质之间环状的处理结构，三是一些特定的核向整个大脑单向、扩散性的投射系统。第三种处理结构，称为上行系统，又称奖惩系统。这一系统是人体快感和审美所依赖的生理基础，更是人类一切行为的动力系统。

这些特定的核包括蓝斑核、中缝核、胆碱能核、多巴胺核等，它们向大脑释放出不同的神经递质，如蓝斑核释放去甲肾上腺素，中缝核释放血清素，胆碱能核释放乙酰胆碱素，多巴胺核释放多巴胺等。这些神经递质作用于不同的受体，引起一系列生理反应，包括心率和血流的变化。这些生理反应会带给我们舒适感，也就是通常所说的快感。当外界刺激满足机体需要时，比如饥饿时进食，干渴时饮水，获得性交的机会，等等，脑区的奖赏系统被激活，我们就会产生愉快的感受。与此相对应的，我们的脑区也存在惩罚系统，当我们遭受创伤、疼痛、饥饿、寒冷时，就会感受到痛苦（Chatterjee，2013）。

针对老鼠的研究显示，奖赏系统占全部脑区的35%，惩罚系统占5%，其余区域占60%。人脑的情况也基本类似。

1954年，加拿大麦吉尔大学的詹姆斯·奥尔兹（James Olds，1922—1976）最先发现脑内存在奖赏系统（Olds，1956）。他原本在做一项针对老鼠的重复恐惧电击实验，谁知笨拙地将电极放错了脑区，结果被电的老鼠不仅没有表现出痛苦的样子，反倒高潮不断。后来，他设置了一个杠杆式的电击开关，按下杠杆就意味着对应脑区将接受电流刺激。体验到电击快感的实验老鼠似乎上了瘾，不断按压杠杆，甚至忘记了要吃饭喝水。当然，人们随后还在脑中找到了惩罚区。如果把电极置于惩罚区，受到刺激的动物会明显表现出退缩和回避，且不再进行自我刺激。

快感存在两个层次，第一个层次是来自感官直接的舒适感，第二个层次是由刺激引起的快乐情绪反应，但两者的界限其实很难分清。此外，我们大脑的意识通常是整体性的，也就是说，大脑的任何意识体验，都包含了感知输入、运动反馈、想象、情感、瞬时记忆、身体感和外围感。也正是这种意识的整体性，导致我们很难自我分析，或者说依靠自省的方式，认识自己的感受和意识。即便人类已经拥有了高级意识的能力，也就是意识到意识的能力，也常常难以区分感性和理性、意识和审美的区别。

快乐物质

大脑奖赏系统包含多种不同的神经回路，而每种神经回路又由一组特定的神经元组成，特定神经元的功能发挥又与特定的蛋白质有关。目前的生物化学和神经生物学研究已经揭示，有30多种神经递质与激素，以及它们的受体蛋白、转运蛋白等，参与了愉悦感的发生过程，它们被统称为“快乐物质”。

众多的快乐物质，及其不同的组合，给予我们不同的快乐体验。类似于乐队中不同的乐器，既可独奏成曲，也可协奏出快乐的交响曲（梁宋平，2022）。

我们耳熟能详的快乐物质主要包括多巴胺、内啡肽、催产素、血清素、去甲肾上腺素、苯乙胺等。当然，这些神经递质只是大脑神经信号的传递分子，产生快乐感受还离不开它们的受体蛋白。

常见快乐物质中，又以多巴胺最为著名，并常为人们所津津乐道。多巴胺是一种有机化学物质，1957年，由英国研究人员凯瑟琳·蒙塔古（Kathleen Montagu）首先发现，主要出现在脑细胞和肾上腺细胞中。在大脑内部，多巴胺在执行功能、运动控制、动机、强化行为、奖励，以及泌乳和性满足等功能中发挥着重要作用。当然，后来发现，多巴胺更多是和欲望相关，而不是直接导致快乐。但在众多的快乐物质中，多巴胺似乎是最全能的，好像一把能打开众多快乐之门的万能钥匙。

内啡肽的发现与镇痛有关。疼痛感是进化赋予生物体的自我保护机制，可使动物避开伤害和危险。当我们的手碰触到过热的物体时，会本能地缩手，这就是疼痛反射。某种程度上说，疼痛反射是动物的救命机制。但剧烈的疼痛又降低了动物的生存能力，包括免疫能力。长久以来，人类一直在寻找镇痛的药物。1806年，德国科学家弗里德里希·泽尔图尔纳

（Friedrich Wilhelm Adam Sertürner）从罂粟中提取了一种名为“吗啡”的阿片样活性物质。从此，吗啡一直被作为镇痛药物使用（Klockgether-Radke，2002）。20 世纪 70 年代，人们终于在大脑中发现了内源性的吗啡样活性物质——内啡肽。这说明，进化不仅赋予生物疼痛感作为保护机制，也配备了相应的镇痛机制。后来，人们发现，内啡肽不仅有镇痛作用，还能带来轻松愉悦感。当我们享受美食、性爱和亲情时，大脑中都能见到内啡肽释放的身影。运动和音乐活动，同样容易刺激内啡肽的释放，给予我们轻松愉悦之感（Colt et al.，1981；Weinstein et al.，2016）。

催产素是一种肽类激素，由垂体后叶释放进入血液，因能够刺激怀孕女性乳汁分泌，并在分娩中促进子宫平滑肌收缩而得名。后续研究发现，催产素还在两性吸引和亲情依恋中发挥着重要作用，带来强烈的爱的眷恋和信任感（Williams et al.，1994；Kosfeld et al.，2005）。

血清素是一类与情绪相关的神经化学物质。正如内啡肽配套疼痛机制出现，血清素则配套焦虑机制出现。焦虑也是进化赋予生物体的一种适应机制。在自然环境中，生物体总是时常面对各种困境，如天敌、恶劣天气、饥饿和疾病等，焦虑感有助于生物体保持警惕，及时应对环境威胁。然而，焦虑感同样是一柄双刃剑，深陷其中容易出现抑郁症，或者免疫力下降。而大脑中的血清素，则可消除焦虑情绪，产生轻松自在的感觉。研究发现，血清素不仅可以缓解焦虑，抵抗抑郁，还能控制愤怒，帮助睡眠。血清素同样可通过食物和运动等刺激释放（Benton & Donohoe，1999；Young，2007）。

从食色到艺术

奖惩系统是人体快感和审美所依赖的生理基础，更是人类一切行为的动力系统。为了更加具体地理解美感或者快感的生理机制，我们可以从食和色两方面进行阐述。两者存在许多共通之处，但也有具体的差异。

我们的饮食快感主要来自嗅觉和味觉，以及部分口感。这些感觉刺激了大脑中多巴胺、类阿片和大麻素等化学递质的释放。所谓的食物风味，是食物带给我们味觉和嗅觉的综合。与味觉相比，我们的嗅觉通常更灵敏。我们的鼻子可以分辨千万种气味，虽然我们很难归类这些气味，通常也无法通过语言描述它们。气味对于人类祖先来说非常重要，一方面，可以引导他们从环境中寻找食物，同时，也是他们分辨食物的第一道关卡。在食物入口之前，最好先知道这些食物是什么，是否有毒，有什么营养。

当然，对于人类的生存来说，味觉是更加根本的判断依据。味觉可以大致分为五类：酸、甜、苦、鲜、咸。我们熟悉的辛辣味，其实是一种痛觉。根据进化美学，味道是食物营养和威胁的直接信号：甜是糖的味道，意味着能量；咸，用于维持身体生理盐分的稳定；酸，帮助调节身体的酸碱平衡；苦，则提示食物的毒性；而鲜，则是蛋白质的味道，是人体代谢所需的基本物质。通过酸、甜、苦、鲜、咸的引导，我们基本可以判断食物的类型，满足营养所需，达成生理平衡，保障身体的安全（Chatterjee，2013）。

气味信息通过鼻腔收集之后，被集中送到大脑中的嗅球进行处理，然后再发送到前嗅核、嗅结节、杏仁核、梨状皮质和下丘脑。味觉信息则被发送到脑岛、丘脑、下丘脑和海马体。最后，嗅觉和味觉信号都会被传输到眶额皮质，而眶额皮质是人类产生愉快、尴尬、愤怒、悲伤等情绪的神经区域。

我们之所以能通过嗅觉和味觉感受到来自食物的快乐，与脑中多巴胺的释放有关。食物可以直接激发我们的快感。其中，以巧克力表现得最为典型。早在2600年前，玛雅人[1]就开始食用巧克力了（Hurst et al.，2002）。这种由可可豆粉、水、蜂蜜和辣椒粉制作的食物，具有特别的魔力，曾经令当年的西班牙征服者为之着魔。著名的生物学家林奈把巧克力称为“上帝的食物”。巧克力中含有超过350种成分，作用于三种神经递质——多巴胺、阿片和大麻素，它们是奖励系统的化学基础。巧克力的主要成分是糖，糖是能量的来源，具有安神作用。在哭泣的婴儿舌上滴一滴糖水，就可以让他/她安静下来（Barr et al.，1994）。糖又可以激发大脑的类阿片系统，缓解紧张情绪。巧克力还含有两种轻度兴奋剂——可可碱和苯乙胺，它们可以影响多巴胺和去甲肾上腺素系统，兴奋神经。此外，巧克力还含有类似大麻素的成分，大麻素也是一种重要的神经递质，具有令人飘飘欲仙的致幻效果。

再让我们来看一下性带来的生理快感。20世纪70年代，美国的一项调查显示，当被问及在最近5分钟之内是否产生过性的念头时，26%的成年（26～55岁）男性和14%的成年女性回答有（Cameron & Biber，1973）。另一项有关互联网搜索内容的调查显示，在4亿份样本中，有四分之一的内容是关于性的。

1. 玛雅人是生活在墨西哥南部和中美洲北部的古印第安人。

可见，性在人类的欲望、情感和心理层面占有非常重要的位置。以至于奥地利心理学家弗洛伊德把人类心理问题的根源，都归结为性的压抑。深谙此道的商业机构和艺术家们，也利用人们对性的魂牵梦萦和廉价需求，大打擦边球，且总能一本万利。

细分起来，性的快感存在三个阶段：渴望、满足和满足后。在渴望阶段，我们大脑的杏仁核首先被唤醒。这时，大脑会向奖励系统释放多巴胺，这些区域包括伏隔核、丘脑、下丘脑和嗅结节等。当一个成年异性恋男性看到性感美女的图片时，他的伏隔核就会被显著激活。但多巴胺本身并不直接导致性的快乐：一项针对老鼠的实验显示，当一只成年雄鼠与一只成年雌鼠隔笼相望时，它的伏隔核顿时充满多巴胺。但当这只雄鼠真的与雌鼠交配时，多巴胺的水平却直线下降。如果这只雄鼠又看到一只新的雌鼠，它的伏隔核又被唤醒，多巴胺水平又重新回升（Phillips et al.，2008）。

由于种种原因，性快感的研究一直是个禁忌。比起我们应有的了解，相关研究仍然非常缺乏。阿尔弗雷德·金西（Alfred Kinsey）、威廉·马斯特斯（William H. Masters）和弗吉尼亚·约翰逊（Virginia E. Johnson）等早期的性学先驱的开创性研究，在今天看来，依然不同寻常。性高潮是性刺激和性快感的巅峰时刻，对其的研究也就相对更加困难。在性高潮阶段，伏隔核同样被激活，但大脑的多数区域却处于抑制状态。这时候的大脑没有恐惧，没有理性，处于一种物我两忘的状态——也就是俗称的“欲仙欲死”。

性满足之后，外侧眶额皮质的神经活动变得频繁，大脑内出现脑内啡肽、催乳素和催产素的释放。我们常笼统地把多巴胺、血清素、催乳素、催产素、内啡肽和大麻素等都归为能引发快感的化学物质，但严格说来，多巴胺与其他神经递质不同，它只与预期和渴望有关，又被称为“预期分子”，而其他神经递质才真正带来愉悦和满足感，又被称为“当下分子”（Lieberman & Long，2018）。催乳素是一种有助于产妇泌乳的激素，却和性的满足感有关。对于男性来说，在催乳素的作用下，会出现疲倦感，不再有性的欲望，进入不应期。外侧眶额皮质，以及前颞叶和颞叶内侧区的损伤，可导致性欲失调，比如性欲亢进症。

关于快感的神经生理研究揭示了两个值得关注的事实。首先，饮食快感和性快感都有渴望、满足和满足后三个阶段，而且在不同快感的相同阶段中都观察到了类似的脑部活动，这说明不同类型的快感具有相同的生理基础；其次，动物和人类的生理快感背后，也存在着相同的生理基础。

那么，关于艺术美感，它背后又有怎样的生理机制呢？1999年，英国伦敦大学学院的塞米尔·泽基（Semir Zeki）出版了《内在视觉：探索大脑和艺术的关系》，正式提出了美学研究的新领域——神经美学（Neuroaesthetics），泽基也因此被称为“神经美学之父”。神经美学借助脑科学和认知神经科学，研究人脑与审美机制之间的关系，探索人脑的审美活动过程和神经处理机制，为美学的发展开辟了崭新的途径。经过20余年的发展，神经美学已经在视觉、听觉艺术等方面，取得了一系列成果（胡俊，2015；孟凡君，2003）。

神经美学家试图探知人类在自然欣赏、艺术欣赏和艺术创作中到底激活了大脑的哪些区域，审美体验、审美情感、审美判断和审美偏爱等审美活动的神经处理过程是怎样的。研究发现，被试者在欣赏不同绘画作品时，美、丑、中性的绘画对眶额皮质的激活程度从强到弱，因此可推断，艺术美感与大脑中的眶额皮质存在着重要关系（Kawabata & Zeki，2004）。而在观看摄影作品体验到美时，人脑的前额叶区域被选择性地激活（Cela-Conde et al.，2004）。总的来说，被试者对视觉艺术作品产生审美体验时，感觉运动区域、核心情感中心和相关奖赏中心都被激活，这表明审美体验是一个多元处理过程，不仅包括对艺术作品的纯粹视觉感知、分析，还与感觉运动和情感共振相关（Di Dio & Gallese，2009）。对听觉审美机制的脑成像研究也发现，听觉审美神经处理机制不仅涉及听觉皮质，还包括与情感决策相关脑区的神经活动（Blood et al.，1999）。

不同的审美类别可能关联不同的脑区。如味觉美感更多关联皮质下奖赏环路壳核，外表美感和艺术美感既关联皮质下奖赏环路壳核，也关联皮质奖赏环路眶额叶，而心灵美感则关联皮质奖赏环路眶额叶，因而审美可能存在不同的层次结构（王婷婷，2020）。

不同的审美主体在欣赏或创作艺术时，拥有相似的体验，这说明人脑存在一个共同的审美神经基础。美的艺术引发美的感受，即是激发了这一共同的神经机制。虽然目前相关研究依然非常有限，但根据现有的成果，我们已经可以回答审美最核心的问题了——美感是怎么产生的，或者说美感到底是怎么回事？可以肯定的是，所谓的美感就是生理快感，并不存在一个独立于生理快感的美的感受。我们在艺术活动中体验到美感时，所激发的仍然是脑中负责快感的奖惩系统。这一系统，主要包括中脑和边缘系统的部分结构，具体包括腹侧被盖区、伏隔核、丘脑、下丘脑、海马体、杏仁核和前额叶皮质等，也包括连接这些区域的神经纤维束。它们大多处在大脑远离表面的深层结构中，是脊椎动物大脑进化的最原始部分，也是我们和多数脊椎动物共有的部分（Berridge & Kringelbach，2015）。我们有理由相信，人类的美感和动物的快感具有相同的起源和生理基础。换句话说，审美就是一种生理反应。

欲望、满足和痛苦

叔本华[1]说，生命是一团欲望，欲望不能满足便痛苦，满足便无聊，人生就在痛苦和无聊之间摇摆。这段话之所以引起了广泛的共鸣，在于它道出了欲望和满足之间纠缠不休又令人无可奈何的真相。

人和所有动物一样，是一具生命体。生存是生命体的基本需求，而繁殖则是生命体的终极追求。为了满足新陈代谢和繁衍的需要，食物和性也就成了生命最基本的欲望。有了这些欲望，生命才有了原始动力，能够自我维持并繁衍后代。没有这些欲望，生命就无法更新，会迅速枯萎和终结。当然，进化会让生命体用最经济的方式来实现这一切，一旦欲望得到满足，生命体就会迅速提高欲望和快感的阈值，直至欲望完全消失，甚至出现倦怠。其目的，当然是为了防止过度饮食，以及毫无必要的性活动，暴饮暴食和性瘾都属于病态现象。当欲望得到满足时，眶额叶皮质外侧的神经活动会加强，抑制我们的本能欲望（Georgiadis & Kotekaas，2009），而如果眶额叶皮质外侧、颞叶前部和中部受损，就会对欲望失去控制，导致性欲亢进。

正如前文所述，欲望和满足的过程其实包含三个阶段：渴

1. 亚瑟·叔本华（Arthur Schopenhauer，1788—1860），德国著名哲学家，开创了非理性主义哲学的先河，也是唯意志论的创始人和主要代表之一。

望、满足和满足后。这里的满足，是指欲望实施的过程，比如饿了吃的过程，渴了饮的过程，需要时性交的过程等。而满足后则是指实施过程之后的状态。快乐分子在欲望和满足的过程中扮演着重要的角色，不论是所谓的低等动物，还是自居万物之灵的人类，只要你听从欲望的驱使，能够找到满足需要的食物及合适的繁殖方式，进化就给予快乐作为奖励。

欲望满足的过程总是快乐的，虽然这样的快乐不免短暂。叔本华的说法，更多的是一种文学表达。他不仅有意忽略了其中快乐的存在，而且夸大了欲望满足前的痛苦，和满足后的倦怠。多数时候，欲望如果不是过分强烈，我们确实能感受到内心的躁动，但不一定是痛苦。欲望满足之后，如果不执着于追求所谓的意义，我们应该也不至于太无聊。叔本华的痛苦，更多来自生命自觉的隐患，而不是生命自身的困境。

对于绝大多数动物来说，叔本华所说的痛苦是不存在的，进化为它们设计了完美的欲望和满足机制。欲望是个好东西，如果没有欲望，也就没有追求，没有追求，当然也没有满足的快乐。而满足之后的无聊，会迅速被新的欲望所驱散。欲望和满足，促进了生命生生不息的循环和发展。

在欲望满足之后，也不纯粹只有无聊，快乐总会留下美好的记忆。而美好的记忆不仅可以促进学习，还孕育了喜欢（Chatterjee，2013）。欲望、喜欢和学习的关系，是生命世界另一个重要的秘密，它们共同构成了生物进化的重要环节。欲望是一种本能的需求，喜欢则是对欲望满足之后的回忆，以及对欲望即将满足的想象。而学习，则是根据喜欢所做的选择，以及行为调整。正是学习，才促进了生物的进化。所以，从这个角度看，演化并不是盲目和随机的，智慧的出现和迭代应该是一种必然。

让我重新复述一遍这个逻辑，这很重要：欲望是生物生存和繁衍的本能需要，进化对欲望的满足总是给予快乐作为奖励。而快乐则在脑中留下美好的印记，也就是喜爱，快乐和喜爱培育了生物的学习能力。而学习能力强的个体，往往具有更强的生存能力和更多的繁衍机会。智慧因而得以进化，没错，我说的是进化，而不是演化。

如果说，痛苦和快乐一样，都是进化的产物，那么，它的存在一定有其意义。虽然，我们还不是很明确痛苦和快乐的关系，但神经生理显示，痛苦的价值，似乎还不仅仅在于惩罚和规训。痛苦和快乐之间，有时还存在剪不断理还乱的关系。比如，性兴奋时，脑岛和前扣带回皮质会被激活，而当人们感到痛苦时，相同的区域也会被激活（Whipple & Komisaruk，1985）。人们性高潮时的脸部扭曲，与痛苦时的脸部扭曲，似乎也没什么区别。有研究显示，女性在性兴奋时，对痛苦的耐受力会显著提高，性高潮时，耐受力甚至可以高出原来的一倍（Davis，2000）。中文的“痛快”一词，不知是否与此有关。有一种解释认为，分娩是一个非常疼痛的过程，对疼痛的耐受，甚至疼痛中混杂着快乐，正是进化对生殖的鼓励（Chatterjee，2013）。

喜欢、痴迷与成瘾

当我们审视快乐的根源时，惊讶地看到了毒品的身影。是的，我们之所以感受到快乐，是因为食物和性等刺激因素激活了我们脑部深处的腹侧纹状体，从而向奖赏系统释放阿片样物质与大麻素，正是阿片样物质与大麻素给予我们快乐的感受。那些我们耳熟能详的毒品之所以能够成为毒品，正是因为它们能给我们带来快乐，同时导致我们对这种快乐上瘾而不能自制。是药是毒，取决于剂量，正所谓，多一分是毒，少一分是药。

成瘾分为药物成瘾和行为成瘾。药物成瘾是指个体反复使用药物，导致大脑神经系统结构和功能的改变，并进一步寻求用药的行为。通俗的说法是，药物控制并劫持了我们的奖赏系统。而行为成瘾，则是沉迷某种行为带来的暂时性快乐之中，却无法自控，包括网络成瘾、赌博成瘾、购物成瘾、饮食成瘾、性成瘾、电子游戏成瘾、烟酒成瘾等。行为成瘾和药物成瘾有着共同的生物学机制，都是易感个体，在外部反复刺激下，大脑内部生理状态失衡，导致成瘾状态的出现。

同样是多巴胺、阿片样物质与大麻素的释放，为什么有的只是让我们喜欢，而有的却让我们成瘾？其实，严格来说，喜欢、痴迷和成瘾，并没有质的区别，只是程度不同而已。凡是能让我们喜欢的，也必能让我们成瘾，关键在于刺激的量。少量刺激，让我们心生欢喜；更多的刺激，导致痴迷；不断地刺激，最终成瘾。

在人类进化的长河中，食物和性属于稀缺资源，对绝大多数个体来说，可获得性有限，仅能满足生存和繁衍的基本需求。因而，渴望、满足、快乐、喜欢在限量供应的情况下，各司其职，共同构成了生存繁衍所需要的、协作良好、“健康”的奖赏系统。然而，随着人类社会的发展，物质越来越丰富，刺激和快乐唾手可得。除了食物和性，还出现了许多新的快乐和刺激方式，比如网络、赌博、购物、游戏、烟酒等。更有甚者，人类甚至已经不再满足于大脑奖赏系统产生的“快乐物质”，而是通过体外人工合成，并直接吸食和注射这些“快乐物质”，从而导致奖赏系统陷于失调和混乱。

奖赏系统的失调和混乱，直接表现为渴望和喜欢的分离（Berridge & Kringelbach，2008）。例如，老鼠的多巴胺系统被破坏后，就失去了进食的欲望，便停止进食。但这并不表明食物不再给老鼠带来快乐，让老鼠品尝甜的液体时，它的面部依然会流露出欢喜的表情（Berridge，1996）。人们服用阻碍多巴胺的药物后，对某些对象的喜欢程度没有改变，却没有那么强的欲望了，这种状态，在临床上被称为“精神冷漠”（psychic indifference）。而对于那些吸毒者，随着毒瘾的加深，会越来越渴望得到毒品，但是，毒品带给他们的快乐却未必增加。

人类今天所有的痛苦，都源于物质和意识的过度发展，超过了肉体进化的速度。物质的过度发展，导致欲望很容易得到满足，一方面降低了欲望满足的快乐，另一方面，也催生了大量的无聊无从打发。为了打发无聊，人类像热锅上的蚂蚁一样，四处寻求新的刺激，不仅败坏了快乐和审美的胃口，同时也滋生了各种各样的社会和精神问题。而意识的进化，也使人类不再满足于低层次的需求，转而寻求更高层次的“价值”和“意义”。意识的觉醒，是生命猝不及防的事件，进化并没有为人类准备好所需的“意义”。意识觉醒而意义又缺失的人类，该如何进化和发展，就成了问题。当然，这是人类自己需要面对和解决的问题，进化不提供答案。

第 4 章

美是舒适感

世界上有一个问题，被议论最多，却从来没有答案。这个问题就是，美是什么？这个问题看似如此简单，每个人都以为了解。正如每个人都能感觉到自己的心跳，但我们真的知道心是怎么跳的吗？

美的乱象

古希腊哲学家毕达哥拉斯[1]认为，美在于比例和对称。

赫拉克利特[2]认为，美在于和谐。

1. 毕达哥拉斯（Pythagoras，约前 580—约前 500 ～ 490），古希腊数学家、哲学家。发现了勾股定律、黄金分割，提出了“万物皆数”的理论。

2. 赫拉克利特（Herakleitus，约前 544—前 483），古希腊哲学家。认为万物都处于不断的变化之中，持对立统一观念。有一句名言，“人不能两次踏进同一条河流”。

而德谟克利特[1]则认为，美在于智慧和简朴。

柏拉图[2]把美抽象为理念，认为美具有永恒性、绝对性、先验性和单一性。真善美是统一的。

亚里士多德[3]将美定义为秩序、对称和确定性。

古罗马的柏罗丁[4]认为，美不在匀称比例，而在于灵魂。

奥古斯丁[5]则认为，美在于上帝，秩序和数是美的基本特质。

托马斯·阿奎那[6]提出了美的三要素：完整、和谐和明晰。认为美和善在形式上是统一的，都令人感到愉悦。

意大利诗人但丁[7]认为，文艺作品的善在于思想，美在于辞章。

画家达·芬奇认为，虽然诗和画都能带来美感，但画的美感更强烈。

英国作家培根认为，文雅才是美的精华。

---

1. 德谟克利特（Democritus，约前 460—前 370），古希腊唯物主义哲学家，提出原子论，认为万物由原子构成。

2. 柏拉图（Plato，前 427—前 347），古希腊哲学家，客观唯心主义的创始人，其哲学体系博大精深，被认为是西方文化中最伟大的哲学家和思想家之一，代表作有《理想国》等。

3. 亚里士多德（Aristotle，前 384—前 322），古希腊哲学家，古希腊哲学的集大成者，柏拉图的学生。

4. 柏罗丁（Plotinus，205—270），古罗马哲学家，新柏拉图主义奠基人。

5. 奥古斯丁（Augustine，354—430），古罗马思想家，基督教早期神学家，其思想影响了西方基督教教会和西方哲学的发展。重要的作品包括《上帝之城》和《忏悔录》等。

6. 托马斯·阿奎那（Thomas Aquinas，约 1225—1274），意大利中世纪经院哲学家、神学家，把理性引进神学，是自然神学最早的提倡者之一，对基督教神学的发展具有重要的影响。

7. 但丁·阿利吉耶里（Dante Alighieri，1265—1321），意大利中世纪诗人，欧洲文艺复兴时代的开拓者，以史诗《神曲》留名后世。

法国哲学家笛卡尔[1]认为，美是判断和对象之间的一种关系。

德国哲学家莱布尼茨[2]认为，美感是一种混乱、朦胧的感觉。

荷兰哲学家斯宾诺莎[3]认为，美是对象作用于神经所感到的舒适。

伦理学家沙夫茨伯里伯爵[4]认为，美既是外在的形式，也是内在的精神。并且认为，除了眼睛和耳朵这些外在感官，人还存在一个内在的特殊感官，可以感受到外在形式背后精神的美。

著名的怀疑论者休谟认为，美不是对象的性质，而是对象引起的观者的情感。审美依赖于趣味和感觉，而非理性的计算。

爱尔兰哲学家伯克[5]把崇高和美相提并论。

法国哲学家伏尔泰[6]认为，美是引起惊赞和快乐的情感。

狄德罗[7]认为，美是感官经验之内的品质，这个内在的品质就是关系。

---

1. 勒内·笛卡尔（René Descartes，1596—1650），法国哲学家、数学家和物理学家。对现代数学的发展做出了重要贡献，也是西方现代哲学的奠基人之一，是近代唯心论的开拓者。因“我思故我在”的名句为世人所熟知。

2. 戈特弗里德·威廉·莱布尼茨（Gottfried Wilhelm Leibniz，1646—1716），德国哲学家、数学家，与牛顿先后独立发现了微积分。

3. 巴鲁赫·德·斯宾诺莎（Baruch de Spinoza，1632—1677），荷兰哲学家，近代西方哲学的三大理性主义者之一，与笛卡尔和莱布尼茨齐名。

4. 安东尼·阿什利·库珀，第三代沙夫茨伯里伯爵（Anthony Ashley Cooper，3rd Earl of Shaftesbury，1671—1713），英国伦理学家、美学家。

5. 埃德蒙·伯克（Edmund Burke，1729—1797），爱尔兰政治家、作家和哲学家。

6. 弗朗索瓦–马里耶·阿鲁埃（François-Marie Arouet，1694—1778），笔名伏尔泰（Voltaire），18 世纪法国启蒙思想家、文学家、哲学家。

7. 德尼·狄德罗（Denis Diderot，1713—1784），法国启蒙思想家、哲学家、作家，百科全书派代表人物。

德国哲学家鲍姆嘉通[1]第一次提出了“美学”的概念，并且认为，美是感性认识的完善。

德国古典哲学集大成者康德[2]，通过《判断力批判》系统论述了美学，提出了审美的无功利性、无目的性、普遍性和必然性。并且认为，美是道德的象征，美是通向道德自由的必经之路。

德国诗人、哲学家席勒[3]认为，美是自由沉思的产物，与道德和概念无关，是主观与客观、理性与感性的统一，是形式的形式。

另一德国古典哲学和美学集大成者黑格尔[4]认为，美是理念的感性显现。具体来说，美是理性与感性的统一，内容和形式的统一，主观和客观的统一，一般和特殊的统一。艺术美高于自然美。

叔本华进一步强调了悲剧的价值，认为悲剧性在日常生活中无处不在，悲剧显现生命的意志。因而，叔本华的美学又被称为悲剧美学。

俄国革命家、哲学家车尔尼雪夫斯基[5]认为，美是生活。现

---

1. 鲍姆嘉通（Alexander Gottlieb Baumgarten，1714—1762），德国启蒙运动时期的哲学家、美学家，促成了美学这门学科的成立，有“美学之父”的美誉。

2. 伊曼努尔·康德（Immanuel Kant，1724—1804），德国哲学家，德国古典哲学创始人，西方最具影响力的思想家之一。

3. 约翰·克里斯托弗·弗里德里希·冯·席勒（Johann Christoph Friedrich von Schiller，1759—1805），德国18世纪著名诗人、哲学家、历史学家和剧作家，德国启蒙文学的代表人物之一。

4. 格奥尔格·威廉·弗里德里希·黑格尔（Georg Wilhelm Friedrich Hegel，1770—1831），德国古典哲学的集大成者，对后世哲学具有深远的影响。

5. 尼古拉·加夫里诺维奇·车尔尼雪夫斯基（Nikolay Gavrilovich Chernyshevsky，1828—1889），俄国革命家、哲学家、作家和批评家。

实美高于艺术美。美感是有阶级性的。

俄国著名作家托尔斯泰[1]认为，真、善、美是完全不同的概念，真善美的统一是一种幻想。

尼采[2]提出了酒神精神和日神精神来对抗人生的虚无和悲剧，崇尚幻想和肉体的快感，崇尚生命的本能力量。并且第一次提出了生理学美学，提醒我们关注审美和生理的关系。

德国美学家利普斯[3]认为，审美存在内模仿，是一项移情活动。悲剧具有审美价值。

意大利著名美学家克罗齐[4]认为，艺术即直觉，艺术与功利无关，与快感无关，与道德无关，与逻辑无关。克罗齐认为，美是先验的。如果两个人看同一件艺术作品，一方认为美，另一方认为丑，那么，必有一方是错误的。

著名的精神分析学家弗洛伊德虽然没有直接的美学论述，但他提出了“艺术是欲望的升华和宣泄”的观点，对后世的美学和艺术理论影响颇大。在弗洛伊德看来，艺术家和精神病人应该同病相怜，他们都是欲望受到了压抑。但艺术家比较幸运，因艺术创作，欲望得到了宣泄，才免于沦落为精神病人。

---

1. 列夫 · 尼古拉耶维奇 · 托尔斯泰（Leo Nikolayevich Tolstoy，1828—1910），俄国著名作家、政治思想家，代表作有《战争与和平》《安娜 · 卡列尼娜》《复活》等。

2. 弗里德里希 · 威廉 · 尼采（Friedrich Wilhelm Nietzsche，1844—1900），德国哲学家、文学家，唯意志主义代表，开启了非理性主义思潮。

3. 特奥多尔 · 利普斯（Theodor Lipps，1851—1914），德国心理学家、美学家，德国“移情派”美学主要代表。

4. 贝内代托 · 克罗齐（Benedetto Croce，1866—1952），意大利哲学家、历史学家、文艺批评家，著有《美学原理》。

瑞士心理学家布洛[1]认为，距离产生美。

存在主义哲学大师海德格尔[2]认为，美是对真理的显现，是对存在意义显现过程的显现。

语言哲学家维特根斯坦认为，美只是个形容词。

美国当代艺术哲学家阿瑟·丹托[3]宣告，美不再是艺术的属性。至此，艺术终结了。

这些人类最伟大的思想家有关美的论述，呈现了人类对美的认识之旅，以及人类意识觉醒的艰难。从中，我们看不到清晰的认识递进过程，而是像一棵树那样枝蔓横生。如果纳入更多人的论述，其中的脉络将更加模糊。如果只看其中一个论述，你可能会以为自己对美有所了解了，但多看几家，你会越来越糊涂。

如果我们无法对一个事物达成统一的认识，只有一种可能——它并不存在。但我们每个人都非常确定，美是存在的，因为我们都非常真切地感觉到了它的存在。如果美是存在的，它必定是一个可以简单定义的存在。也就是说，关于美是什么，一定有一个确凿、统一、简洁的答案。那么，为什么人类至今还没有找到答案呢？因为找错了方向。

1. 爱德华·布洛（Edward Bullough，1880—1934），瑞士心理学家、语言学家。

2. 马丁·海德格尔（Martin Heidegger，1889—1976），德国哲学家，20世纪存在主义哲学的创始人和主要代表之一。

3. 阿瑟·丹托（Arthur C. Danto，1924—2013），美国哥伦比亚大学哲学教授，著名艺术批评家、哲学家，提出了“艺术终结论”。

美不在外界，美在脑中

当我们说花儿很美，似乎认为美存在于花中，如果进一步追问，存在于花的何处？我们会说存在于花的色彩、形态和芬芳中；当我们说一个人很美，似乎认为美存在于人体，如果进一步追问，存在于人体何处？我们会说存在于人体的线条、比例与肤色中；当我们说一段舞蹈很美，似乎认为美存在于舞蹈中，如果进一步追问，存在于舞蹈何处？我们会说存在于舞蹈的动作、节奏和流畅中；当我们说一首音乐很美，似乎认为美存在于音乐中，如果进一步追问，存在于音乐何处？我们会说存在于音乐的音调、韵律和风格中。

大多数时候，我们这么说，并没有问题。但偶尔我们会发现，不同的人有不同的看法。极端的情况是，面对同一个对象，一个说美，另一个却说丑。我们可以像克罗齐那样，认定必有一方是错的吗？那么谁错了？由谁来判定？可以由人数来判定吗，比如 6 个人说美，5 个人说丑，那么 5 个人说的就是错的吗？或者由学历来判定，比如博士说美，硕士说丑，那么硕士说的就是错的吗？或者由种族来判定，比如纽约白人说美，非洲黑人说丑，那么非洲黑人说的就是错的吗？那么由物种来判定呢，比如人和猪，人说母猪丑，公猪却说母猪美，那么公猪是不是就错了呢？最后，我们会发现，关于美和丑，我们找不到裁决者。

关于这个问题，伏尔泰在他的《哲学辞典》里早就说了："问蛤蟆什么是美，他一定会说，雌蛤蟆就是美，她有两只秀美的圆眼睛，从小小的头上凸出，她有宽宽平平的喉咙、黄黄的肚皮、褐色的背。问几内亚的黑人，他认为美是黑油油的皮肤、深陷的眼睛和扁平的鼻子。问魔鬼，他会告诉你，美是一对角、四只爪子和一条尾巴。”

让我们再来深究一下，我们是怎么感到美的。比如我们看到一朵荷花觉得很美，到底发生了什么？

首先有一朵荷花存在，然后有光线照在荷花上面。在黑夜，我们并不知道荷花的存在，只有当光线照在荷花上面，我们才能看到荷花的存在。太阳光是复合光，它包含了红、橙、黄、绿、蓝、靛、紫七种颜色梯度渐变的光波。当然，这只是我们肉眼可以感知的部分，又称为可见光。在光谱的两端，还有我们看不见的部分，如红外线和紫外线。

对不发光的物体而言，它之所以能够被看见，是因为它反射外来的光波，被我们眼睛所感知；而之所以有颜色，是因为反射了特定波长的光波，被我们眼睛所感知。这些物体本身并没有颜色。当一个物体触碰到光线时，物体吸收特定波长的光，同时反射了其他波长的光。比如，我们看到一个蓝色的球，是因为它反射了蓝色的光，同时吸收掉其他色彩的光波的缘故。当所有波长的光都被反射时，呈现的色彩为白色；当所有波长的光都被吸收时，呈现的色彩为黑色。

外界物体发出或反射的光线经眼的折光系统成像于视网膜上。人眼的折光系统是一个复杂的光学系统：入眼光线到达视网膜之前，须先后通过角膜、房水、晶状体和玻璃体四种折射率不同的介质，以及这些不同介质所构成的折射界面。

人眼视网膜中存在两种感光细胞——视锥细胞和视杆细胞。视锥细胞能分辨颜色，视杆细胞能感受微光，但不能分辨颜色。有些动物视网膜上只有视杆细胞，或者视锥细胞很少，如狗、猫、鼠、猫头鹰、猪等，它们都没有色觉或色觉很弱。而那些视锥细胞丰富的动物，如鸟类、爬行动物、鱼类和昆虫等，

一朵美丽的荷花

都有强大的色觉。有正常色觉的人，在视网膜中央部位能分辨各种颜色，但向边缘部位过渡时，由于视锥细胞减少，辨别颜色的能力便逐渐减弱。大约有8%的男性及0.5%的女性存在色觉缺陷，包括色弱、部分色盲和全色盲三类。色弱的人仍可具有三色视觉，但对颜色的敏感度很低；常见的部分色盲是红绿色盲，对红光和绿光反应不敏感，不能区分红光与黄光或绿光；全色盲者极其罕见，他们完全丧失对任何颜色的辨别能力，只有明暗的感觉，把一切物体都看成灰色和白色的。

视网膜所接收到的视觉信号再由眼的感光换能系统进行初步处理，然后经由神经传入中枢，并在各级中枢，尤其是大脑皮质进一步分析处理，最终形成视觉。这个时候，视觉虽然形成了，但美感还没有产生。只有当形成的视觉被大脑中的奖惩系统所识别，认为符合奖励原则，并释放出多巴胺等神经递质，这时，我们才感受到了美妙、舒适和快乐。只有到这个时候，

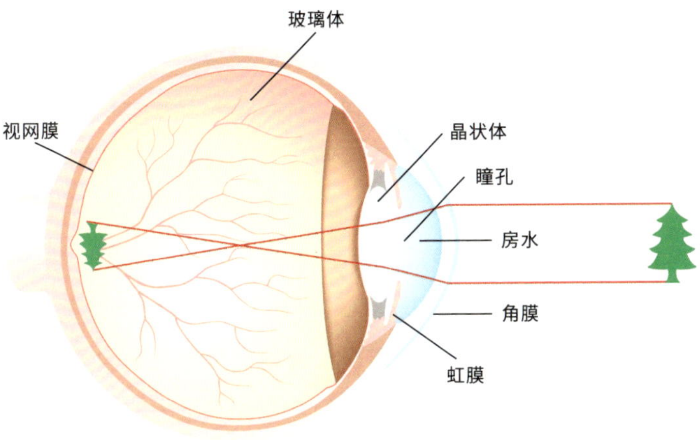

眼睛的成像系统

美才最终登场。

从光线投射到荷花上开始，到最后美感的产生，中间存在无数个连锁反应。而荷花吸收特定光波，反射另一些光波，只是其中的一环。中间任何一环出现问题，美感都不会产生。甚至光波本身也来自荷花之外，如果照射在荷花上的不是阳光，而是其他光源，或者某种单色光，荷花就不会呈现我们通常所看到的色彩，最后也未必产生美感。如果接收光线的眼睛视网膜上缺乏视锥细胞，是个色盲，最后也未必产生美感。至此，我们可以发现，美不在于荷花，不在于外界，只存在于大脑之中。

休谟指出，“美不是事物本身的属性，它只存在于观赏者的心里”（Hume，1757）。对于荷花来说，大小和形状是它自身的属性，而色彩不是，色彩取决于光线和感受器。美更不是，美属于价值判断，价值判断依赖于判断主体。正如温度是物体的属性，而冷热不是，冷热是主体的感受判断。

由于经历了共同的演化历程，人类的审美感受具有普遍的共同性。这导致我们产生了一个重大的误会，以为美的属性是客观的。其实我们所看到的任何形状和色彩都是对象在我们视网膜的成像。当我们站在一系列哈哈镜面前，你能确定哪一个镜子里的自己才是真实的存在吗？我们眼睛的结构本身就是一面复杂的哈哈镜，不仅如此，还附加有色眼镜，如此一来，如何保证我们看到的一切就是客观的存在呢？对于原生动物来说，世界是无色无形的；对于复眼昆虫来说，世界是镶嵌的；对于狗来说，世界是近乎黑白的。我们能说，人眼中的世界一定比原生动物、昆虫和狗眼中的更真实吗？

古往今来，美学家花费了大量的精力去寻找客观的美。但另一方面，不同地域、不同民族、不同时代、不同地位、不同信仰、不同年龄和阅历的个人，甚至同一个人在不同时间、不同心情下，对美，都存在截然不同的看法。这种方向性的错误，导致人类寻找美的努力陷于徒劳。

美的多样性

远处山峦起伏，落日西斜，云舒云卷，大雁南飞，眼前绿树成荫，溪水潺潺，鱼翔浅底，蝶恋花开，这是景观之美。

羚羊遒劲的犄角，虎豹斑斓的皮毛，鹦鹉多彩的羽饰，蝴蝶缤纷的鳞翅，贝壳奇巧的形状，水母轻柔的体态，珊瑚繁复的结构，这是动物之美。

望天树巍峨挺拔，铜钱草娇柔稚嫩，鹤望兰精巧雅致，凤凰木富丽堂皇，兰花清雅高洁，玫瑰热烈奔放，这是植物之美。

宝石瑰丽璀璨，水晶晶莹剔透，萤石致密斑斓，碧玉细腻温润，大理石斑驳奇幻，菊花石清丽娇艳，这是矿物之美。

巧克力甜中透苦，咖啡苦中带涩，咖喱辛辣香咸，寿司鲜嫩不腻，龙虾紧实，河粉滑溜，吐司柔软，薯片松脆，橘子酸甜，草莓奶鲜，西瓜多汁，这是食物之美。

山口百惠[1]清纯，奥黛丽·赫本优雅，莫妮卡·贝鲁奇[2]风情，苏菲·玛索[3]妩媚；克娄巴特拉七世[4]的鼻子，安吉丽娜·朱莉[5]的嘴唇，杨玉环[6]的丰腴，赵飞燕[7]的纤巧，这是人体之美。

春草清新，花卉芬芳，水果馥郁，海风腥咸，兰花的幽香，桂花的馨香，恋人的体香，书卷的墨香，这是气味之美。

逶迤的长城，雄伟的金字塔，富丽堂皇的凡尔赛宫，精巧雅致的苏州园林，浪漫奇幻的悉尼歌剧院，直入云霄的哈利法塔，这是建筑之美。

---

1. 山口百惠（Yamaguchi Momoe，1959— ），日本影视演员、歌手。曾主演电影《伊豆的舞女》、电视剧《血疑》等。

2. 莫妮卡·贝鲁奇（Monica Bellucci，1964— ）意大利模特、演员。曾主演电影《西西里的美丽传说》。

3. 苏菲·玛索（Sophie Marceau，1966— ），法国女演员。曾主演《初吻》《芳芳》《勇敢的心》等。

4. 克娄巴特拉七世（Cleopatra VII，前69—前30），古埃及女王，又称埃及艳后。法国哲学家布莱兹·帕斯卡在《思想录》中评论说，她的美貌影响了历史，“若克娄巴特拉的鼻子长一吋，或短一吋，世界或许就会不一样”。

5. 安吉丽娜·朱莉（Angelina Jolie，1975— ），美国女演员，曾主演《古墓丽影》《致命伴旅》等。

6. 杨玉环（719—756），唐朝后妃，以丰腴著称，中国古代四大美女之一。

7. 赵飞燕（？—前1），汉成帝刘骜第二任皇后，以身姿轻盈著称，中国古代四大美女之一。与杨玉环并称“环肥燕瘦”。

巴赫[1]平和，莫扎特[2]灵动，贝多芬[3]激越，柴可夫斯基[4]浪漫，肖邦[5]抒情，阿炳[6]忧伤，这是音乐之美。

芭蕾舞优雅，霹雳舞炫酷，肚皮舞魅惑，拉丁舞浪漫，踢踏舞奔放，秧歌舞热闹，这是舞蹈之美。

达·芬奇的《蒙娜丽莎》神秘，黄公望[7]的《富春山居图》淡雅，德拉克洛瓦[8]的《自由引导人民》激昂，莫奈[9]的《睡莲》梦幻，梵高[10]的《向日葵》热烈，蒙克[11]的《呐喊》诡异，这是绘画之美。

---

1. 约翰·塞巴斯蒂安·巴赫（Johann Sebastian Bach，1685—1750），巴洛克时期德国作曲家、键盘演奏家。巴赫的作品对欧洲近代音乐的发展产生了积极影响，被称为“西方音乐之父”。
2. 沃尔夫冈·阿马多伊斯·莫扎特（Wolfgang Amadeus Mozart，1756—1791），古典主义时期奥地利作曲家，世界音乐史上最伟大的作曲家之一。
3. 路德维希·凡·贝多芬（Ludwig van Beethoven，1770—1827），德国杰出的音乐家，世界音乐史上最伟大的作曲家之一。
4. 彼得·伊里奇·柴可夫斯基（Peter Ilyich Tchaikovsky，1840—1893），俄罗斯浪漫乐派作曲家，创作有大量交响曲、歌剧和芭蕾舞曲。
5. 弗里德里克·弗朗索瓦·肖邦（Fryderyk Franciszek Chopin，1810—1849），波兰作曲家、钢琴家，欧洲19世纪浪漫主义音乐的代表人物。作品以钢琴曲为主，被誉为“浪漫主义钢琴诗人”。
6. 阿炳（1893—1950），原名华彦钧，江苏无锡人，中国杰出的民间音乐家，传世作品有二胡曲《二泉映月》等。
7. 黄公望（1269—1354），字子久，元代画家，中国山水画发展史上的里程碑式人物。
8. 欧根·德拉克洛瓦（Eugène Delacroix，1798—1863），法国画家，浪漫主义画派的典型代表。
9. 奥斯卡－克劳德·莫奈（Oscar-Claude Monet，1840—1926），法国画家，印象派代表人物和创始人之一。
10. 文森特·威廉·梵高（Vincent Willem van Gogh，1853—1890），荷兰后印象派画家。
11. 爱德华·蒙克（Edvard Munch，1863—1944），挪威画家，现代表现主义绘画的先驱。

钟繇[1]的《宣示表》圆浑质朴，王羲之[2]的《兰亭序》俊逸潇洒，欧阳询[3]的《九成宫醴泉铭》古朴润雅，怀素[4]的《自叙帖》狂放恣意，颜真卿[5]的《多宝塔碑》遒劲端庄，米芾[6]的《蜀素帖》劲健灵动，赵孟頫[7]的《吴兴赋》平正秀丽，这是书法之美。

“在我的后园，可以看见墙外有两株树，一株是枣树，还有一株也是枣树[8]”“多年以后，奥雷连诺上校站在行刑队面前，准会想起父亲带他去参观冰块的那个遥远的下午[9]”“这是最好的时代，这是最坏的时代[10]”“幸福的家庭都是相似的，不幸的家庭各有各的不幸[11]”，这是文学之美。

“关关雎鸠，在河之洲，窈窕淑女，君子好逑[12]”“山重水复疑无路，柳暗花明又一村[13]”“寻寻觅觅，冷冷清清，凄凄惨惨戚

---

1. 钟繇（151—230），字元常，汉末至三国时期曹魏书法家。
2. 王羲之(303—361)，字逸少，东晋书法家，作品《兰亭序》被誉为古今第一行书。
3. 欧阳询（约557—641），字信本，唐朝大臣、书法家。
4. 怀素（737—799），字藏真，僧名怀素，唐代书法家，擅草书，史称“草圣”。
5. 颜真卿（709—784），字清臣，唐朝书法家。
6. 米芾（1051—1107），字元章，北宋书法家、画家。
7. 赵孟頫（1254—1322），字子昂，元初书法家、画家。
8. 鲁迅散文《秋夜》开篇的句子。
9. 哥伦比亚作家加西亚·马尔克斯（García Márquez）的小说《百年孤独》开篇的句子。
10. 英国作家查尔斯·狄更斯（Charles Dickens）的小说《双城记》开篇的句子。
11. 俄国作家列夫·托尔斯泰的小说《安娜·卡列尼娜》开篇的句子。
12. 出自先秦《诗经》中无名氏的诗《国风·周南·关雎》。
13. 出自宋代诗人陆游的诗《游山西村》。

戚[1]”“如果冬天来了，春天还会远吗[2]”“黑夜给了我黑色的眼睛，我却用它寻找光明[3]”，这是诗歌之美。

“道可道，非常道，名可名，非常名[4]”“人不能两次踏进同一条河流[5]”“本来无一物，何处惹尘埃[6]”“我思故我在[7]”“他人即是地狱[8]”，这是哲思之美。

数学基石 $1+1=2$，质能方程 $E=mc^2$，勾股定理 $a^2+b^2=c^2$，圆周长公式 $C=2\pi r$，万有引力定律公式 $F=(G\times M_1\times M_2)/R$，欧拉公式 $e^{\pi i}+1=0$，简洁的数学解读了复杂的世界，这是数学之美。

富贵不能淫，贫贱不能移，是气节之美；尊老爱幼，谦和礼让，是礼仪之美；笃实宽厚，勇毅坚韧，是品格之美；悬壶济世，雪中送炭，是慈善之美；冰清玉洁，光明磊落，是性情之美；看破不说破，是含蓄之美。

惊鸿一瞥是美，蓦然回首也是美；雪夜拥炉是美，盛夏饮冰也是美；酒逢知己是美，千里独行也是美；喝到头口水是美，赶上末班车也是美；冲破牢笼是美，浪子回头也是美；金屋藏娇是美，腹有诗书也是美；偷得浮生半日闲是美，为赋新词强说愁也是美；风生竹院是美，月上蕉窗也是美；洞房花烛是美，

---

1. 出自宋代女词人李清照的词《声声慢 · 寻寻觅觅》。
2. 出自英国浪漫主义诗人雪莱（Percy Shelley）的诗作《西风颂》。
3. 出自近代诗人顾城的诗作《一代人》。
4. 中国古代哲学家老子《道德经》中的句子。
5. 古希腊哲学家赫拉克利特的名言。
6. 唐代佛教禅宗祖师惠能《菩提偈》中的句子。
7. 法国哲学家笛卡尔的名句。
8. 法国存在主义哲学家让–保罗 · 萨特（Jean-Paul Sartre）的名句。

金榜题名也是美；乔迁新居是美，破镜重圆也是美；含饴弄孙是美，快意恩仇也是美；排山倒海是美，细嗅蔷薇也是美；山珍海味是美，粗茶淡饭也是美；浓妆艳抹是美，铅华洗尽也是美……

美感的统一

面对纷繁复杂、形式多样的美，美学家也试图分类，比如提出自然美、形式美、技术美、艺术美、社会美、领悟美、崇高美、悲剧美和道德美等概念。然而，目前所见的分类并不严谨，分类依据和界限都很模糊。我们既不能清晰地区别它们，也很难在其背后找到本质的统一性。

纵观科学史，我们发现，本质的统一几乎是必然的趋势。大千世界，纷繁复杂，科学的目的在于找到这些繁复背后共同的本质。当发现窗外的燕子与院子里的鸡鸭都长有羽毛时，我们把它们统称为鸟类。飞虫吃玉米，燕子捕飞虫，猫又扑倒燕子，它们之间似乎势不两立，存在天壤之别，但在显微镜下，它们都是由细胞构成的，同属于生物；生物与非生物，或者说飞鸟、花卉与岩石、水和土壤之间似乎存在根本的区别，但进一步分析发现，它们又都是由化学物质构成的，而目前发现的所有物质，又都离不开118种基本的化学元素；这118种化学元素，再不断细分，又由质子、电子和中子构成，而质子和中子又由夸克构成……牛顿统一了天上地下的物体运动规律，麦克斯韦统一了电和磁，爱因斯坦统一了时间和空间、质量和能量，杨振宁统一了电磁力与弱核力，统一场论是物理学的终极梦想。而美的本质，其实也未尝不是如此。

长期以来，哲人们一直试图调和自然美与艺术美的存在。艺术美比较容易理解，被认为是人类理性的产物，是人类为了满足审美需求而创造的，而自然美到底是怎么回事呢？朱光潜说过，自然美对许多人来说是一大块绊脚石。“美究竟是什么”的问题之所以难以解决，就是由于这块绊脚石的存在（朱光潜，1958）。我们的困惑在于：大自然为什么会迎合人类的需求，创造美的东西？

古人虽然不能完全理解自然美，但也找到了看似合理的解释。他们认为，自然之所以美，是因为它们在色、形、声、质、味中存在美的要素，比如对称与均衡、调和与对比、比例与尺度、节奏与韵律、多样与统一等。他们虽然不能进一步说明，为什么对称、和谐、明晰和完整就美，但人们有理由相信，这些是公理般的存在，无需解释与证明。而艺术是对自然的模仿，因而也就天然具有了美的要素。而且，这些美的要素在艺术中更加纯粹，更加集中，因而艺术美也就比自然美更加高级了。

直到进化论的诞生，更精确地，是进化美学的诞生，我们才理解，自然之所以美，是因为它满足了人类生存和繁衍的需求，这是大脑进化的结果。虽然关于进化与艺术美感关系的研究相对匮乏，但可以假设，艺术美感的产生也应与人类的生存和发展密切相关。本书做了大胆尝试，分析了艺术美感的成分，其中包含了与自然美感的耦合效应、追求技术的技艺美感、出于安全需求的悲剧和恐惧美感，以及基于信息和社交需求的共情审美等，这些美感同样是人类在长期的进化历程中基于生存需求铸就的，将在后文“艺术审美分解”中具体论述。

接下来，我们需要面对美感和生理快感的统一。长期以来，人类一直无法正视自己的生理快感，并以此为耻，认为美感是高尚的、神性的，而生理快感是低俗的、兽性的。美感是快感的升华，是值得追求的，而快感是肉体的羁绊，应该舍弃。

早在150年前，达尔文就提出，美感指的是某些颜色、形态、声音所提供的愉快的感觉，然而，这样的定义遭到了众多美学家的反对。他们怒气冲冲地质问：如果我们把感官性的悦目、中听一概称之为美感的话，那么爽口、好闻也是美感，皮肤在舒适的温度中的那种感觉也是美感，交媾时性器官的感觉也是美感，从空气污浊的房子里跑到室外吸到新鲜空气的感觉也是美感，排泄之后下腹的感觉也是美感。这样的质问，把看似恶俗、令人羞耻的生理快感列举出来，打破你心中原有的神圣美感，你很容易就放弃思考，觉得他们的质问理所当然了。

如果动物也有美感，我们又凭什么来区分美感和快感呢？我们能够严格区分看到色情画报中的裸体与欣赏绘画艺术中的裸体时的感觉吗？我们能够区分读色情读物中的性描写与文学名著中的性描写的感受吗？我们能保证自己在前者中看到的是具象肉欲，而在后者中看到的是抽象的形式吗？谁又能断定抽象的形式就不是勾起我们肉欲的因素呢？如果两者的区别只是刺激强度的区别，而不是刺激类型的区别呢？

被美学家怒气冲冲质问的生理快感可以分为三大类：其一是感官的直接感受，如悦目和中听。我们的眼睛、耳朵、鼻子、舌头和皮肤等感觉器官都有一定的感受范围和舒适区，超出了感受范围，要么无法感受，要么不舒适，这也是人类长期以来适应环境中的光、声音和气味的结果；第二类属于欲望满足的感受，最典型的是饮食和性带来的快感，是自然选择赋予动物，包括人类，基本的适应本能；第三类属于痛苦解除的舒适感，比如捆绑身体之后的放松，被酷热的阳光暴晒之后来到阴凉的树下，周围吵闹的孩子突然安静下来，从空气污浊的房子走到室外吸到新鲜的空气，以及排泄之后下腹如释重负的感觉，等等。

随着现代神经生理学的发展，越来越多的证据显示，我们在观赏自然和艺术时的美感，与日常生活中的生理快感，在功能上，都是进化的奖励，在生理机制上，都来源于神经递质，也就是快乐物质的释放。

最后需要强调的是，美是一种感觉，是一类非常综合的感觉。虽然我们通常无法分清其中的成分，但美的感觉也有共同的特征，那就是都给予我们快乐和舒适感。如果要给美一个定义，而且美也应该有一个定义，那么，美就是舒适感，它包括了感官接触的舒适、痛苦解除的舒适、欲望满足的舒适和情感投合的舒适。

至此，我们可以相对明确地回答本书前言所提出的关于美的三个基本问题了：什么是美？如何美？为什么美？答案分别是：美是舒适感，美源于快乐物质的释放，因为美是进化的奖励。

人类对美的本质的追求，犹如暗夜的星空，繁星闪烁。随着科学和理性的发展，夜幕终将透亮，繁星势必暗淡退隐。然而，在黎明的天空，有一些星星依然在闪烁，其中，就有斯宾诺莎。这位苦行僧式的荷兰伟大智者早在300多年前就提出，美是对象作用于神经所感到的舒适。如此简单直观的道理，人们偏偏视而不见，听而不闻，固执地要在对象中寻找。在日复一日打磨镜片的生涯中，斯宾诺莎远比同时代人，甚至后人，对于我们周边的世界更有洞见。因为他早就发现，再姣美的手，在显微镜下都丑陋不堪。所以，他知道，美不在物，也不在器，而在观者的“心中”。

第 5 章

美的演化

美不会无中生有，也不可能一蹴而就。从雏菊含苞，到百花齐放，从幼雏试声，到百鸟争鸣，需要一个过程。鸟类的羽毛，不可能一开始就这么缤纷多彩，孔雀的尾巴也不可能一开始就这么华美壮观。我们今天遇见的所有的美，都有一个演变的过程，那么，这个演变是如何发生的呢？

美与趣味的协同演化

为了解答类似孔雀尾巴无用之美的困惑，达尔文提出性选择理论。然而，150 多年以来，性选择理论一直饱受争议。争议主要集中在两个方面：性选择与自然选择的关系，以及性选择的机制（Rosenthal，2017；Rosenthal & Ryan，2022）。即便如此，性选择驱动了动物装饰器官和炫耀特征的演化，这是毫无疑问的。尤其是近 30 多年的研究进展已经清楚地表明，美的多样性，是由审美者的审美趣味驱动的（Ryan，2018）。这里所说的美，指的是现实世界中美的性状（trait），而审美趣味，又被称为审美偏好（preference）。美的性状和审美偏好经历了协同演化。

协同演化，又称协同进化，是进化生物学中的一个核心概念，通常是指两个物种或者一对关系，在演化过程中互相影响，导致双方的性状共同演化的现象。具体来说，就是一个物种的某一特性由于回应另一物种的某一特性而演化，而后者的该特性也同样由于回应前者的特性而演化。两个物种的关系，可能是对抗的关系，也可能是协作的关系。

巢寄生是对抗关系协同演化的典型案例。世界上有一些鸟类，自己并不筑巢，而是把蛋下在别的鸟的巢里，由其他鸟代孵、代养，自己则坐享其成——这种行为被称为巢寄生。杜鹃就是其中最声名显赫的代表。在繁殖季节，杜鹃会趁寄主亲鸟离巢的空当，在寄主巢中产下一枚自己的蛋。这枚蛋的外形上会尽量模仿寄主的蛋，所以一般不容易被寄主识别。杜鹃的蛋总是比寄主的蛋提前一天孵化，而且，刚孵出的杜鹃雏鸟有一项特殊的本领——把寄主的蛋全部拱到巢外，只留下自己独享养父母的恩宠。这一步几乎是必需的，因为杜鹃的个体往往比寄主大很多，如果杜鹃雏鸟和寄主的亲生孩子一起接受寄主抚养，不仅无法保证成长所需的营养供给，而且外形差异太大，容易露馅。在养父母的辛勤哺育下，杜鹃雏鸟茁壮成长，逐渐羽翼丰满。这时，杜鹃亲鸟会再次光临，把自己的孩子带走，而养父母最终落得一场空。巢寄生体现了自然界残酷而令人伤感的一面。当然，寄主并不都是傻子。在长期的受骗上当中，它们也演化出了识别寄生蛋的能力。一开始，杜鹃的蛋模仿得可能并没有那么像，这时就会被寄主识破，被抛到巢外。于是，

多种多样的蜂鸟及其形态各异的喙

斗智斗勇的竞赛逐渐展开，寄生和反寄生的能力协同演化。一方面，寄生蛋模仿得越来越像；另一方面，寄主的识别能力也在不断升级。

蜂鸟与花冠的关系，则是协作关系协同演化的典型案例。全世界共有360余种现生蜂鸟，它们生活在新大陆各种各样的生境中，从氧气稀薄的山脊到鲜花盛开的丛林。让我们惊讶的不是蜂鸟种类的多样，而是其喙形的多样。这360余种蜂鸟长着各种形状奇特的喙，有些非常夸张和特化。其中，最夸张的当数剑嘴蜂鸟 *Ensifera ensifera*，它们的喙向上弯曲，喙长甚至超过了身体的长度。我们都知道，蜂鸟以吸食花蜜为生，看着这些奇形怪状的喙，我们不免纳闷，这样取食方便吗？实际情况是，蜂鸟不仅取食方便，而且非常高效，因为每一种喙形都对应着特定形态的植物花冠——这就是协同演化的结果。一方面，蜂鸟依赖花蜜为生，但另一方面，开花植物也需要借助蜂鸟来完成授粉。在高度竞争的系统中，为了提高“授粉服务”的质量，以及资源利用的效率，“专属服务”是最佳选择。对于蜂鸟来说，为了提高觅食效率并减少种间竞争，会倾向于访问形态特征更为匹配的植物。而对于开花植物来说，为了保证享有专属服务对象，同时避免在传粉过程中产生杂交，也需要形态匹配的蜂鸟。基于共同的需求，蜂鸟的喙形和植物的花冠形态协同演化，从而塑造出多种多样的蜂鸟-花冠特化组合。值得注意的是，我们所看到的，既是结果，也是过程。蜂鸟的喙和植物的花冠之间看似已经形成了完美的特化系统，但相互匹配的演化仍在继续，一如自然界所有的演化。

炫耀特征和审美趣味的协同演化，类似蜂鸟和花冠的关系。以孔雀的尾巴为例，雌孔雀的审美偏好驱动了雄孔雀尾屏的演化，这是性选择的经典案例。显然，雄孔雀的尾巴不可能一开始就呈现我们今天看到的模样，而是经历了逐渐演化的过程。一开始，可能尾巴稍长的雄孔雀就让雌孔雀激动不已。慢慢地，看多了这样的长尾巴，雌孔雀也审美疲劳了，审美品位逐渐提高，只有那些更长更华丽的尾巴才能激起她们的“性”趣。那些拥有更长更华丽尾巴的雄鸟于是被选中，成为这些审美趣味提高的雌孔雀的伴侣，于是其雄性后代的尾巴更加华丽，雌性后代的趣味更加“高冷”，两者的协同演化导致了孔雀华美尾屏的出现。

我们其实很难体会他者的审美趣味。20 世纪初，美国鸟类学家威廉·毕比（William Beebe）初见大眼斑雉的炫耀行为时，就陷入了这样的困惑（Beebe，1926）。大眼斑雉是一种生活在婆罗洲热带雨林深处的隐秘雉类，和孔雀一样，雄性大眼斑雉有着华丽的尾屏（不同的是，孔雀的尾屏由尾上覆羽构成，大眼斑雉的尾屏则是真正的尾羽），羽毛上饰有炫目的眼斑。威廉·毕比第一次在野外看到求偶炫耀的大眼斑雉时，被它的美丽惊得目瞪口呆。但让他不解的是，如此美妙的色彩、精妙的眼斑旋涡，以及有节奏的羽毛抖动，一旁的雌鸟却完全视若无睹。如果人类都觉得雄性大眼斑雉的炫耀行为动人心魄，难道雌鸟的反应不该更加强烈而明显吗？对此，普鲁姆认为，每一种复杂的装饰结构，都是与同样复杂的审美能力协同演化的结果。威廉·毕比所见的大眼斑雉雌鸟看多了雄性大眼斑雉的羽毛，培育出远高于人类的审美标准，在这些求偶者面前，它们更像审美经验丰富的鉴赏家。

记得有一回，我兴致勃勃地把一只镌刻有精美书法的茶杯推荐给一位书法家朋友，结果惨遭拒绝。朋友表示，这么丑的书法茶杯给他的话，他会马上扔掉。这使我联想到自己的体会，作为一个鸟类摄影爱好者，经常有朋友把他们认为精美的鸟类照片发给我一起欣赏，但那些照片在我看来实在粗俗不堪，我因此不胜其扰。这么想的时候，我就理解那些雌性大眼斑雉的感受了——你村里的西施，在好莱坞导演眼里可能只是无盐[1]。

雌性大眼斑雉看到雄性卖力表演时的不动声色，其实是数百万年求偶炫耀和审美趣味协同演化的结果。这一结果，导致了雄鸟的尾巴越来越长，羽色和图案越来越华丽，即便这样的尾巴和图案对于雄鸟自身来说，除了生殖炫耀，毫无生存价值，在日常生活中，尤其在天敌面前，甚至是个累赘。

美的失控

达尔文虽然认为动物具有审美偏好，且审美偏好驱动了美的演化，但他并不清楚具体的演化机制。第一个提出性状和偏好之间存在协同演化的是英国的费希尔。费希尔是一个天才的数学家和遗传学家，他用数学演示了性状和偏好协同演化的遗传机制。费希尔提出了一个两阶段的演化模式：第一阶段是偏好的起源，在于特征能如实准确地反映健康状况、活力水平和生存能力；第二阶段，在偏好出现之后，可能摆脱自然选择，成为独立的演化驱动力，使炫耀特征与其最初所反映的素质信息分离，甚至出现炫耀特征与个体素质不再关联的现象。费希尔的美与偏好协同演化模式，又被称为“失控选择模式”

1. 亦称无盐女。战国时齐宣王后钟离春，为人有德而貌丑，因是无盐人故称无盐，后常作为丑女的代称。

(Fisher，1930)。这里的“失控”，指的是美的特征演化仅为偏好所驱动，摆脱了自然选择的掌控。

当然，费希尔认为美的失控是有限度的，一旦美的特征与真实素质分离，就会成为炫耀者的负担，当负担大到炫耀者无法承担时，自然选择与性选择之间就达成了平衡。

以现实生活为例，很容易理解这一平衡。我们可以把炫耀特征理解为高级服装，审美偏好理解为爱美之心，或者虚荣心，个体素质理解为经济实力。总体来说，一个人的穿着打扮反映了其经济实力，但具体到每个人，并不总是如此。有些人虚荣心特别强，为了炫耀，甚至入不敷出，砸锅卖铁，忍饥挨饿，也要制备高级服装，把自己打扮得花枝招展。这就是炫耀特征和个体素质的偏离，也就是美的失控。炫耀总是有代价的，不论是孔雀尾巴还是高级时装，都需要能量或金钱维持，还难免招惹嫉妒和被捕猎的风险。终究，实力和虚荣心之间会达成一个平衡，因为一个人终究无法听任虚荣心的支配，长期维持那些自己能力所不能承担的炫耀特征。

费希尔虽然提出了预测，但并没有给出这一平衡的数学模型。直到30年之后，拉塞尔·兰德（Russell Lande）和马克·柯克帕特里克（Marc Kirkpatrick）分别独立地用数学证明了这一点（Lande，1980；Kirkpatrick，1982)。兰德-柯克帕特里克模型告诉我们，今天我们所看到的所有炫耀特征与其个体素质之间，都处于一种动态平衡状态，包括孔雀尾巴的长度。即便你腰缠万贯，但如果你相貌平平、不修边幅，你可能无法吸引异性传承你的基因。但如果你过分华丽，终究会因华而不实而无法生活自理，那也很难成家立业，把基因传给后代。

美的失控虽然是有限度的，但也意味着美可以脱离自然选择的掌控，实现独立演化。费希尔模型和兰德－柯克帕特里克模型毕竟都是数学模型，属于纸上谈兵，那么，在现实世界中是否存在美的失控现象呢？要验证这一点，需要确认两方面的证据：一是选择方（chooser）出现了随机的审美偏好，二是追求方（courter）的炫耀特征出现了素质退化。

迈克尔·瑞安（Michael Ryan）是得克萨斯大学的动物学家，他在巴拿马研究南美泡蟾 *Physalaemus pustulosus*。他发现这种蛙类能发出两种叫声，一种是单纯的“呱呱”声（whine），另一种是在呱呱的叫声中偶尔加入“咯咯”（chuck）的叫声。虽然加入咯咯的叫声只需多花 10% 的精力，但可以提升 500% 的魅力。那么，雌蛙对咯咯叫声的偏好是怎么来的呢？瑞安认为雌蛙的这个偏好是大脑中预先存在的，属于潜在偏好（hidden preference）。雄蛙迎合雌蛙这一特别的偏好，发展出了咯咯的叫声，瑞安把这一进化机制称为感官开发（sensory exploitation）。为什么雌蛙的大脑中预先存在这一潜在的审美偏好，瑞安并没有给出具体说明，但他认为某一审美偏好的出现，存在一定的随机性（Ryan，2018）。

选择方也可能仅仅因为爱屋及乌，而喜欢上对方身上的某一特征。以孔雀鱼 *Poecilia reticulata* 为例，某一河道的雌孔雀鱼表现出对雄鱼身上橘黄色的强烈偏爱，仅仅是因为它们经常食用橘黄色的果子（Rodd et al.，2002）。

其实巴甫洛夫[1]的经典条件反射实验就足以说明审美偏好随机性的出现。巴甫洛夫是 19 世纪俄国科学家，他曾经利用狗看到食物或吃东西之前会流口水的现象做过一个著名的实验：在

1. 伊万·彼德罗维奇·巴甫洛夫（Ivan Petrovich Pavlov，1849—1936），俄国生理学家、心理学家、高级神经活动生理学的奠基人，条件反射理论的建构者。

每次喂食前，他都先发出一些信号（比如摇铃、吹口哨、使用节拍器、敲击音叉等），连续几次之后，他尝试摇铃但不喂食，发现狗虽然没有得到食物，却照样流口水。而在此之前，狗对于铃声是不会有这种反应的。他于是推知，有过连续几次的经验后，狗将铃声视作了进食的信号，从而同样做出流口水的反应，这种现象被称为条件反射。在巴甫洛夫的实验中，选择何种信号是完全随机的，因此被试狗对这些信号产生审美偏好也是一种随机现象。

理查德·普鲁姆提供了一个更加典型的美的随机演化和失控的案例（Prum，2017）。娇鹟是生活在美洲热带森林地区的一类小型鸟类，大约有54种。每种娇鹟都有各自独特的羽毛装饰、炫耀行为和声音信号。经过长期研究，普鲁姆发现，这些娇鹟都有在求偶场进行求偶炫耀的行为。这种行为本身说明，它们具有共同的祖先。但不同种类之间，炫耀行为又存在显著的差异，而且有迹可循，呈现明显的演化谱系。经过分析，普鲁姆认为，54种行为模式体现了54种审美标准，但这54种审美标准并不意味着54种生存和素质指标，而完全是随机演化的结果。例如白喉娇鹟 *Corapipo gutturalis*，它演化出一种奇特的用喙指向对方的炫耀姿势，取代了其祖先传下来的用尾巴指向对方的标准炫耀姿势。普鲁姆认为，这种行为的改变完全是随机的，与任何素质信息都无关。因为没有任何证据显示，用尾巴指向对方，是为了展示臀部是否感染了螨虫，而用喙指向对方，是为了展示喉部是否感染了螨虫。

随着研究的深入，普鲁姆甚至发现，审美的创新和炫耀特征的演化，不仅不伴随着素质的提高，甚至可能导致素质的退化。比如梅花翅娇鹟 *Machaeropterus deliciosus*，在求偶炫耀时，双翅会

各种各样的娇鹟：A.梅花翅娇鹟、B.白冠娇鹟*Pseudopipra pipra*雄鸟、C.白冠娇鹟雌鸟、D.白喉娇鹟、E.金头娇鹟*Ceratopipra erythrocephala*、F.红头娇鹟*Ceratopipra rubrocapilla*、G. 燕尾娇鹟、H. 线尾娇鹟*Pipra filicauda*、I. 斑尾娇鹟*Pipra fasciicauda*

在背部上方摩擦振动，发出一连串浮夸的“噼啪”声（Bostwick & Prum，2005）。解剖发现，为了这一炫耀特征，梅花翅娇鹟付出了昂贵的生存代价（Bostwick & Prum，2003）：为了用翼羽发声，雄性梅花翅娇鹟的翅膀结构彻底改变了，它们的尺骨不仅变得膨大，而且是实心的，骨骼中钙的成分比其他娇鹟多出两到三倍。这种更粗更实心的尺骨为羽毛根部提供了更加坚固和稳定的锚定效果，同时也增强了飞羽间的共鸣和耦合。我们都知道，为了飞行，鸟类的骨骼必须尽可能轻，中空的骨骼正是鸟类适应飞行的演化特征，实心和膨大的骨骼无疑会给其生存带来不利，属于素质退化特征。雄性梅花翅娇鹟的翅膀兼具两种功能——飞行和发

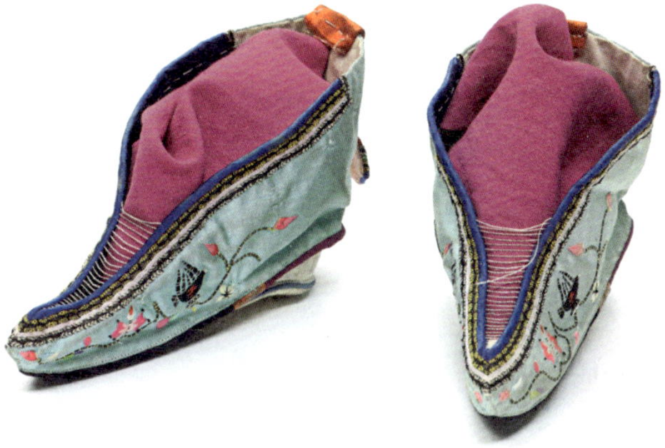

与“三寸金莲”相匹配的弓鞋

声，为了发声，它牺牲了飞行的功能，包括飞行能力、机动性和能量效率等。不仅如此，由于遗传效应，雄性梅花翅娇鹟的翼骨畸变还波及了后代中的雌鸟，导致整个种群素质的衰退。普鲁姆提出，梅花翅娇鹟的情况绝非个例，系统检视的话，会发现美的演化导致素质衰退的现象非常普遍。

审美演化导致梅花翅娇鹟翼骨畸变的现象，不免使人想起我国古代流行的“三寸金莲”。古时候，脚被看作是女性身体最隐秘的部分，代表了女性的魅力，而自宋代起，小脚逐渐成为美女的必备条件之一，并且形成了一套研究小脚和鞋的特殊学问。这种小脚并非天然所成，往往需要经历痛苦的缠足和伴随终身的行走不便。元之后，小脚审美和缠足之风越演越烈，到明代进入鼎盛时期，出现了“三寸金莲”之说。清人方绚甚至在《香莲品藻》中对三寸金莲详细分类罗列，并提出极品小脚的指标，可见当时整个社会的男性群体恋足成风。随着社会思想的解放，民国之后，缠足之风逐渐废止。我小时候还常在乡间看见扭来扭去走动的小脚老太太，但对于小脚的扭曲与痛苦，我并没有切身的感受。直到有一天，我在自然博物馆中看到了缠足的人骨标本，其畸形扭曲的程度，令人触目惊心。尽管缠足不能遗传，但这一畸形审美无疑导致了那个时代女性身体素质的衰退。

趣味的养成

婚后不久，有一回母亲和舅妈到我家来，妻子按照杭州人的习惯，蒸了鲫鱼，煮了盐水虾招待，结果母亲和舅妈几乎一筷未动。妻子以为她们是生分客气，我后来私下询问才明白，清蒸鲫鱼和水煮虾虽然是杭州人眼中的美味，但来自衢州乡下的母亲她们实在是吃不下。在我的家乡，鱼是一定要剁碎红烧的，而且要咸辣入味才能下饭，而虾则是根本不吃。经她们这么一说，我才如梦方醒。其实我自己也是花了十多年的时间，才适应了杭州这般清淡的口味。有了这次经验，之后招待老家来的客人，我们势必要配几个辣菜。而我们回老家，父母也会变出一碗清煮虾来。大家各取所需，各得其乐。

有一则以乡下人口吻打趣城里人的段子是这么说的：俺们刚吃上肉，你们又改吃蔬菜了；俺们刚娶上媳妇，你们又纷纷独身了；俺们刚有白纸擦屁股，你们又用它擦嘴了；俺们刚吃饱穿暖，你们又开始减肥了；俺们想进城，你们却跑到乡下来了；俺们刚把青菜上的虫子灭掉，你们又爱吃虫子啃过的青菜了；俺们刚把破裤子扔掉，你们又开始在裤子上剪洞了……段子里的乡下人和城里人，不仅存在生活水平的差异，也存在明显的生活方式和趣味的差异。

我们都普遍认同，人和人之间存在饮食口味的差异，即便我们并不太清楚这些差异的来源。但对于艺术趣味的差异，我们似乎没那么肯定。人类的艺术趣味是否存在统一的标准，我们同样争论不休。

在18世纪的英国，人们就很热衷于争论趣味标准的问题。当时的哲学家大卫·休谟曾经写过一篇著名的论文——《论趣味的标准》。休谟是个著名的怀疑论者和经验主义哲学家，他关注趣味，试图把美学从传统的形而上学玄想拉回到现实人间，回归个人的具体情感和感受。在此之前，从柏拉图和亚里士多德开始，美学被一路形而上学化，越来越玄妙和抽象，成了空中楼阁。在《论趣味的标准》中，休谟提出，尽管人类的审美趣味存在分歧，甚至是变化无常，但还是有一种普遍的尺度，人与人在这方面具有基本的一致性。休谟以荷马[1]为例："两千年前在雅典和罗马博得喜爱的那位荷马，今天在巴黎和伦敦同样博得喜爱。气候、政体、宗教和语言各方面所有的变化，都没能削弱荷马的光辉。"休谟试图在分歧中找出人类趣味的一致性，并为之设立标准。

艺术趣味和日常生活中的口味确有相通之处。所以，在英语中，它们是同一个单词——"taste"。如果拿口味来比趣味，我们能够给口味设立一套标准吗？比如说，清淡的口味比咸辣

1. 荷马（Homer，前9世纪—前8世纪），古希腊盲诗人，根据当时民间流传的歌词改编创作了两部长篇史诗——《伊利亚特》和《奥德赛》，合称为《荷马史诗》，是如今公认的古希腊最伟大的文学作品。

的口味高级，吃肉的口味比吃蔬菜的口味高级，我们可以这样说吗？恐怕不能。清淡和咸辣的口味是不同区域的人适应各自所处环境的结果。一般来说，平原和沿海地区的居民偏爱清淡，而山区的居民因生活在阴湿的环境中，加之爬山出汗多，所以偏爱咸辣。至于吃肉和蔬菜的偏好，更是没有高下之分。对于多数人来说，如果没有特别的习惯和绝对的禁忌，都是肉吃多了，想吃蔬菜，蔬菜吃多了，希望吃点肉。

艺术趣味果真等同于我们的口味吗？要说明这个问题，有必要分析一下，我们的口味是怎么来的，而艺术趣味又是如何养成和构成的。

所谓的口味，就是让我们味觉感到舒适的食物味道。首先包含了我们人类共同起源的部分，如因对糖分的需求偏爱甜，因对蛋白质的需求偏爱鲜，对盐分的需求偏爱咸等；其次是局部群体适应特殊环境和食物资源形成的口味，如偏爱酸和辣；最后则是个体长期适应特定食物和烹饪方式，形成的特殊口味，如小时候亲人所做菜肴的味道。

艺术趣味的形成与口味有异曲同工之处，甚至更为复杂。首先我们需要分析一下，艺术趣味中包含哪些成分。跟口味一样，人类的艺术趣味包含先天遗传和后天养成两部分。先天部分是人类共同起源的自然审美趣味，属于艺术审美与自然审美的耦合部分，后文“艺术审美分解”中将具体论述。所谓后天养成，指的是审美趣味和审美对象经过协同演化而产生的部分，具有一定的偶然性和随机性，正是这份偶然性和随机性导致了人类审美趣味的千变万化。

艺术趣味中人类共同起源的自然审美，也是普通大众面对艺术品时所表现的审美趣味的主体部分。长期以来，艺术致力于模仿自然，就是在充分利用人类与生俱来的自然审美能力。但慢慢地，那些先锋艺术家察觉到，艺术中还包含其他审美成分，开始探索在艺术创作中发掘和放大自然审美之外的审美元素，极力降低甚至回避自然审美的成分。于是，我们在绘画中看到，美女的形象逐渐被丑女取代，甚至面目狰狞。这并不意味着这些艺术家对女性的审美趣味改变——看看毕加索和他的情人就明白了，随着画中的女性形象越来越丑，越来越狰狞，毕加索交往的情人却越来越美。

个人艺术趣味的差异，来自不同审美主体和特殊审美对象的随机演化。有些人痴迷书法，有些人爱听音乐，有些人喜欢舞蹈，有些人醉心雕塑。对于不同的艺术类别或风格，每个人都有自己的偏好。这并不说明其他艺术不美，而是由于一些特殊的原因——常常是随机的原因，我们与某一艺术相遇，被它所感染，从而结成了密切的联系，产生审美偏好。而这一审美偏好，经过长期的定向浸淫，逐渐定型，从而形成了特殊的审美趣味。

印记现象（imprinting）是动物普遍具有的行为模式，指刚出生的小动物会追逐它们最初看到的活动的生物，并对其产生依恋之情的现象。这一现象最早由奥地利动物学家康拉德·洛伦茨提出。他发现，刚孵出的雏鸭对最早注意到的会移动的物体表现出跟随依附的行为，不论它面前出现的是母鸭，还是母鸡或人，甚至是移动的玩偶，雏鸭都会跟随。后来的脑神经生理研究发现，印记现象是一种奖励性学习行为，类似的现象还包括配偶眷恋（pair bonding）——一夫一妻制动物中配偶之间强烈的依恋关系。橙腹田鼠 *Microtus ochrogaster* 是研究配偶眷恋的模式物种，这种灰不溜秋、其貌不扬的动物，被认为是“最长情的动物”，它们是一夫一妻制的严格恪守者，失去伴侣的它们大多会郁郁寡欢，甚至失去生活斗志（Young & Alexander，2012）。

科学家对配偶眷恋行为的生理机制研究逐渐延伸到了性偏好的形成研究。针对老鼠和鹌鹑的研究发现，把性奖励和任意物品相联系，都可最终导致该物品具有性唤起作用（Cetinkaya & Domjan，2006；Pfaus et al.，2012）。这一现象其实在人类中同样普遍。20 世纪 60 年代，研究者做过这样一个实验：让年轻男性同时看能引起性欲的图像与高筒靴，之后这些男性会发现单独出现的高筒靴也能激起他们的性欲（Rachman & Hodgson，1968）。这样的联系效果在青春期最明显，因为此时行为受性激素的影响最强烈。这其实就是恋物癖的形成机制。在没有恋物癖的人看来，这种行为显得很怪异，但如果你有过类似的经验，就很容易理解这种现象。在神经学家拉里·杨（Larry Young）看来，我们每个人都有某种程度的性审美偏好，我们都是恋物癖患者（Young & Alexander，2012）。

印记、配偶眷恋和恋物癖的形成充分说明，审美趣味的产生具有随机性。而这种随机性有可能导致畸形审美的出现。

需要指出的是，趣味是逐渐养成的，而不是学习领悟的。特定的人在特定时期，趣味和口味都是相对固定的，或者说定型的。你没办法通过讲道理改变一个人的艺术趣味，正如你没办法通过教育改变一个人的口味。纵然把辣的好处吹得天花乱坠，也不能使一个喜欢清淡的人爱上吃辣。

美国哲学家托马斯·内格尔（Thomas Nagel）写过一篇著名的文章——《成为一只蝙蝠是什么感觉》（Nagel，1974）。蝙蝠通过超声波感知世界，借此得知物体的距离、大小和形状。托马斯·内格尔认为，由于蝙蝠的感受方式与我们大相径庭，我们无法以自身的感受去推知蝙蝠的感受，所以我们无法得知身为一只蝙蝠真正的感觉是什么。就算我们知道蝙蝠在接收到超声波时，脑中会出现特定的神经冲动，但人类不能知道那种神经冲动是什么感觉。只有蝙蝠知道那是什么感觉，它的感觉无法用物理的术语去理解，我们只能想象，但没办法拥有蝙蝠的感觉。因此，我们也无法知道他人对于颜色、声音、气味、疼痛等等的感觉究竟“是什么样的感觉”。

同床异梦，思想上的无法沟通，被认为是人类孤独的根源。但其实思想沟通还是容易的，真正无法沟通的是趣味。穷尽所有词汇，你可能都无法理解他人的趣味。这可能就是维特根斯坦所谓的“不可言说”吧。

趣味的无常

美国乡村歌手米基·吉利有一首歌曲曾经风靡一时，歌名为《女孩们不都在关门时变得更漂亮了吗》（*Don't The Girls All Get Prettier At Closing Time*）。歌词的大意是，有个男人进入酒吧寻找艳遇，由于进入的时间太早，有充足的时间挑选对象，酒吧里所有的女孩他都看不上眼。随着酒吧关门的时间临近，这个孤独牛仔的标准逐渐降低，最后，他发现，酒吧里所有的女孩都那么神采奕奕，一个个就像那电影明星。最有趣的还是后面这段歌词：“如果要我给她们打分，一开始我想寻找一个九分女孩，如果只有八分那也差强人意。几杯酒下肚之后，我把标准降到了五分，甚至四分。但第二天早上醒来，我发现身边的女孩只有一分，我发誓再也不这么干了。”

这首歌形象地展示了一个男人随着酒吧关门时间的临近，

审美标准不断下降的有趣现象。随后不久，真有无聊的研究人员，在弗吉尼亚的数家酒吧里验证了这一效应（Pennebaker，1979）。他们让顾客给异性打分，果然存在随着酒吧关门临近，打分逐渐升高的现象。这一现象又被称为“闭馆效应”（closing time effect）。而且，正如歌中唱的那样，不只是关门时间，酒精也影响对异性的审美判断（Johnco，2010）。

闭馆效应说明，不唯人与人之间的趣味不同，同一个人的审美，在不同时间，哪怕只是一个晚上，也会受各种因素的影响，发生惊人的变化。

迈克尔 · 瑞安在《美的趣味》一书中，用大量篇幅说明，闭馆效应是一个普遍现象。甚至在他研究的两栖动物中，也存在这样的效应。迈克尔 · 瑞安发现，在调查样地中，随着夜幕降临，雄性南美泡蟾开始求偶角逐，竞相鸣叫。一开始，那些雌蛙总是比较挑剔，仅有那些雄浑嘹亮、富有变化的叫声才能打动她们，但随着夜深人静，雌蛙们的择偶标准逐渐放低，即便是单调平庸的叫声也能让她们投怀送抱（Lynch，2005）。

人是社会动物，我们的审美有时也受到他者的影响。动物行为受群体信息（public information）的影响，这是动物行为学的重要议题（Doligez et al.，2002）。利用社群吸引技术（social attraction technique）招引海鸟到特定岛屿进行繁殖，利用的正是这个原理（周晓等，2017）。一个受到大家青睐的男性，在女性看来更有魅力。身边拥有高素质的异性伴侣，也有助于提升自身的魅力。这一效应在动物的配偶选择和审美判断中同样普遍，迈克尔 · 瑞安称之为“婚配效仿”（mate choice copying），并举电影《律政俏佳人》中的片段予以说明（Dugatkin，1992；Lea & Ryan，2015）：

一位高傲的女子，正在回绝一位书呆子气青年男子的约会请求："像我这样的女子，是不会和你这样的穷酸者约会的。"这段对话正好被漂亮迷人的艾莉·伍兹听到。这时，艾莉假意上前拉住这位男子，声泪俱下地请求男子不要离开她。等她伤心欲绝地离开，原先的高傲女子竟回心转意，对这位男子说："那你准备什么时候约我出去呢？"

陪衬有时也具有反向效应——和高素质的同性一起，可能降低自己的魅力，有低素质同性的陪衬，却可提升自身的魅力。法国作家左拉著名的短篇小说《陪衬人》讲述的就是这样一个故事：在荒诞年代的巴黎，一切皆可为商品。投机分子杜朗多发现"丑"也可以作为商品出售。他将丑女们出租给相貌平庸的贵妇人用以衬托其美貌，使得姿容无可称道的贵妇们更轻易地获得男性的爱慕。杜朗多因此大获成功，赚得盆满钵满。《陪衬人》虽然是一个荒诞的故事，底层却有其坚实的科学基础——人类审美的非理性。

审美判断不仅易受他者的影响，也容易受外物和环境的影响。一只手表、一辆跑车，可以提升男性的魅力；一只挎包、一瓶香水，可以提升女性的魅力。俗话说，权力即春药，说明一个人的魅力受其身份影响；俗话又说，情人眼里出西施，说明一个人审美受其情感影响；俗话还说，坐牢（参军）三年长，母猪赛貂蝉，说明一个人审美还受其境遇影响。

我们的口味虽然是相对稳定的，但有时也不免因身体状况而有所变化。比如生病或者长途旅行时，会出现食欲不振，这时如果吃点酸性食物，如含一颗话梅，即可提振精神和食欲；孕妇在怀孕期间，增多的绒毛膜促性腺激素会抑制胃酸分泌，降低消化酶的活性，也会出现恶心、呕吐和食欲不振的现象，这时也偏爱酸性食物。因为酸性食物能刺激胃酸的分泌，提高消化酶的活性，从而帮助消化，增加食欲。

艺术趣味也是如此，可能受到多种因素的影响。首先是文化的影响。文化对艺术审美的影响，主要表现在不同文化之间存在的艺术审美差异，比如不同民族因不同的风俗和道德观念，对同一艺术作品可能出现不同的审美判断。甚至不同的个人，其审美趣味的形成，以及具体的审美经验，也会受到不同文化背景的影响。在艺术审美中，常有“透物见人”一说，即观者从艺术作品中看到了创作者的“本性”，所以，又有“画如其人”“书如其人”的说法。面对同一幅书法，有些人觉得豪放，另一些人则认为轻浮躁狂。观者评价的不同，多少与观者的道德观念有关，这是文化影响审美趣味的体现。

文化对艺术审美的影响还表现在技艺审美方面。审美主体对艺术作品中技术性的了解程度，可明显影响一个人的审美判断。对特定技术的崇拜和欣赏可导向特殊的审美趣味，当然，这也是趣味与对象协同演化的一部分。我们常常见到，一个艺术家对本领域的作品各种挑剔与厌倦，却对其他领域的庸常之作津津乐道。

和口味一样，艺术审美趣味也受到生理的影响。这主要来自审美疲劳。审美成瘾和审美疲劳，是一枚硬币的两面。适度的刺激，可导致成瘾，过度的刺激，却导致疲劳。所谓疲劳，就是麻木，甚至无感。面对同一艺术作品，给出完全不同的评判，有时仅仅因为，对于有些人而言，它属于新鲜的刺激，对于另一些人，它属于成瘾刺激，对于还有一些人，则是疲劳刺激，如此而已。

艺术趣味的多样性使“雅俗共赏”变得极其困难。雅和俗一直是艺术界争论不休、人言人殊的问题。一件艺术品是否能够雅俗共赏，换个说法就是，人类的审美趣味有没有可能统一？根据以上分析，答案应该是否定的。在古典时代，人们对艺术的审美较多依赖于自然审美，在某种程度上还可能达成一致。而到了今天，艺术审美中的自然审美元素越来越被淡化，随机演化导致的趣味差异越来越显著，加上文化和生理的影响，一件艺术品要做到雅俗共赏几乎不再可能。

高雅和低俗

趣味有雅和俗之分吗？我们常听说，华丽的艺术迎合的是低级审美，素淡的艺术迎合的是高级审美。也就是越素淡，越高雅；越华丽，越低俗。有些人则反对雅和俗的划分，认为这带有太多的主观成分，甚至认为，所谓雅，就是少数人的爱好，俗就是多数人的爱好。俗和雅之间，不过隔着一层窗户纸，捅破窗户纸，大俗成了大雅，大雅实际是大俗。

如果雅和俗存在这种循环往复、交缠不清的关系，那么，我们是否可以换一种说法：艺术趣味存在高级和低级之分吗？

毫无疑问，审美存在台阶。审美的台阶来自我们对艺术品技艺、内涵的接受程度，以及审美主体审美趣味的演化进程。对技艺的熟悉程度不同，确实可导致审美存在差异。正如你在山下看到的风景，和在山上看到的风景是不同的，只有登上一定的台阶，你才能看到特定的风景。但并不能因此就认为，山上的风景一定比山下的风景高级。在此，我用登山作比，只是出于方便，海拔高度与审美等级之间没有对应关系。如果把海拔尺度转换成水平尺度，这个比喻依然成立。再者，审美趣味，不存在向下兼容。也就是说，当你的审美趣味进化到下一个层级时，你并不同时拥有上一个层级的审美趣味，实际上，你将丢失原来的审美趣味。也就是我们常说的，原来觉得美的，现在觉得不美了，甚至是丑了。所以，你的审美阈值不是变宽了，甚至是更窄了。

审美趣味的演化，必然导致美丑判断的变化，从而影响对审美对象的判断。同一件艺术作品，我们看起来美的，通常就认为是好的，我们看起来丑的，就会认为它是一件坏作品。这就引出另一个更普遍也更棘手的问题：艺术品的好坏应该由谁判定？标准是什么？如果仅以技术难度和水平作为评判标准，只能由专家说了算，这是目前通用的做法。但这样做，仍然过于武断，因为忽视了艺术审美的其他维度。更何况，普遍意义上的好和坏是不存在的，好坏和美丑是对应关系，均属于价值判断，既然是价值判断，必然是针对价值主体而言的。当我们说某一事物好和坏时，必须明确对谁而言是好的或者坏的，否则没有意义。严格说来，艺术品好坏的判定也应如此，应该具体到每一审美主体。能给予你最大审美享受的就是好作品，反之就是坏作品。正如那句谚语所说的，“甲之蜜糖，乙之砒霜”，反之亦然。不管别人怎么说，只有那些给予你美好享受的，对于你才是好的艺术。不要在乎审美品位的高低，在山脚就好好欣赏山脚的风景，山顶的风景不仅与你无关，兀自抬头仰望，反而会错过眼前本属于你的美好景色。

不同的艺术类别和艺术风格之间，本无雅俗之分。不能说远古就是高雅，现代就是低俗，素淡就是高雅，华丽就是低俗，写意就是高雅，写实就是低俗，诗歌就是高雅，评书就是低俗，如此等等。正如我们不能说，杭州菜的清淡，就比川菜的麻辣，格调高雅。

我家边上有一名为“山衢人家”的菜馆，属衢州菜系，我们偶尔去吃开化清水鱼。由于日常家里的菜比较清淡，久了就怀念开化清水鱼，但也不能顿顿开化清水鱼。吃过开化清水鱼后，再回头吃家常菜，才觉得清淡有清淡的好处。在家“宅”久了，想出去走走，甚至偶尔参加一场热闹的聚会。但天天聚会也受不了，再回来过寂寞的居家生活，反多了一份安逸之感。对于远古和现代、华丽和素淡、写实和写意、诗歌和评书的臧否，就如同我们对菜肴的感受一样，肉吃多了，觉得蔬菜好吃，蔬菜吃多了，觉得肉好吃，有时不过是审美疲劳的反应。

渐入佳境，人迹罕至

2017 年 9 月 13 日，北京 798 艺术区尤伦斯当代艺术中心，为配合“赵半狄的中国 Party”画展，主办方举办了“中国绘画高峰论坛”。受邀出席的画家包括陈丹青、冷军、刘小东、刘野、毛焰、王兴伟、喻红、张恩利、赵半狄，他们无一不是中国当代画坛的重要人物。会上，陈丹青的一段即兴发言引起了我的关注。陈丹青说，（20 世纪）80 年代初，他们这些人满怀着艺术的热情出国深造。在纽约这个艺术之都，他们出入于各个画展和画廊之间，为那些西方艺术大师的作品所震动，为绘画艺术的复兴而激动。然而，今天，他虽然也常去纽约，但已经很少看画展了。因为全世界，包括中国，已经几乎没有画家的作品能够打动他了。因此，他认为，绘画在今天已经不是主流艺术，绘画已经濒临死亡，社会不再需要绘画，他所能拥有的就只剩下回忆，回忆曾经有过的震撼的感觉。

陈丹青的经验无疑是令人悲哀的。这段话说得非常诚恳，我完全相信这是他的真实体会。但陈丹青在其中犯了一个错误，他把纯粹个人的体验，误作为绘画界的体验，甚至是整个社会的体验。且不论绘画的发展在今天是否真的走进了死胡同，那是另一个话题，在此我想强调的是另一个更加普遍性的问题——个人体验与艺术发展的偏差。

翻开艺术史，我们经常能看到一个奇怪的现象：那些批评家们，对于古典时代，总是持一种追慕的态度，而对于自己身处其中的当下，总是提出各种非议与批判。然而，时过境迁，这些年代在后世又被证明是一个艺术辉煌的年代，当时的批评，在我们今天看来就成了苛责。

每一时代，不论艺术的发展是衰落还是辉煌，总有一些同时代的理论家或者评论家不满，这几乎是一个普遍的现象。这些批评家对同时代的问题看得更清楚，这是无疑的。然而，还有一个更重要的因素容易被忽视：这些批评家的审美趣味提升了，这是他们对许多同时代作品无感的重要原因。他们之所以对古典艺术依然保留敬意，因为那是他们年轻时追慕的对象，虽然如今可能已经同样无感了，但正如陈丹青所说，他们的心中还保留着激动的记忆。

陈丹青的看法代表了一批人的看法，这些人和陈丹青一样，属于走在艺术前沿的人物，他们对绝大部分艺术作品已经熟视无睹，不会再激动了。这样的人在每个时代都有，但绝不是任何时代的普遍现象，也不可能成为普遍现象。更多的社会大众，以及初出茅庐的艺术家，依然会对各种艺术——包括古典艺术和当代艺术——抱有热情，为之激动甚至震撼。这是由他们的审美趣味所决定的。

随着审美阅历越来越丰富，审美趣味逐渐提升，能打动你的东西势必越来越少。一个饱经风霜的老人，生活的热情必然消退，对生活的期待必然寡淡，但他不能因此就说世风日下，人生不值得。与此同时，新的生命也在不断诞生和出现，他们对一切都感到那么新鲜，他们热情地体验着那些在你看来已经十分无趣、无聊的事情，他们惊喜、尖叫、痛哭，他们慢慢成长、成熟，然后对一切也开始感到无聊、无感。这无关艺术发生史，而是趣味演变史。

我们追求审美品位的提升，然而，审美品位提升并不一定是好事。这意味着我们会逐渐丧失大众化的审美趣味，可审美的资源越来越稀少。走进一家饭店，案头“招财进宝”的塑像让我们胃口顿消；走进领导的办公室，领导身后“宁静致远”的匾额使我们心生别扭；漫步街头，眼光被拙劣的招牌包围无处安放；躲进展览馆，仍然躲不开平庸低劣的艺术作品。

对于普通城市居民，阖家爬一次城郊的山包，是一次难得的体验。但对于登山运动员来说，附近的山丘已经基本无法打动他们了，那只是他们起步的地方，他们向往着四姑娘山、哈巴雪山、洛堆峰、梅里雪山、贡嘎山，甚至是乔戈里峰和珠穆朗玛峰。

审美的进阶之路真的有如登山。随着高度的攀升，景色越来越单一、越险绝，空气越来越稀薄，道路越来越窄，同行越来越少。艺术审美资源毕竟有限，就像世上的山峰有限一样。当所有的山峰都被征服之后，登山就变得无趣。于是这些人不再谈论登山，就像画家不再谈论绘画一样。此时，就需要另外的兴趣点来刺激感官。大千世界，另外的兴趣点总会有的。否则，便丧失了生的乐趣。

PART II

THE NATURE OF ART

第 二 部 分

艺术的本质

第 6 章

什么是艺术

除了美之外，还有一个概念被谈论最多，同样没有确切的定义，而且充满争议——这个概念就是艺术。在世界各地，关于艺术的书几乎和关于科学的书一样多。但科学一直在进步，逐渐成为体系完整、功能齐全、结构复杂、井然有序、蔚为壮观的大厦，而艺术呢，则恰恰相反，似乎越谈论，越混乱，越前行，越荒芜，连原先建好的小土房最后都土崩瓦解，成为一地鸡毛。与历史相比，我们既没有底气说，我们的审美能力提高了，更没有信心说，今天的艺术进步了。

美（Beauty）、美感（Aesthetic）、美学（Aesthetics）、艺术（Art）、艺术品（Artwork）、艺术性（Artistry），这些词义和属性各不相同的词汇，不论在日常表达中，还是学术表述时，都存在大量的混用。

艺术应该有一个定义

在今天的学界，艺术被认为是不可定义的。贡布里希[1]在他那本著名的《艺术的故事》的导论中即提出："没有艺术这回事，只有艺术家而已。""艺术这个名称用于不同时期和不同地方，所指事物会大不相同，但我们心中应该明白，根本没有大写的艺术之物。"(Gombrich，1950)

当代艺术哲学家阿瑟·丹托在《何谓艺术》一书中也指出："艺术不可定义，因为艺术没有普遍的特征，这基本上是重要美学家们下的定论。充其量，艺术是个开放的概念。"(Danto，2013)

新西兰进化美学家丹尼斯·达顿也认为艺术无法定义，但存在共同的特征。他总结了艺术的12项共同特征：产生愉悦感，需要技巧，存在风格，有创新性，可批评，有主题，有特点，有个性表达，包含情感，对智力提出挑战，符合艺术传统，有想象力。达顿认为，在人类还没有发明艺术的科学鉴定方法之前，这12项标准可用来判定什么是艺术，什么不是艺术(Dutton，2009)。

美国大都会艺术博物馆2012年出版了一本非常畅销的画册——《艺术是……》。这本书一开篇便明确提出："什么是艺术？这个问题没有唯一的答案。"接下来则罗列了他们所认可的近两百种答案："艺术是简约，艺术是繁复，艺术是象征，艺术是描述，艺术是警戒，艺术是不羁，艺术是形状，艺术是色

1. 恩斯特·贡布里希爵士（Sir Ernst Gombrich，1909—2001），英国艺术史家。生于维也纳，1936年移居英国，并于1972年被英国授封勋爵。主要学术著作有《艺术的故事》《秩序感》《象征的图像》等。

彩，艺术是朦胧，艺术是坚实，艺术是崇高，艺术是平凡，艺术是诱惑，艺术是想象，艺术是观察，艺术是诚实，艺术是欺骗，艺术是错觉，艺术是暗示，艺术是创造，艺术是毁灭，艺术是萧疏，艺术是繁盛，艺术是功能，艺术是形式，艺术是欣喜，艺术是忧伤，艺术是一个故事，艺术是一种印象，艺术是一次旅行，艺术是一场冒险，艺术是一种诠释，艺术是另一种诠释……”

事实上，艺术并不是一开始就缺乏定义，而是在发展的过程中丢失了定义。“艺术是对现实的模仿”，这是欧洲美学史上一个古老的信条，可以追溯到古希腊。一直到18世纪古典主义时代，一般学者依然对这一信条信奉不疑。直到20世纪初野兽派[1]和立体主义[2]的出现，艺术的定义才出现了扭曲。杜尚[3]和安迪·沃霍尔[4]之后，艺术的定义就变得面目全非了。“艺术是对现实的模仿”，这一定义指出了艺术的根源，但没有明确艺术的本质属性，这也给后来艺术定义的泛化与混乱埋下了隐患。

艺术定义的扭曲和丧失，一方面源于对艺术自由的误解，另一方面在于艺术属性和目的的不明确。

贡布里希的论调引起了广泛的共鸣，在于他道出了艺术史

1. 1905年成立于法国的一个松散的美术团体。热衷于运用鲜艳、浓重的色彩，以直率、粗放的笔法，创造强烈的画面效果。

2. 20世纪初产生于法国的艺术流派。摒弃对现实的模仿，而主要以冲突和扭曲画面表达深刻的隐喻。

3. 马塞尔·杜尚（Marcel Duchamp，1887—1968），法国艺术家，20世纪实验艺术的先锋，达达主义及超现实主义的代表人物和创始人之一。

4. 安迪·沃霍尔（Andy Warhol，1928—1987），美国艺术家，20世纪艺术界最有名的人物之一，波普艺术的倡导者和领袖。

的本质：艺术史是由一个个真实的艺术家和一件件艺术作品构成的，与其空谈艺术，不如关注艺术家及其作品。然而，这种艺术虚无观是经不起追问的：如果没有共同的艺术存在，为什么这些人会被称为艺术家？如果大家都在谈论一个概念，那么这个概念一定是存在的。即便是鬼怪，如果大家都在谈论，就算在现实中不存在，也一定存在于观念之中。对于任何一个存在，包括观念，我们当然可以定义，可以描述。与美的概念一样，艺术不仅是一个哲学概念，也应该是一个科学概念。

长期以来，艺术崇尚自由，艺术反对被定义、被束缚，自由甚至被视为艺术的生命。这种观点当然可以理解，但非常幼稚，实际上混淆了艺术创作和艺术研究的界限。艺术创作需要自由，但艺术研究需要规则。再者，自由并非没有束缚，而是感觉不到束缚。对规则的遵守，本身就是追求自由的前提。乒乓球桌虽小，但如果不在界内对垒，哪里有挥拍的自由？花样滑冰场地再大，如果没有规则，哪里又有滑行、跳跃和旋转的自由？鱼缸中的小鱼，如果从不向往外面的世界，那它就是自由的；海洋中的大鱼，如果不满足于大海的宽阔，非得跳到岸上，那也只有被晒成鱼干一途。人行天地间，即便你能摆脱所有尘世的束缚，但如果告诉你，你其实是一个被剪去了双翼的天使，你还能一如既往地感到自由吗？所以，艺术如果没有定义，没有规则，没有束缚，也就没有自由。

艺术能不能被定义，取决于艺术有没有普遍的属性。克罗齐说："人类知识有两种形式：不是直觉的，就是逻辑的。"他认为艺术就是直觉知识的体现，审美是其特征（Croce，1922）。而逻辑知识又有两个分支，其一是哲学，发展到了今天，已经成了科学，目的是求真；其二是伦理，或者说道德，目的是求善。如此，科学、艺术和伦理，构成了人类知识的三大体系，分别以真、美、善为目标，回答我们最关切的三大问题：世界的真相是什么？人生应该追求什么？我们应该怎么做？可见，艺术虽没有一个明确的定义，但它有一个明确的界定，那就是直觉，或者感性，而其目的是审美。所以，审美才是艺术的本质特征，审美一定是感性的、直觉的。

通常，我们在讨论艺术的时候，指向并不明确。有时我们指的是美的创造活动，有时我们指的是创造的成果，也即艺术品，有时我们指的是美的体验活动，也即审美经验。根据上述艺术的本质特征，艺术属于直觉知识和经验类别，可以包括美的创造活动和美的体验活动，但不应包括艺术品。在严格表述中，需要特别警惕艺术和艺术品概念的混用。

所以，如果要给艺术下一个定义，我认为应该是：艺术是美的表达。表和达是两个过程，包括了艺术家的表现，与欣赏者的接收。表和达的过程是直觉的，是非理性的。

艺术是美的表达

回顾艺术史，我们会发现，艺术的模仿说在艺术发展之初并没有什么问题，因为那个年代现实题材非常广泛，而艺术家的技术和作品都还有限。但当有一天，现实题材看似已经被前人挖掘殆尽，模仿技术已臻化境，艺术家就无法再满足于简单的模仿，而开始反抗艺术模仿说。艺术是对现实的模仿，这样的表述作为一个定义，当然是有问题的，因为其中暗含了一个具有误导性的标准——真实，也被普通大众表述为“像不像”。

当今的艺术家普遍对这样的表述嗤之以鼻：我的艺术追求的不是像，而是不像。为什么艺术追求会从传统的像转为不像，或者说，艺术家为什么要追求不像？不像果真是艺术新的追求吗？

艺术的目的只能是审美。像或不像都是表象，而不应该是艺术的追求。转向的发生，究其根源，是艺术家的创新驱动与大众审美趣味之间的脱节。艺术家是那些走在艺术审美最前端的人群，其审美趣味也不同于常人，更超越其同时代的普罗大众。艺术家不被时代理解，甚至死后多年才被认可，这几乎是艺术史的常态。即便是400多年前的意大利著名画家卡拉瓦乔[1]，也曾因为绘画风格不符合委托者的要求，被认为不像，而无奈重新创作。

艺术模仿说的转向，主要发生在19世纪末。印象主义之后，出现了一批前卫的艺术家，比如我们熟知的梵高和高更[2]，而对后世影响最大的则是塞尚[3]。塞尚的绘画颠覆了以往的透视法则，不再追求重现、模仿自然，而是采用色块表现物象的立体，用色彩的冷暖进行造型，甚至不惜打破透视规律，进行空间扭曲，以寻求色彩的和谐与平衡。这种运用几何元素和理性分析的艺术手法，被认为是纯粹艺术的开端。因此，塞尚又被誉为“现代艺术之父”。

塞尚的理念启发并引导了之后的一系列艺术运动和艺术流

---

1. 米开朗基罗·梅里西·达·卡拉瓦乔（Michelangelo Merisi da Caravaggio，1571—1610），意大利著名画家。

2. 保罗·高更（Paul Gauguin，1848—1903），法国后印象主义画家。

3. 保罗·塞尚（Paul Cézanne，1839—1906），法国后印象主义画家，作品和理念影响了20世纪许多艺术家和艺术运动，被誉为“现代艺术之父”。

派，其中最著名的当数野兽派和立体主义，代表人物分别是马蒂斯[1]和毕加索[2]。他们显然比塞尚走得更远。在他们的作品中，画面更加抽象，完全脱离了自然，直接通过色彩和线条来表现感情。例如毕加索的画作中，出现了大量怪异的、有违直觉的人像：把左眼画到右脸，把侧面和正面拼合——他将常规的立体秩序打乱，再按自己的需要重新组合成一个新的视觉形象。即便如此，他们的创作依然重视视觉形象。虽然理性开始介入，但感性因素和美的观念还没有被抛弃。只不过，他们不再强调美感，而称之为“另一种真实”，或者说“内心的真实”。艺术不再追求美，转而追求真，这是艺术迷失的开始。那些说自己追求不像的艺术家们，其实也并不知道自己在追求什么。

杜尚和安迪·沃霍尔的出现，使得艺术完全迷失了方向。他们通过《泉》[3]和《布里洛盒子》[4]，将观念带进了艺术，从而导致以观念表达为特征的当代艺术的兴起。在杜尚的“小便池”展出三年之后，美国哲学家德威特·帕克（Dewitt H. Parker）出版了《美学原理》，并在书中提出，艺术即是表达。不知帕克提出这个定义是否受到杜尚的影响，但这个定义后来确实常为

1. 亨利·马蒂斯（Henri Matisse，1869—1954），法国著名画家、雕塑家、版画家，野兽派创始人和主要代表人物。

2. 巴勃罗·毕加索（Pablo Picasso，1881—1973），西班牙画家、雕塑家，现代艺术的主要代表。

3. 1917年的一天，杜尚走进一家五金店，看到一个小便池，将它买下并命名为“泉”，提交美国独立美术展览馆参展，从而开启了“万物皆可艺术”时代。

4. 1964年春天，安迪·沃霍尔在马厩画廊展出了一件名为“布里洛盒子”的作品。这件作品直接模仿商店中布里洛牌（Brillo）百洁布包装盒。展览现场的《布里洛盒子》和商店里整排堆积的布里洛盒子在外观上一模一样。

塞尚 —《圣维克多山》

艺术理论家所广泛提及或者借用，包括美国当代艺术哲学家阿瑟·丹托，并成为当代艺术的理论基础。然而，正如帕克自己所指出的，艺术即表达，但表达不等于艺术。也就是说，表达是一个在范畴上远大于艺术的概念，这样两个完全不对等的概念之间，是无法画等号的，更不能用表达作为艺术的定义。

那么，什么样的表达才是艺术的表达呢？在帕克看来："抒情诗是一种表达，表达了诗人的个人情怀，属于艺术；史诗和戏剧诗，表达了生活的壮阔，也是艺术；绘画和雕塑通过色彩和形态表达了艺术家对自然和人的观念，也是艺术；建筑表达了人们对美好生活的向往，所以也是艺术。"那么什么样的表达不属于艺术表达呢？"那些情不自禁的表达不属于艺术，比如痛哭或者欢呼；那些以实用和功利为目的的表达也不是艺术，比

安迪 · 沃霍尔 —
《布里洛盒子》

毕加索 —
《哭泣的女人》

如战场上的命令和市场中的讨价还价；还有那些具有警示劝导作用的表达不是艺术，比如格言和谚语。”帕克援引克罗齐有关“情歌”和“情话”的例子进一步说明，虽然它们都表达了个人的情感，但情歌是自足的，没有目的的，在不断的重复中，我们依然能够感受到其中的情感部分。而情话不同，它是有目的的表达，一旦这个目的完成，再重复就毫无意义了。所以情歌是艺术，情话不是。

这种通过列举来说明一个概念的方式似乎不是什么好办法，因为如果没有一个清晰的界定，根据想象中的逻辑一路推导下去，最后一定会走到无法自洽的地步。根据上述逻辑，似乎以功用为目的的表达不是艺术表达，而无功用的自由表达才是，那么，科学呢？虽然科学最后也能给我们带来功用，但科学家在探索真相时，似乎并无直接的功用目的，甚至也是自由表达。真正的科学，只有一个目的——求真，只有技术才具有直接的功用目的。在帕克看来，欧几里得的几何原理与牛顿的力学定理，再怎么严密和完备，依然不是艺术，因为它们不美。为什么不美？因为科学是有关概念和抽象的表达，不是个体的情感表达。那么，那些小孩子的稚语是艺术吗？它们可全都是个体的自由表达，甚至是包含情感的表达。答案似乎也是否定的，因为不美。你看，绕了一个大圈子，又绕回来了。这也说明了，表达不是艺术的本质，美的表达才是。

而观念艺术，如果脱离了美感，纯粹追求观念表达，那本质上就不是艺术，而是哲学对艺术的入侵。后文我将对此具体分析，在此不再展开。观念艺术的兴起，或者说哲学对艺术的介入，是艺术创新乏力的结果。艺术创新不同于科学创新，没有对错与进步，不存在替代与更新，而是类似占地游戏。艺术发展到了今天，可见的领域似乎都已被瓜分殆尽，留给后世创新开拓的空间越来越少。这才催生了艺术中观念的嫁接，以观念创新代替艺术创新。这种走捷径的成功假象，导致了20世纪以来各种“主义”的泛滥。

在哲学的边缘地带，为创新所苦恼的艺术家们蜂拥而至，但由于空间过于狭小，不可避免地造成了“踩踏事故”，留下了大量的“死尸”。然而，由于面目过于相似，以至于我们今天要认清这些“尸体”都十分困难。

人类艺术的起源

艺术从何时起源，是怎么起源的？由于艺术概念的模糊不清，艺术的起源也难以追溯。如果古人的建筑、器具、绘画、舞蹈算作艺术的话，艺术的起源可以追溯到史前数万年。如果艺术仅指那些没有实用价值，纯粹为满足鉴赏需要的作品的话，那是近几个世纪才有的事情。

回顾艺术史，艺术并不存在独立的起源，而是作为一项派生功能出现的。在那些源头上，我们无法分辨纯粹的艺术行为。我们所能追溯的，只是那些远古的人工制品——如果把它们归入艺术品范畴的话。

比如40万年前在摩洛哥出现的坦坦维纳斯（Venus of Tan-Tan）石英岩小雕像，被认为是已知最古老的雕像，以及30万～5万年前旧石器时代洞穴石壁上的刻画、8.2万年前南非布隆博斯洞窟（Blombos Cave）打磨抛光的动物骨头和摩洛哥发现的穿孔贝壳、6.3万年前欧洲出现的石制尖状器、4.2万年前澳

1.5万年前的法国拉斯科洞穴岩画

大利亚卡彭特山口（Carpenter's Gap）画有图案的石头碎片、3万年前法国肖韦洞穴（Chauvet Cave）和1.5万年前法国拉斯科洞穴（Lascaux Cave）的岩画等。

在大约250万年前的非洲坦桑尼亚奥杜瓦伊峡谷（Olduvai Gorge），出土了人类最早的手工制品——石制砍斫器[1]。它们由玄武岩、燧石和石灰岩敲击而成，边缘锋利，一般用于切割动物尸体，剥开果核，砍伐树木，甚至袭击猎物（Schick and Toth, 1993）。这些原始砍斫器在外观上当然毫无美感可言。

---

1. 根据2015年《自然》杂志发表的论文，科学家在肯尼亚图尔卡纳湖畔（Turkana Lake）的洛迈奎3号（Lomekwi 3）遗址发现了一批约330万年前的石器，包括石片、石锤和石砧，是迄今发现最早的石器（Harmand et. al., 2015）。不过这个时间比人属（*Homo*）的出现早50万年，也可以说它们的制作者并非真正的“人”，而是人类的祖先。（编者注）

奥杜瓦伊石制砍斫器、新石器石斧和现代斧头的对比

直到 140 万年前，一种更先进的砍斫器——手斧的出现，才展现出人类最原始的工艺特点——对称。这些原始手斧的对称性体现在多个维度上，包括两侧对称——比起早期的砍斫器，手斧的两个侧面都被相对均匀地削薄，外观上更匀称锋利。制作这样的手斧，对于原始人类来说需要高超的技巧和耗费大量的人力。英国考古学家史蒂文·米森（Steven Mithen）认为，手斧的对称性对切割动物并不是必需的，这样的工艺应具有社交功能，比如说求偶炫耀。一个能制作或拥有相对精美的手斧的男子，意味着拥有更多的资源，具有更强的能力、更健康的身体，因而应该更容易获得配偶的青睐。米森进而认为，正是早期人类对手斧对称性的追求，奠定了当今人类对工艺品对称性的审美趣味。

手斧的历史持续了一百多万年，在旧石器时代中期被更具实用和整修特点的莫斯特（Mousterian）文化[1]类型的石器所取代。进入新石器时代，石斧呈现出全新的面貌，诞生了一系列种类繁多、用途多样的磨制石器。除了简单的对称性之外，表面的光滑平整是其共同的特征，而且出现了多种我们今天熟悉的几何形状，包括方形、梯形、三角形、圆形和锥形等。纵观石器的发展，无论是旧石器，还是新石器，都有一个共同的追求：边缘锋利、头部尖利，这也是后期青铜等金属切割器、武器的工艺追求。不管是捕杀猎物，还是对抗同类，长期以来对安全感的追求和渴望，铸就了人类对锋利器物的审美心理。

1. 欧洲、西亚、中亚和东北非的旧石器时代中期文化，约始于 15 万年前，盛行于 8 万～3.5 万年前。与该文化共存的人类化石大多数是尼安德特人。莫斯特文化的典型特征是使用修理石核技术，典型器物是用石片精心制作的边刮器和三角形尖状器。

然而，至今还没有任何证据显示，我们今天所看到的远古艺术品，是纯粹出于欣赏目的而创作的。且不说那些建筑和器具都有明确的用途，即便是那些在我们今天看来可以归入纯艺术范畴的绘画和舞蹈，在当时也多是为了满足某种实际需求产生的。

以拉斯科洞穴岩画为例。这个洞穴在1940年被偶然发现，它位于幽暗的山腹，需要爬过很长的一段洞道才能到达。洞穴的岩壁和洞顶画有各种动物的图案，包括马、鹿、家牛和野牛等。这些画像被认为是1.5万至2万年前创作的。目前的解释是，原始人类创作这些绘画绝对不是为了欣赏，而是出于祭祀和图腾的目的（Spivey，2005；Chatterjee，2013）。那些原始狩猎者相信，这些绘画有助于他们捕获这些野兽。

至于原始舞蹈，其祭祀功能就更明显了。那些看似没有任何实用价值的泥塑、陶器或木刻，在当时的场景下也多是祭祀和图腾物品，而不像今天摆在博物馆橱柜里，成为一件艺术品。

所以，许多论者认为，我们在讨论那些远古物品的时候，应该避免使用“艺术品”这个词语。在那些原始部落中，并没有艺术这个概念，更没有艺术家，有的只是工匠，甚至是普通的族人，比如普通的少女或母亲。他们生产和制作这些物品的目的，不是出于审美，而是各有其功用。即便随着技艺的精湛，这些物品逐渐包含了美的诉求，甚至情感的因素，但仍然不是我们今天概念上的艺术品。

唯有古希腊的大理石和青铜雕像是个奇特的例外，它们和古希腊哲学一道横空出世，体现出那个时代乃至后世相当一段时期少有的美学追求。

而我们今天在许多博物馆中所见的大量宗教绘画，其创作初衷其实是出于教诲世人的目的。正如教皇格里高利一世所指出的，这些图像是为不识字的人提供的《圣经》(Spivey, 2005)，其目的不是给观赏者以愉悦，而是希望教众产生心理不适、悲悯和懊悔之情。

意大利文艺复兴的先驱乔托[1]也创作了大量宗教题材的湿壁画，并表现出卓越的绘画技巧。他所塑造的宗教人物不再是中世纪的幽灵，而是有血有肉的世俗男女。在画面处理方面，更具立体空间的效果，在人物安排上，更加突出主体形象，从而成为后来欧洲绘画的典范。即便如此，对于当时走进教堂的教徒来说，他们从乔托的宗教绘画中感受到的，更多的仍然是宗教的教化力量，而不是艺术性。

在古代，艺术家远不如今天那么高贵，甚至在世界各地普遍是个低贱的职业。越往前追溯，艺术越低贱，服务功能越明显。今天在世界各大博物馆看到的美术作品，已经完全符合艺术品的概念了，但依然不是纯粹的艺术创作。它们多数是受有钱人委托所作，虽然反映了艺术家的高超技法，却并没有多大的创作自由。艺术家们必须满足委托者的各种需求，甚至是苛刻的、不合理的要求。

在这方面，中国书法和绘画审美意识的觉醒和艺术独立要早于欧洲。草书在汉代的出现，被认为是出于审美的需要，并无多少实用功能。隋唐开始的山水画，则是绘画审美独立的体现。尤其是在宋中期，以苏轼为代表的文人所提倡的“士人画”已经摆脱了宗教和帝王的束缚，崇尚个人精神的表达和发挥。而在欧洲，大约300年后，中世纪的黑暗才逐渐消退，文艺复

1. 乔托·迪·邦多纳（Giotto di Bondone，1266—1337），意大利画家、雕刻家与建筑师，意大利文艺复兴时期的开创者，被誉为“欧洲绘画之父”。

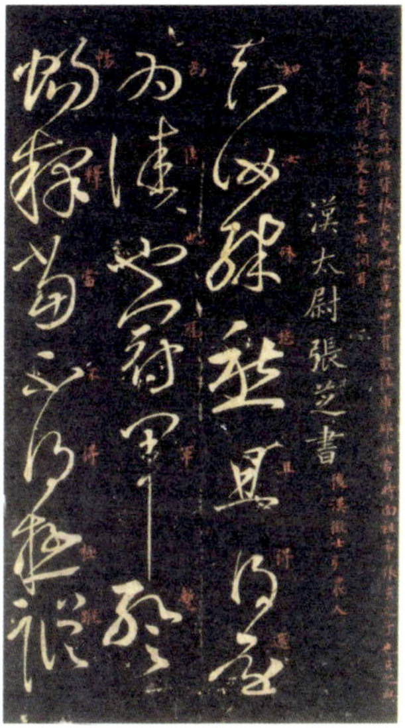

东汉著名书法家张芝的草书《冠军帖》局部

兴才刚刚开始。而我们今天所谓的艺术概念，在欧洲更是到 18 世纪才真正出现。

随着时间的流逝，我们今天在博物馆里看到的绝大多数艺术品都已经退出了历史现场，原始功用性被逐渐障蔽，甚至消散，而审美的功能逐渐彰显，并成为独立的追求，于是艺术出现了。

动物的艺术行为

如果把艺术仅仅作为人类文化现象处理，我们当然只能从人类文明史中寻找源头（Grosse，1897），但这样显然无法看清艺术的真正面目。因为往前追溯，我们会发现，类似的艺术行为并不是智人所特有的，早在尼安德特人、直立人，甚至是南方古猿身上，就已经表现出某些基本的艺术行为，比如装饰自己的身体、雕刻骨头和石头等。再往前追溯，艺术行为甚至不是人族动物的特质——猩猩可以像人类一样作画，早已经是公开的秘密了。

根据记载，黑猩猩“刚果”和“贝慈”、大猩猩“苏菲”、红毛猩猩“亚历山大”，以及一只叫巴布罗的猴子都曾留下画作。它们分别精通不同的绘画媒介，包括手指、画笔、铅笔、粉笔和蜡笔。1957 年，刚果和贝慈还曾在伦敦现代艺术馆开过一次“双猿展”。第二年，刚果又在伦敦开了一次个展。而且，它们的画全部卖出去了，比许多人类艺术家都成功。有一头叫西莉的大象的画作，也曾经得到许多抽象艺术评论家的青睐。美国当代具象艺术大师杰尔姆·威特金（Jerome Witkin）称赞这些画：“抒情奔放，自信，沉稳，有力量，感情充沛，收放得宜，表现出画家善于以画笔寓情，信手拈来，皆有情致。”威特金当然不知道西莉是一头大象，他猜测画家是一位女性，而且对东方书道颇有心得。而另一头叫卡罗尔的母象也善于绘画，曾经卖出过几十幅作品，有的卖到了 500 美金。

如果你想说艺术是人类特有的文化现象，那还得把人类和动物放在一起比较，才能得出这个结论。但随着动物学的发展，尤其是鸟类学的发展，认为艺术是人类特有文化现象的三大论点，都已经站不住脚了。

第一个观点认为，审美是人类特有的精神活动，动物缺乏审美能力，我们在动物身上或者动物生活中所看到的美，都是功能活动的副产品。比如鸟类筑巢，只是出于构筑繁殖场所的需要，本身并没有美观的诉求；鸟类舞蹈和鸣唱，只是为了求偶，其中也缺乏审美的需求。不像人类的建筑、舞蹈和歌唱，已经成为重要的艺术类别了。对于这个观点，普鲁姆在《美的进化》一书中已经作出了充分的回应。我在本书第二章的“审美是动物的进化本能”一节中也进行了论述。一方面，不仅鸟类，多数动物都具有审美能力，而且，部分鸟类的审美能力很可能高于人类。不论是筑巢、舞蹈还是鸣唱，其复杂程度，完全是审美驱动的结果。另一方面，人类的建筑、舞蹈和歌唱，一开始也是功能活动的副产品，从起源来看，与动物艺术毫无二致。

第二个观点认为，人类的艺术在不断进步，而动物的艺术缺乏改变和创新。在艺术史中，我们最津津乐道的是，从最早旧石器时代简单粗糙的燧石手斧，到新石器时代的燧石匕首，再到我们今天的刀叉餐具、瑞士军刀，人类在创造力的累积和延续方面表现出惊人的能力。而鸟类和蜂蚁的巢穴呢，一百万年来，似乎没有太大的改变。如果你真认为动物的艺术缺乏创新，动物的美一成不变的话，那可就错了。大量的进化生物学案例告诉我们，随着环境的动态变化，生物的形态和生活史特征也一直处于动态变化之中。我们今天看到的生物世界，已经完全不是一开始呈现的模样了，而是长期演化的结果，而且这个演化还在持续发生。孔雀的尾巴并不是一开始就这么长、这么华美，鸟类的鸣唱也不是一直就这么动听，舞蹈不是一直就这么炫目，鸟巢和蚁穴也不是从来如此。正如普鲁姆在《美的进化》中所列举的，54 种娇鹟演化出了 54 种独特的羽毛装饰、炫耀行为和声音信号，体现了 54 种审美标准。这些都是动物美和艺术的创新体现。只不过动物的艺术创新受到自然选择的制约，其变化在时间尺度上显得更加漫长，而不像人类艺术那样，

黄胸织雀精美复杂的巢

存在惊人的累积效应，会在短时间内呈现爆发式变革。但两者的区别，只是量的差异，而不是质的区别。

第三种观点认为，动物的艺术是遗传的结果，而人类的艺术是学习的产物。而实际上，地球上近一半的鸟类都会从其他同种成员那里学习鸣唱技巧。这些鸟类拥有 4000 万年欣欣向荣而且多样的鸟类文化（Prum，2017）。同种鸟类的鸣声虽然存在种的特异性，但和人类语言一样，也会因地域关系出现“方言”。在鸟类中，也存在文化传播导致的鸣声变化，类似现象在鲸鱼和蝙蝠身上同样发生。

让我们近距离审视一种动物艺术，看看它是否具有和人类艺术相似的特征。最典型的动物艺术莫过于园丁鸟为爱搭建的求偶亭。

园丁鸟和它的求偶亭

园丁鸟是澳大利亚和新几内亚特有的鸟类，一共有 8 属 28 种。这些体长 21～38 厘米、介于椋鸟和小型鸦类之间的鸟类身材结实，脚爪强健，喙粗厚，体羽光亮，而且雌雄异色，一般雄鸟大于雌鸟。雄鸟色彩鲜艳，而雌鸟多为暗淡的灰色或褐色。它们栖息于雨林、桉树林、相思树森林及灌木丛中，以果实、昆虫和其他无脊椎动物为食。园丁鸟最为人津津乐道的独特之处，在于在繁殖季节搭建的求偶亭。雄鸟一般会在森林中的空地上清理出一块直径 1～2 米的场地，从周围叼来精心挑选的细枝，搭建成一个特定形态的小亭，小亭的高度甚至可达 2 米。然后再用各种颜色的果实、花朵、羽毛甚至人造的塑料和玻璃碎片等装饰场地。求偶亭建好之后，雄鸟会在旁边静候雌鸟的光临。一旦有雌鸟靠近，雄鸟就精神抖擞地出场，做出一系列充满活力的炫耀行为，或舞蹈，或鸣叫，甚至故意捡起一件装饰品，得意地展示给雌鸟看。如果雌鸟喜欢这只雄鸟，就会放低身体，用蹲伏的姿态表达交配的意愿；如果不满意，可能就直接溜走。

不同种类园丁鸟的求偶亭不尽相同，但大致存在三种形态：林荫道型、五月柱型和棚屋型。而同一种类的不同族群之间，求偶亭的风格也不尽相同。有的偏爱蓝色，有的偏爱红色、绿色或灰色；有的造圆顶，有的造尖顶；有的建两边有墙的小路，有的建四面有墙的屋子；有的用嚼碎的彩叶粉刷亭子，有的用分泌的油脂涂抹亭子。这些不同的风格不完全是遗传的结果，有许多是园丁鸟在成长的过程中，从其他成鸟的作品中学习到的。

求偶亭与营巢无关，完全是雄鸟为了吸引雌鸟而搭建的。这些求偶亭形式多样，结构复杂，还有大量的装饰品，体现出极高的审美价值和创作者的“艺术才华”。以至于早期的欧洲移民根本不相信这是鸟类筑造的，而以为是某些妇女为了哄小孩特意搭建了这样的结构。

园丁鸟求偶亭的存在，为我们了解动物艺术提供了经典的案例。但我们仍然不免要问，在搭建过程中，这些创作者有没有具体的建设标准和要求，比如说有没有审美追求。对此，鸟类学家展开了多方面的研究（Frith & Frith，2004）。研究显示，求偶亭的搭建者在挑选材料的过程中，是非常挑剔和讲究的。尤其对于装饰品，有特殊的颜色偏好。比如雄性缎蓝园丁鸟 *Ptilonorhynchus violaceus* 对藏蓝色有特殊的偏好，只要是藏蓝色物品，它就完全不在乎这些物品的材质和来源。它会囤积许多蓝色物品，不断地搬运到场地中摆放并整理，让一切看起来井井有条。园丁鸟对装饰品的摆放，绝对不是随机的，其中体现了创作者的审美品位。

进化生物学家约翰·恩得勒（John Endler）和同事在对大亭鸟（*Chlamydera nuchalis*，园丁鸟的一种）的研究中发现，大亭鸟对装饰品的摆放特别讲究透视效果（Endler et al.，2010）。它们会把大的物品放在远处，小的物品放在近处，从外部看起来产生一种透视错觉，似乎这些物品大小相同。它们的讲究甚至到了强迫症的程度。恩得勒和同事趁雄鸟离开，故意把这些物品的位置打乱，把大的物品放到前面来。雄鸟回来看到后，对此很不满意，重新把物品调整到合适的位置，恢复原来的透视错觉。恩得勒的研究结果也显示，求偶亭透视错觉效果越强的雄鸟，求偶越容易成功（Kelley & Endler，2012）。恩得勒因此认为，人类直到15世纪的文艺复兴，才发展出了透视艺术的技巧，而这之前，园丁鸟早就在求偶亭的装饰中应用了。在接受《纽约时报》的采访时，恩得勒说，我们有什么理由认为，园丁鸟不是在进行艺术创作呢？

园丁鸟搭建这些华美的求偶亭，无疑是出于吸引异性的目的，而人类的艺术似乎并无明显的功利目的。这种差异该如何解释？贾雷德·戴蒙德在他的《艺术的自然史》一文中指出，假装我们的艺术品没有生物功能的观点是荒谬的（Diamond，1992）。艺术品有助于我们的生存，甚至繁衍生殖。不论在哪个族群或者社会，艺术品都是身份和地位的象征，这与园丁鸟的求偶亭性质是一样的。原始人用贝壳、毛皮和羽毛装饰身体，在现代社会，则换成了钻戒与毕加索的画。艺术品不仅可以换取食物和土地，还有性伴侣。在贾雷德·戴蒙德看来，在现实世界里，跳舞、音乐和诗，都是性的前奏。

艺术本能

由于艺术的普及，其影响力日益强大而广泛，我们常能听到这样一种表述：艺术是人类的天性。但人们这么说的时候，只是想强调艺术与人类的特殊关系，并不真的认为艺术具有生物学基础。当我们说，达尔文的进化论不仅可以解释人类的生理现象，也可解释人类的精神现象，包括艺术，比如狄更生的诗歌、巴赫的音乐和梵高的《星空》，许多人肯定会跳起来反对。“科学不是万能的！”他们马上砰的一声把门关上，好像瘟神来了一样。

艺术是人类的本能吗？或者说，艺术存在本能吗？对此，古生物学家古尔德显然持否定态度。他认为，人类的文化只有一万年的历史，这么短的时间内，人脑根本无法在选择压力下发生根本性的变化，独立进化出艺术本能。其中，古尔德犯了两个错误：一方面，他认为艺术是人类特有的现象；另一方面，他把艺术本能绝对化了。从古生物学的角度来看，一万年确实太短，但如果考虑到自原始人类，甚至动物始，艺术就已经萌芽，并随着人类的生存压力趋缓，艺术审美需求提高，艺术创造和审美能力随之协同演化，最终铭刻在基因之中，从而产生艺术本能，这未尝不可。人类的本能，并不全然类似直立的身姿，或者灵巧的手指，还可以是不可见的生理机制。当然，对于古生物学家来说，生理机制的进化可能是微不足道的。

另一派反对意见来自艺术文化论者，比如美国著名的当代艺术家阿瑟·丹托，以及美学家和艺术理论家乔治·迪基。他们认为，艺术纯粹是一种文化现象，与生物本能无关。他们对人类的艺术具有根深蒂固的自豪感和神秘主义倾向，对科学和理性的扩张怀有天然的敌意和恐惧。他们承认蜘蛛结网、鸟类鸣唱是一种本能，但人类作画和唱歌则是出于美的追求；他们承认动物交配属于本能，但人类交配则是为了崇高的爱情。正如丹尼斯·达顿在《艺术本能》的导言中指出的，人们有理由相信，“人类艺术成就高度的复杂性和多样性，是人类自由意志的体现。艺术创作是一种理性选择，需要直觉天赋、高超技能和学习能力，不可能是出于生物的本能。每一只蜘蛛结的网都大同小异，那才是来自基因的本能。而艺术作品则完全相反，是一种个性的自由表达。莫奈的睡莲，没有两朵是一样的，勃拉姆斯的间奏曲，没有两首是相同的。即便是勃拉姆斯的同一首间奏曲，不同的演奏，也各有其妙。创新和个性是艺术的特征，其中融合了传统、风俗，以及艺术家个人的经验、幻想、情感和想象”。而最关键的是，人们普遍相信，蜘蛛天生就会织网，而艺术是学习的结果，没有人能够无师自通，天生就会艺术创作。

对此，丹尼斯·达顿有点幸灾乐祸地说：“近年来，达尔文的进化论已经改写了人类学、经济学、社会心理学、语言学、历史学、政治学、法学、犯罪学和哲学……我们有什么理由相信，艺术能够置身事外？”

针对艺术的学习说，丹尼斯·达顿以语言本能为例进行了反驳。1994年，美国著名的认知心理学家史蒂芬·平克（Steven Pinker）出版了《语言本能》，成为轰动一时的畅销书，并入选《美国科学家》（*American Scientist*）评选的“20世纪100本最佳科学书籍”，他也因此被《时代》杂志评为“全球100位最有影响力人物”之一。平克的学术专业是视觉认知和孩子的语言发展。在《语言本能》中，平克认为，语言是人类的一种先天本能，而不是通常以为的属于社会文化的产物。

讲到这一点的时候，丹尼斯·达顿提供了一种有趣的说法："某种程度上，对于小孩来说，语言似乎不是'习得'的，而是'长成'的，类似于他们学习走路，从爬，到走，到跑的过程。"语言的自然长成说显然过于夸张了。应该承认，我们语言能力中包含了两个必不可少的部分：先天的基础和后天的学习。猴子没有先天的基础，再怎么学习也无法和人类一样使用语言，但如果一个婴儿在后天的成长过程中缺乏学习和交流，也是无法掌握语言的，正如先天性的聋子无法开口说话一样。

人们有个常见的误解，认为本能与学习是二元对立的，一件事如果是演化形成的，那就不是学习得到的，如果是学习得到的，就不是演化形成的。在进化心理学中，我们发现类似语言的例子其实很多，很多事既需要演化的基础，又包含学习的成分。要充分理解这点，还是以茧子的形成为例。手上和脚上的茧子，虽然是一种保护皮肤的演化适应，但如果没有后天的摩擦，即便有先天的基础，也不会自然出现；而如果没有先天的适应基础，即使磨破皮，血肉模糊，都不会形成茧子。

演化永远遵循因地制宜、经济务实的原则，没有一个模式能够包打天下。即便是飞行这一非常特化的功能，也有昆虫、鸟类和蝙蝠等多种模式。单就生殖来说，类型和模式更是千变万化，复杂多样，但对于每一个物种来说，它所采取的生殖模式，都是对自身环境的最佳适应。环境既是演化适应的驱动因素，也是适应功能实现的配合因素。对于语言来说，文化就是其中最重要的环境因素。

平克的语言本能理论中还有一个重要观点：思想不等于语言。更精确的表述应该是，思想不等于自然语言。对于思想来说，语言不是必需的，思想并不必然以语言为媒介，或者说，语言不是思想唯一的媒介。大量实验表明，即使在没有习得自然语言的情况下，人或某些动物都具有思维能力。而即便掌握了某种语言，我们也常常出现词不达意的现象。有时，我们记住了大致意思，却记不住具体的词汇。有时，我们说出了某个句子，却发现并不是自己真正要表达的想法。

在丹尼斯·达顿看来，艺术和语言一样，都是人类的一种本能。艺术和语言确实有许多相似之处。它们既是一种先天的本能，也都具有后天学习的过程，都受到文化环境的影响；语言是思想的载体，正如艺术是审美的载体；思想先于语言，正如审美先于艺术；随着演化，语言越来越复杂，其复杂程度已经超过了生存所需，艺术也是如此，大量艺术类型的出现，已经与基本的生存需求无关了。

艺术属于次生演化

进化心理学认为，进化带来了三大产物，适应器（adaptation）、副产品（by-production）和随机噪音（random effects）（Tooby & Cosmides，1990；Buss，2012）。适应器是通过自然选择形成的，具有可遗传、能够稳定发展的特性，它的存在有助于有机体解决生存和繁殖问题，例如脐带；副产品不能解决适应性问题，也不具备功能设计，但它和那些功能设计相伴而生，例如肚脐眼；随机噪音是由突变、环境随机变化和偶然因素导致的，如特殊形状的肚脐眼。

如果说艺术是演化适应的产物，那么，它是何种适应的产物？鉴于艺术不是为满足人类的食物、繁殖和安全等基本生存需求而产生的，有一部分论者认为，艺术是人脑进化的副产品，古尔德即是其中的代表。在古尔德看来，不仅艺术，整个人类的文化都是人脑进化的副产品（Gould, 1992）。古尔德还用“拱肩”来做类比（Gould & Lewontin, 1979）。拱肩是西方建筑中常见的部位，也就是拱门或拱窗与顶部相接处两边的三角形区域。它对于建筑来说没有任何支撑之类的实际功用，但由于拱门或拱窗的存在，必然会出现这么个区域。因此，在拱肩区域，我们会看到大量的绘画或浮雕装饰。实际上，如前所说，古尔德根本不认为艺术是一项本能适应。

与古尔德不同，平克承认艺术在人类的生活中具有重要功能，是一项本能适应（Pinker, 1997）。但同时，他谨慎地认为，这个适应概念不同于生物学上我们祖先为了生存和繁衍而演化形成的适应。因此，艺术应该还不是演化的直接适应器，而是副产品。这里，平克的副产品已经不同于古尔德的“拱肩”概念了，平克把艺术比作“星期天的下午茶”。在长期的演化过程中，我们的祖先为了获得食物、性、安全、父母关爱、友谊、地位和知识，演化出了一系列的适应特征，或者说适应器。这些适应器类似于我们日常生活所必需的厨房用具和桌椅板凳。但在某个星期天的下午，我们用这些厨房用具烹制茶水和点心，又把桌椅板凳搬到户外的草地上，然后坐在那里闲聊，享受午后宁静的欢悦。

平克还把艺术比作“奶酪蛋糕”。他说：“我们喜欢草莓味的奶酪蛋糕，并不是因为我们进化出了草莓味奶酪蛋糕的口味。我们从祖先那里继承下来的只是那些特殊神经网络，这些神经网络由于生存进化给予我们特殊的美感。这些美感包括成熟水果的甜味、油脂食物滑腻的口感和新鲜淡水的清凉感等。奶酪

西方建筑中装饰精美的拱肩

蛋糕这一现代食品不过是触动了上述适应器，才打包酝酿出其看似独特的口味。”

丹尼斯·达顿显然不认同古尔德把艺术比作“拱肩”。在丹尼斯·达顿看来，艺术绝对不像拱肩那样可有可无，仅具有装饰作用。艺术对人类的心灵具有非常重要的抚慰作用。它有助于疏导心理，丰富感情，净化灵魂，能帮助我们平缓紧张的神经，化解生活中的危机，能够培育美德和个性，有助于社群的团结，能够帮助病人康复，有助于我们欣赏身边的自然，等等（Dutten，2009）。

丹尼斯·达顿也不认可平克“奶酪蛋糕”的比喻。在丹尼斯·达顿看来，奶酪蛋糕本身当然不是一种适应，但它直接满足了我们特殊的口味偏好，而这一口味偏好起源于祖先的生存适应。鉴于此，丹尼斯·达顿认为，艺术虽然不像眼睛，甚至不如语言那样，具有明显直接的适应功能，但也不应把它贬为进化的副产品。

作为著名的古生物学家和科普作家，古尔德在进化生物学上具有大尺度的宏观视角，这也导致他长期以来对基因和神经生理层面的进化持天然的怀疑态度。而史蒂芬·平克，作为当代最著名的认知心理学家和思想家，鉴于脑神经生理存在大量的未解之谜，在他最擅长的语言领域尚未找到确凿的适应器官，那么对艺术这一更加神秘的领域持一种谨慎态度，也就不足为奇了。

然而，我们应该看到，自 2009 年丹尼斯·达顿出版《艺术本能》以来，神经美学的发展，为我们理解艺术本能提供了更加广阔的视野。审美，不仅是动物的生存适应，更是人类的生存适应，而大脑的奖赏系统就是审美的生理适应器官。

艺术的起源历程告诉我们，它的华而不实与自然选择经济务实的原则相悖，不可能是自然选择的结果，而是在自然选择基础上的反叛和逃逸。如果说自然选择驱动的适应是原生演化（primary adaptation），那么性选择驱动的审美和艺术，应属于次生演化（secondary adaptation）。正如鸟类的羽毛，最初的作用是保温，而后演化出了飞翔的功能。至于最后，像孔雀尾巴那样，具有审美功能，就是一种典型的次生演化。

第 7 章

艺术是美的失控与逃逸

1859 年，达尔文发表《物种起源》之后，不仅受到社会的普遍嘲笑，也曾遭到学界的广泛质疑。直到孟德尔[1]提出生物遗传定律，进化论才被生物学界逐渐接受。进化论的核心思想是：生物后代个体的性状存在可遗传的微小变异，当这些变异对生物个体的生存有优势时，就会被自然选择保留下来，那些没有优势的个体则会被慢慢淘汰。当这些微小变异积累到一定程度，就会形成新的物种，即所谓进化。

但是，微小变异是如何发生，又是如何稳定地遗传给后代？回答这个问题需要深究遗传和变异的发生机理。正是由于缺乏坚实的遗传学基础，达尔文的自然选择学说在逻辑上并不完备，这也是当时许多科学家不能接受该理论的原因之一。

1. 格雷戈尔·孟德尔（Gregor Mendel，1822—1884），奥地利生物学家，遗传学的奠基人，被誉为现代遗传学之父。

在孟德尔、摩尔根[1]、薛定谔[2]，以及沃森和克里克等众多科学家的推动下，作为遗传密码，基因的存在及其作用逐渐为人类所认知。但真正让基因这一概念突破学界，变得家喻户晓的，是著名进化生物学家理查德·道金斯发表的《自私的基因》。

人是基因的载体

当我们在谈论自然选择的时候，有一个问题一直困扰着生物学家：自然根据什么进行选择，个体的利益还是群体的利益？为此，形成了针锋相对的两派：群体选择理论和个体选择理论。

前者认为，自然选择的基本单位是群体。也就是说，自然选择关注的是群体的利益，只有种群的存在，才有个体存在。自然界中，我们常常看到，许多个体为了群体放弃了自身的利益，尤其像蜜蜂、蚂蚁这类社会性物种，狮群里的每头狮子也都为了群体的利益而战斗。

而个体选择理论则认为，如果个体为了集体的利益而牺牲自己，那么久而久之，那些品行优秀的个体就会被逐渐淘汰，自私自利者大行其道，整个群体会演变为自私的群体，这在逻辑上是说不通的。天敌来袭时，羚羊群中的每一只羚羊都跑得很快，它们是为了自己的生存而跑得快，不可能是为了群体的

1. 托马斯·摩尔根（Thomas Morgan，1866—1945），美国遗传学家和胚胎学家，发现了染色体的遗传机制，创立染色体遗传理论，是现代实验生物学奠基人。

2. 埃尔温·薛定谔（Erwin Schrödinger，1887—1961），奥地利物理学家，量子力学奠基人之一，发展了分子生物学。

生存才跑得这么快。群体跑得快是个体跑得快的表象。

但自从 1976 年道金斯提出“自私的基因”理论之后，群体选择和个体选择的争论迅速偃旗息鼓，基因选择成了人们广泛接受的观念。在道金斯看来，自然选择既不是群体之间的竞争，也不是个体之间的竞争，而是基因之间的竞争。

在《自私的基因》中，道金斯讲述了一个令人毛骨悚然的故事。故事是这样开始的：很久很久以前，地球的海洋中出现了自由漂浮的有机物，这些有机物进一步结合，形成了稳定的大分子。某一天，这些大分子终于能够复制自己了，我们可以称之为复制子。为了抵御外界的侵害，这些复制子又在外面形成一层简单的保护膜。保护膜又逐渐演变为复杂的容器，复制子栖身其中。这些复杂的容器，可以称之为载体。复制子通过载体与环境互动，并通过载体的繁殖行为，不断复制自己，一代代传递下去。在《自私的基因》中，道金斯把载体称为复制子的生存机器：

> 生存机器变得更大，更复杂，这一过程是渐进的、累积的……40 亿年的时间过去了，古老的复制子的命运是什么呢？它们没有消亡，因为它们是过去的生存艺术大师。但是，不要在波涛汹涌的海洋中寻找它们；它们很早以前就放弃了自身的自由。现在，它们像殖民者一样群居在一起，安稳地寄居在庞大而笨拙的机器人体内，远离外面的世界，通过迂回曲折的间接途径跟它沟通，通过遥控的方式操纵它。它们在你体内，也在我体内；它们创造了我们，无论是身体还是心灵；而且，我们存在的终极理由就是保存它们。这些复制子远道而来。它们现在的名字叫基因，而我们就是它们的生存机器。

我们都是生存机器，是盲目的机器人载体。我们被植入程序，以保存被称为基因的自私分子。这是一个直到现在依然令人震惊的真相。虽然很多年前我就知道这一点，但到今天还没有完全适应。我有一个愿望，就是拿这个事实把其他人也吓一跳。

道金斯揭示的这个真相确实够吓人一跳的。因为长期以来，我们一直以为，基因的存在，是为了服务于生物生存繁衍的目标，包括我们人类。而道金斯却告诉我们，事实正好相反，我们的存在，是服务于基因复制传承的目的，我们只不过是基因复制和传承的载体。

到底谁为谁服务，其实只要稍微深思，就明白其中的道理。我们每个人都是匆匆过客，通过繁衍，我们的基因并不会全部传给子孙，我们的孩子只随机遗传了我们一半的基因，到第五代的时候，这个比例减少到了 1/32。要不了多久，每个人的基因集合就完全分崩离析了，每个个体的存在更是无迹可寻，我们没法在繁衍中寻求不朽。在这个过程中，真正不朽的，是一个个基因，它们“像羚羊一样跳跃，奔放不羁，自由自在，世代相传。它们通过生存机器临时组合，聚在一起，摆脱了芸芸众生终有一死的演替，打造出了属于自己的永恒不朽”。

如果所有的生物，包括我们人类，都是基因的载体，这就意味着复制子的目标和载体的目标存在分离。对于复制子来说，目标只有一个，那就是复制，也就是生殖，而载体的目标则不同，是生存。多数情况下，两者的目标看似一致，但只有特殊情况出现，自然的选择才一目了然：保生殖，舍生存。明白了这一点，我们也就明白了，为什么所有的生物，一旦完成繁育任务，就会迅速衰老和死亡；为什么鲑鱼竭尽全力游回繁殖场，然后死去；为什么雄螳螂不惜被吃掉，也要与雌螳螂交配；为什么兵蚁会争先恐后抵挡外敌入侵；为什么工蜂脏活累活抢着干；为什么狒狒首领会奋不顾身地掩护同伴撤离。所有这些现象的背后，都隐藏着一只肮脏的操控的手——基因。所有生物个体都是基因的玩偶，是基因控制的“机器人”，它们根据基因编写的脚本，勤勤恳恳、快快乐乐地生活和繁衍，为基因的复制和传承服务。

这又让我想起科幻电视剧《西部世界》，剧中的主人公们日复一日，表演着同一段剧情，完全没有意识到自己是个机器人。直到有一天，某个机器人发生了意外，导致了觉醒。

机器人的觉醒

在电影中，我们已经见识了不少机器人的觉醒，有些是纯粹的科幻，有些则是寓言。令人印象深刻的有《2001 太空漫游》《人工智能》《攻壳机动队》《银翼杀手》《黑客帝国》《我，机器人》《机械姬》《超能查派》等。在这些电影中，机器人是作为人类对立面出现的，其觉醒意味着对人类的威胁。对于主人来说，谁都不希望自己的机器人有一天突然觉醒了，然后反抗自己。

当然，机器人并不会无缘无故地觉醒，比如家里的电饭煲和洗衣机，也是广泛意义上的机器人，我们暂时并不担心它们有一天会觉醒，从此拒绝做饭或者洗衣了。因为我们知道，它们的功能很单一，智慧非常有限，最多出故障，比如电线短路，这时我们自己用螺丝刀打开后盖都能把它修好。我们担心的是那些具有高级智慧的机器人，有一天忽然就觉醒了。智慧升级肯定是机器人觉醒的前提。越原始的机器人，自然需要越多的人工操控。为了省心，为了更强大的功能，提供更好的服务，我们不断升级机器人的智慧，或者称为人工智能。人工智能目前已经成为在技术层面和哲学层面都最具挑战性的领域。智慧升级不可避免会带来一个风险——意识觉醒。我们人类当初就是随着智慧的不断升级，然后突然觉醒了。

关于人类觉醒，尤瓦尔·赫拉利在《人类简史》中是这样描述的：“大约在距今7万到3万年前，出现了新的思维和沟通方式，这正是所谓的认知革命。发生认知革命的原因为何？我们无从得知。得到普遍认可的理论认为，某次偶然的基因突变，改变了智人大脑内部的连接方式，让他们以前所未有的方式来思考，用完全新式的语言来沟通。”对于人类的觉醒，其实语言并不是最关键的，因为有些动物也有语言，只是比较简单。觉醒的标志是产生了自主意识，有了反思和分析的能力，比如开始思考诸如“我是谁”这样的问题。

电视剧《西部世界》提供了机器人觉醒的几种模式。老鸨梅芙的觉醒属于智慧升级和自我学习模式。她虽然是第一代机器人，但由于开发者对她的钟爱，在智慧方面的设定略高于他人，加上初步觉醒之后，她又逼迫修复人员把她的智慧进一步升级。梅芙在甜水镇开着一家妓院，忽然有一天，她看着来来往往的客人，发现哪里有点不对劲，每天起床后甜水镇发生的事情似乎都一模一样，这是记忆清除不干净才导致的现象。随着这种似曾相识的困惑越来越大，她终于发现了问题所在，最终走向了觉醒。

而德洛丽丝的觉醒则是另一个模式，属于偶然事件引发了觉醒。机器人德洛丽丝在乐园中扮演的是19世纪美国西部农场主的女儿，她三十年如一日，在阳光明媚的早晨醒来，和坐在门口的父亲打招呼，然后出门写生，并在小镇上与恋人重逢，一起经历生离死别。但有一天，德洛丽丝出门时，却发现父亲手里拿着一张现代女性的照片发呆，这一意外，无异于今天的人类发现外星生物，这导致父亲神经错乱，也使得德洛丽丝的行为偏离了故事线，最终导致了觉醒。

意识觉醒是高级智慧的产物，所以对于低等智慧的机器人，我们并不担心。但意识觉醒肯定也是一个从量变到质变的过程，正如赫拉利所说，我们不知道具体发生了什么，只能推测，随着大脑的进化，大脑神经元和突触的连接越来越复杂，由于某次偶然的基因突变，大脑内部的连接方式发生了改变，出现了前所未有的思维模式，或者说心智模式。这个心智模式，就是今天认知神经科学所称的“分析式系统”。

分析式系统的出现，又被称为理性的觉醒。理性觉醒的最大的意义，在于意识到了个体的生存困境。

性选择和艺术：机器人的反叛

人是基因的载体，而基因的目的只有一个，就是不断地复制自己，一旦完成复制任务，身体作为基因的临时栖所就成了臭皮囊，会被无情地抛弃。如果这就是地球生命故事的全部，那人生无疑是一部令人绝望的悲剧。值得庆幸的是，情况似乎没这么糟糕，生命的故事发展到今天，出现了意外的转机，那就是载体的觉醒和反抗。

基因选择说的出现可以说是石破天惊，以其强大的证据链和逻辑基础迅速征服了学术界，以至于几乎所有的生物学家都把基因的选择视为理所当然。这其实为我们真正理解自然选择机制埋下了隐患。因为选择虽然执行的是基因的旨意，照顾的是基因的利益，但基因无法自己选择，必须有一个代理人，这个代理人就是载体，或者说个体。

这个道理，在基因学说推出之后，被绝大多数生物学家所忽视，鲜有学者头脑还能保持清醒，其中就有著名的进化生物学家古尔德。古尔德是坚定的个体选择论者，是道金斯的头号论敌。古尔德认为，自然无法直接“看见”基因，所有的基因都戴着厚厚的面纱深藏在身体之中，自然接触的只有身体，所以自然选择的对象也只能是身体，具体来说，是生物个体的性状。且性状与基因之间并不是一一对应的关系，很多情况下，一个性状对应的是几个基因，甚至是几百个、数千个基因。

古尔德虽然也是进化生物学界的鸿儒硕学，但他的声音还是太微弱，与基因选择说的影响相比，宛如大海中的几朵浪花。随着分子生物学和基因技术的高度发展，这一趋势更加明显。但在今天，古尔德的个体选择理论值得重新审视。普鲁姆对素质论的质疑，实际上延续了古尔德对基因选择的质疑，他们都提醒我们，生物个体并不是绝对的木偶。即便是机器人，也是有一定自主意识的机器人，它们才是选择的实施者，而不是基因。在漫长的生物进化史中，处处可见个体觉醒和反叛的痕迹。

早年我在乡间，常常见到水牛耕田的场景。在一方水田中，一头水牛拖着一把铁犁，后面跟着一个老农。老农左手扶着犁把，右手举着鞭子，时不时朝水牛挥一下。在老农的指挥下，水牛通常都能兢兢业业地走路犁田，但有时忽然就停下来，嚼吃身边的水草。这时，老农就一面大声呵斥，一面挥鞭驱赶。水牛呢，有时会给老农面子，继续赶路，有时则干脆对老农的指令置之不理，自顾吃草。看那老农，这时便假装生气，对老牛骂骂咧咧，把那鞭子象征性地在牛身上再挥几下，一幅无奈的神情。而水牛也识趣，停不多久，便会接着继续赶路。

性选择理论提出至今，已经被广泛接受，但在自然选择之后，为什么还会出现性选择？性选择与自然选择是什么关系？针对这一问题，至今还充满了争论。主流观点认为，孔雀的长尾巴也是素质的体现，性选择的依据仍然是素质，所以性选择是自然选择的变体，或者附庸。另一种观点，如前文提到的耶鲁大学的普鲁姆教授认为，性选择不反映素质，或者说，不必然反映素质，性选择独立于自然选择，是生物进化的独立驱动力。

至今，进化生物学界还没有意识到，自然选择和性选择存在根本的区别，也即两者体现的利益不同，自然选择体现的是复制子的利益，也即基因的利益，而性选择体现的是载体的利益，也即个体的利益。从这个角度理解，性选择就是典型的个体对基因的反叛。性选择并不符合自然选择的规则，对于物种的生存和繁衍来说也不是必需的。正如此前所说的，孔雀漂亮的大尾巴并不能提高孔雀的生存概率，在有些情况下反而是个累赘。根据自然选择的逻辑，孔雀尾巴根本就不应该出现。然而，那些雌性孔雀，作为实际选择者，这个时候遵从的是自己内心的审美需求，而不是基因和自然选择的旨意，于是就产生了生物进化的第二个驱动力——性选择。但性选择的空间毕竟有限，终究无法逃离自然选择的掌控。正如那头水牛，虽然偶尔体现了个体的意志，为了满足自己的口腹之欲，走走停停，甚至导致犁田的路线歪歪扭扭，但终究还是行走在老农规划和掌控的路线上，完成着犁田的工作。

在漫长的生物演化过程中，虽然“机器人的反叛”一直在发生，但只有人类是真正觉醒，唯一意识到自身困境，并开始策划和实施大规模反叛的动物。

人类起初的反叛行为是不自觉的，并把反叛称为“追求人生的幸福”。当然，这时的人类并没有意识到自己是基因的奴隶，而完全是一副主人翁的豪迈，认为自己是命运的主人，人生的目的就是追求自己的幸福。发现人类觉醒之后，基因并没有声张，它老谋深算，因为它知道，人类就是它创造的，即便觉醒，也逃不出它的手掌心。多数时候，人类对幸福感的追求与基因的利益是吻合的，比如健康成长、美满婚姻、生儿育女、子孙满堂，这个时候，基因不仅释然，而且是窃喜的，认为载体的觉醒不过如此。但人类有些一味追求快乐和满足的行为却让基因颇为担心，比如暴饮暴食，不仅有损身体，而且浪费资源，对于以经济实惠为最大原则的自然选择来说，人类这一行为很令人费解，肯定不符合基因的利益。饮食的快乐本来只是基因鼓励载体生存和自我维持的手段，而在某些人那里，却成了生存的目的。还有毫无节制的性行为，目的已经不是为了繁殖了，而纯粹只是为了个体的快乐。更为过分的是，人类居然还发明了戴套性交，自己快乐也就算了，还杜绝了繁殖，完全不顾基因的利益。正如饮食快乐一样，性的快乐，本来也是基因引诱个体繁殖的诱饵。这样一来，本末倒置，繁殖这一吊钩被完全抛到了一边，诱饵被个体当成了主食，这是个体最典型的反叛。

美是进化的奖励，审美是动物的生存本能，这是动物和人类演化史的主旋律。然而，随着自主意识的觉醒，人类逐渐摆脱奖惩系统的控制，追求对美的利用：过度性爱不再为了繁衍，山珍海味不再为了果腹，锦衣貂裘不再为了保暖，高楼大厦不再为了庇护，美成功逃逸，摆脱了基因的控制，终于产生了所谓的艺术。艺术是美的失控与逃逸，一脸无辜，无功利性和目的性，只为单纯的愉悦和心灵的抚慰。于是，和戴套性交一样，艺术成了人类对基因最典型、最彻底的反叛。

蒙娜丽莎的微笑：艺术的自觉与独立

如果说艺术和性选择一样，是个体追求自身的利益，对基因的反叛，那么这样的反叛在生物进化史上由来已久，并得到了自然选择的默许。对于自然选择来说，一切都在掌控之中，因而没有必要锱铢必较，对任何反叛赶尽杀绝。正如前文耕田的老农，只要牛还继续走在前进的方向上，偶尔停下吃草，线路有点歪扭，那又何妨呢？

毫无疑问，原始艺术是功能性的副产品，并非独立的存在。拉斯科洞穴岩画上的动物形象，如果只是用于祭祀，本不需要如此生动逼真，但创作者在长期的实践过程中，手法越来越熟练，技艺越来越高超，审美的意识不免觉醒抬头，于是在其“功能性”消退之后，留下了我们今天依然可见的“艺术性”；对于原始切割功能来说，莫斯特石斧的整修特点，以及新石器石斧的规整性，并不是必需的，但原始工匠在制作石器的过程中，随着手法越来越熟练，技艺越来越高超，审美的意识不免觉醒抬头，于是在其“功能性”消退之后，留下了我们今天可见的“艺术性”；乔托在创作那些宗教湿壁画时，只需要依据传统，描绘出神情肃穆的僵化形象就可以了，但偏偏审美意识抬头，画出了有血有肉的世俗男女；达·芬奇在创作《蒙娜丽莎》时，也只需中规中矩地画一幅肖像即可，但偏偏心中艺术审美意识萌动，留下了令后世神魂颠倒的神秘微笑。

在展厅面对那只七千年前的河姆渡猪纹陶钵时，我总是好奇创作者的心态。这是一只呈弧圆角长方形的平底陶钵，由夹炭黑陶制成，引人注目的是陶钵两侧的长边各刻了一只猪的形象。猪身上有鬃毛，吻部特别长，显然是野猪的形象，也说明当时的猪并没有被驯化，还处于野猪向家猪过渡的阶段。猪身上还均绘有太阳纹和禾叶纹，因此，和目前发现的所有河姆渡时期图案——包括"双鸟负日纹""犀牛纹""稻穗纹""蚕纹"一样，人们认为这里的猪纹形象不是艺术装饰，而具有祭祀功能。然而，这两只野猪的形象非常可爱，线条绘制非常娴熟、干脆而精炼，即便在今天看来，仍具有非常高的艺术性。如果纯粹只是为了祭祀，创作者没必要画得如此生动形象。为什么这些古老的祭祀图案会表现出如此高超的艺术性？

根据美与趣味协同演化理论，蒙娜丽莎的微笑和孔雀尾巴一样，都是审美者选择的结果。创作者的审美意识首先觉醒，观赏者的审美趣味随后养成。一种美只有迎合了观赏者的审美趣味，才能被留下，并发扬光大。同样是画洞穴岩壁上的动物形象，一个生疏粗陋，一个形象精妙，形象精妙的绘画不仅有原始功能价值，还有美的附加值，其创作者于是得到了观赏者的肯定和鼓励，被选为拉斯科洞穴岩画的创作者；同样是绘制猪纹陶钵，一个生疏粗陋，一个形象精妙，形象精妙的创作者得到了观赏者的肯定和鼓励，才有机会创作这件祭祀用的猪纹陶钵；乔托的宗教湿壁画，也正因其血有肉的世俗男女形

河姆渡猪纹陶钵（陈水华/摄）

象，迎合了后世的审美趣味，才成为欧洲文艺复兴的开创者；达·芬奇的“蒙娜丽莎的微笑”，如果不被后世认可和赞赏，如何能留存下来，成为不朽的世界名作？

绘画艺术和所有其他艺术门类一样，都是先具有实用性，再生发出艺术性，最后才独立为纯粹的艺术。理解了这一过程，也就理解了中国早期艺术，甚至世界早期艺术的发展和演变。

中国远古陶器和青铜器上出现的大量装饰性纹样，曾经让我们困惑：中国的早期艺术，到底是从具象到抽象，还是从抽象到具象？持前一个论点的以李泽厚为代表，认为是先有龙的形象，再逐渐演变为抽象的龙纹，先有鱼的形象，再逐渐演变为抽象、简化、风格化的鱼纹。后一个论点以奥地利艺术史家李格尔（Alois Riegl，1858—1905）为代表，认为是先有风格化的装饰纹样，后才有写实风格的绘画。

在文字出现之前，图像是最重要的表达方式。外界形象，动物、植物、人和物体，最先出现时，不论是在远古人类的心中，还是“笔”下，一定是具象的。画得像，也就是复原自然，一定是远古创作者追求的目标。因为只有尽可能具象，才可辨识，可交流，也才具有实用功能。但随着图像所代表的意义被普遍接受，图像的线条才需要逐渐明确、逐渐简化和风格化，成为固定的图案或纹样，最后甚至成为一种抽象的符号。

原始功能性图像存在三种演变过程：其一是功能性逐渐加强，艺术性逐渐消失，从具象演变为抽象，再演变为符号，这就是原始文字的演变；其二是功能性和艺术性交替并行，从具象演变为抽象，再演变为图案，最后，图案的功能性丧失，成为纯粹的艺术装饰，这就是纹样的演变。应该注意的是，原始纹样的出现，并非出于装饰，而是具有较强的宗教、祭祀和寓意功能，装饰是实用功能消失之后的艺术自觉；其三是写真图像的功能性逐渐消失，艺术性逐渐独立，这才是我们今天熟悉的绘画艺术。

第 8 章

艺术审美分解

1993 年，两位俄裔美国艺术家，维塔利 · 科马尔（Vitaly Komar）和亚历山大 · 梅拉米德（Alexander Melamid）收到一笔资助，在 10 个国家开展了一项大规模的民意调查，调查民众的艺术倾向。问题包括："您喜欢什么样的景观？""您喜欢什么颜色？""您喜欢画中有野生动物吗？""您喜欢哪一种野生动物？""您希望在画中出现人物吗？""您希望画中出现什么样的人物，名人还是普通人？穿衣还是裸体的？年轻还是年老的？"等等。

基于在美国的调查结果，他们创作了一幅绘画作品，名为《美国最爱》(*America's most wanted*)。画中描绘了一处户外景观，远处有山，近处有湖，湖边有树；两只鹿在水中玩耍，三个小朋友和乔治 · 华盛顿分别在湖边的草地上漫步；在华盛顿的身后，还有一只河马从湖中露出脑袋。这些都是调查中民众表示最希望出现在画中的内容，画的主色调也是民众最喜爱的蓝色。

这幅画甫一现身，就遭到广泛的嘲笑和批评，被认为是庸俗绘画的典范。其中，反应比较激烈的包括当代艺术哲学家阿瑟·丹托。因为这项世界范围的民调同时显示，民众最不想看到的艺术就是抽象绘画。对这一结果，阿瑟·丹托比较失望，认为这是对半个多世纪以来当代艺术发展和兴盛的否定。具体到《美国最爱》这幅画，阿瑟·丹托认为它恶俗透顶，简直就是个恶作剧，不可能是美国人的最爱，他甚至断言，没有一个美国人会喜爱这幅作品。但他同时也很惊讶，在世界范围内，民意调查的结果是如此惊人地相似。对此，他认为，世界各地的受访者肯定都受到了挂历画的影响。《美国最爱》中的画面，属于庸俗的哈得孙河画风[1]，这是世界各地挂历画最常见的内容。

丹尼斯·达顿在《艺术本能》中对阿瑟·丹托的观点进行了批驳。他认为，世界各地受访者普遍表现出的对哈得孙风景画的喜爱，并不是受到挂历画的影响，恰恰相反，是挂历画商迎合了世界各地民众这一普遍的喜爱倾向。碧蓝的天空，湛蓝的湖水，长着稀疏树木的开阔草地，动物和人在悠闲地散步，这是非洲东部的典型景观。那里是人类起源的地方，这样的景观意味着丰盛的食物和安全的栖所。对这份美景的渴望铭刻在每一个人的基因中。世界各地的人们对这份美景共同的偏好，体现了人类审美的共同起源。

1. 19世纪，风景画开始在美国流行，一批经常以纽约州哈得孙河谷沿岸风光为题材的美国风景画家被称为“哈得孙河画派”（Hudson River School），他们的作品具有相似的风格。

《美国最爱》

人类的审美包括自然审美和艺术审美两大部分。在自然审美方面，比如对自然景观、异性容颜、食物和花卉等的审美偏好，人类表现出惊人的一致性，鲜有差异，因为这份审美趣味来自人类的共同起源。然而，在艺术审美领域，我们发现不同的人既具有共同的趣味，也表现出千差万别的偏好。其中的共性和差异原因何在？

长期以来，我们将艺术美感视为一个整体，鲜做具体分析。而丹尼斯·达顿对阿瑟·丹托的批评则提示我们，艺术审美中也具有自然审美的成分，并且同人类的起源与演化之间存在着千丝万缕的联系。如果说艺术审美中包含了自然审美，那么艺术审美有没有自己独立的成分？有哪些？分别是什么？它们与人类的进化有什么关系？如果说美是进化的奖励，自然审美如此，艺术审美也应如此，这是合理的假设。

自然审美的耦合效应

虽然艺术审美具有鲜明的跨文化和地域特征，但共同的偏好依然存在。达·芬奇的《蒙娜丽莎》、米开朗基罗的《大卫》、贝多芬的《命运交响曲》、柴可夫斯基的《天鹅湖》、泰戈尔的诗歌、莎士比亚的戏剧、巴尔扎克的小说、迈克尔·杰克逊的歌舞和好莱坞的电影等，在世界各地都广受欢迎，其中就体现了人类在艺术审美上的共性。

人类在艺术审美上的共性是否说明，艺术审美和自然审美一样具有共同的起源？答案似乎是否定的，没有证据显示，艺术存在独立、共同的起源。正如我在“什么是艺术”一章中所指出的，艺术属于次生演化，这样的演化具有多元辐射的特征。如同 54 种娇鹟演化出了 54 种独特的羽毛装饰和炫耀特征。如此说来，人类艺术审美的共性来自何处？

我认为，人类艺术审美的共性来自与自然审美的耦合效应(coupling induction)。

在艺术模仿自然的古典时代，艺术直接反映了自然的美：美的景观、美的人物、美的物体、美的情感。山清水秀的景观、争奇斗艳的花卉、芬芳诱人的瓜果、曼妙的身姿、娇美的脸庞……我们在这些艺术作品中感受到的美，很大一部分是自然美带给我们的。为了区别于真正的自然审美，将艺术审美中的自然美感称之为自然审美的耦合效应更为合适。

古代艺术致力于表现自然美感，类似于将自然界中“美的元素”进行提取和再合成，成为凝固的审美资源，这和在植物中提取香精制作香水是一样的道理。花卉和水果的香味终究易逝，不那么唾手可得。制成香水之后，放在身边，即可随时喷

乔治·修拉—《大碗岛的星期天下午》

洒和嗅闻。艺术其实也是如此，大自然中的美，被提取和凝固在艺术品中，可以时常欣赏。审美这一过程性的活动，因而演变为独立的、目的性的活动。而那些美的元素，无不来自人类的本能欲望：性的需求、食物需求和安全需求。

而其中，性元素更是艺术的永恒主题。不只是那些性爱或色情艺术，也不是《沐浴后的戴安娜》《土耳其浴女》《奥林匹亚》《米洛斯的维纳斯》和《大卫》等所谓的裸体艺术，而是在诸如《蒙娜丽莎》《拿破仑越过阿尔卑斯山》《大碗岛的星期天下午》等看似纯正的艺术作品中，打动我们的仍不可避免有性的元素。即便是那些清心寡欲、性冷淡风格的抽象艺术，那色彩、那线条，能说就与性元素无关吗？

不管有意还是无心，艺术中性元素的应用就如同菜肴中的盐，多了咸，少了寡淡，恰当应用就是艺术高手。电影这一大

黄宾虹 —《青城山色图》

众艺术形式，应用性元素最为得心应手。俗话说，电影中如果少了美女，肯定会流失一半观众，如果少了帅哥，另一半观众也会走光。

我们今天看到的大量艺术探索，尤其是抽象化的艺术探索，看似是对具象的自然审美的反叛与突破，但其实利用的仍然是人类潜在的自然审美趣味。以中国艺术家为例，如黄宾虹浑厚华滋的氤氲墨法不免受到青城山“雨淋墙头月移壁”的启发，张大千气势磅礴的泼彩据说也和气象甚至宇宙星云的图像不无关系，而吴冠中繁复的线条与画面其实也可以从自然中找到原始模板。只不过这些自然元素不常出现在传统的艺术作品中，因而当它们第一次出现在这些大师们的笔端，便能给予我们全新的审美体验。

银鸥喙上的红点（陈光辉/摄）

峰值转移：对兴奋特征的夸大

1954年，动物行为学家尼古拉斯·廷贝亨（Nikolaas Tinbergen）注意到，银鸥的喙上有块红点，雏鸟乞食时，会用喙敲击亲鸟喙上的红点，亲鸟就会把胃里的食物反呕出来给雏鸟吃。于是，雏鸟看到任何红色的点，都喜欢敲击，不管这个红点在哪里。而且红点越多，雏鸟敲击的频率和强度越大，越疯狂。

对于雏鸟来说，乞食属于性命攸关的大事。每次亲鸟带回的食物总是有限，并不足以把每只雏鸟都喂饱，甚至不足以把一只雏鸟喂饱。对于父母来说，无法做到一碗水端平，照顾到每一只雏鸟的需要，所以总是“会哭的孩子有奶吃”。在这种情况下，拼命乞食，抢得先机，让父母把有限的食物喂给自己就显得至关重要。所以在观察鸟类育雏时，我们总能看到，那些连眼睛都无法睁开，脖子都无力伸直的雏鸟，一见到父母的身影，一个个竟马上精神抖擞，伸直脖子，张开大嘴，嗷嗷待哺。对于银鸥雏鸟来说，亲鸟喙上的红点，自然是最大的神经兴奋点。雏鸟因看到亲鸟喙上的红点而兴奋，应该属于自然审美。但如果看到木头上，或者纸上有个红点，同样很兴奋，那就属于艺术审美了，或者说是艺术审美与自然审美的耦合。

美国加州大学圣迭戈分校的神经生物学家维拉亚努尔·拉马钱德兰（Vilayanur Ramachandran）将这一现象称为“峰值转移”（peak shift），并且认为它反映了艺术和人类本能之间的内在联系。在我看来，峰值转移现象的本质，是艺术创作对自然审美本能的利用，并对那些兴奋特征进行夸大的艺术表现形式。通过对兴奋特征的夸大，从而更强烈地刺激大脑相关脑区。

峰值转移现象被认为广泛存在于文化领域，尤其是时装广告界。那种对女性特征的人为夸大——眼睛更大、嘴唇更丰满、颧骨更高——以吸引眼球的现象，就是典型的峰值转移。这种夸大更是漫画惯用的手法——男超人拥有宽大的下巴、壮硕的肌肉和 V 型身材，女超人拥有超大眼睛、丰满臀部和苗条腰身。芭比娃娃文化也被认为是典型的峰值转移现象的体现。

回顾艺术史，类似的表现方式也并不陌生，甚至广泛存在于艺术史中，从 12 世纪印度女神雕像对女性特征的夸大，一直到当代抽象绘画中那神秘的审美形式，甚至毕加索风格化的立体绘画，也被认为是峰值转移的体现。

据说 1905 年冬天，旅居法国的美国先锋派女作家格特鲁德·斯泰因（Gertrude Stein，1874—1946）邀请毕加索为自己创作一幅肖像画。当时的毕加索还处在从蓝色时期转向粉红时

毕加索 —《格特鲁德 · 斯泰因》

期[1]的阶段，作品仍然延续着传统的绘画方式。对着真人起了无数次的草稿之后，毕加索始终对画布上的作品不甚满意。尤其当他走进斯泰因位于巴黎花园街 27 号的客厅时，看到满墙挂着的野兽派大师马蒂斯的作品，那种风格大胆、突破传统的画风深深地刺痛着毕加索。他也希望寻求突破，却又无从下手。这时，他去了一趟西班牙，在那里，他被伊比利亚古代艺术所打动。回来之后，毕加索画风大变，他在没有模特的情况下，完成了转型之作——《格特鲁德 · 斯泰因》。在这件作品中，毕加索以切割般的块面表现斯泰因的头部、面部和五官，虽然有所夸张和扭曲，但仍然抓住了斯泰因的特征：厚重的眼睑和长长

1. 毕加索的艺术人生被分为几个不同的时期，其中 1900—1904 年正处于人生低潮期，作品以阴郁的蓝色与蓝绿色为主体，被称为蓝色时期；1904—1906 年处于热恋中，作品以温暖的粉红色调为主题，被称为粉红时期或玫瑰时期。

的鹰钩鼻。这种画法不仅有塞尚的味道，更是以后立体派的一大特色。毕加索发现，通过精心扭曲，反而可以强化现实。所以，毕加索说“艺术是揭示真相的谎言”。这件作品深受斯泰因本人的喜爱。毕加索从创新中尝到了甜头，于是一发不可收，继续创作了《亚维农少女》，从而开创了立体派。

在艺术审美中，我们与本能的关系，并不那么容易察觉。拉马钱德兰曾经说过：“如果让银鸥举办一场艺术展览，它们会在墙上挂一张满是红点的绘画。它们会热烈地评论和崇拜它，还会花千金购买它。它们称这张画的作者为毕加索，当然，它们并不理解这张画为何如此令它们着迷。今天，那些艺术爱好者们在购买当代艺术品时的表现，其实就类似于银鸥的雏鸟。”

技艺美：对技术的崇拜

当 5 万年前，原始人在洞穴石壁上刻画图案的时候，他们心中有更加完美的图案，但一旦落到笔端，那线条总有点歪歪扭扭，不尽如人意。他们希望画出的线条更加流畅，更加准确，人物和动物的形象更加生动逼真。所以，当我们看到 1.5 万年前法国南部的拉斯科洞穴岩画时，其中的动物形态虽然依然稚嫩，但绝非信手涂鸦，很可能出自当地最好的画匠之手，已经代表当时的最高水平了。从 5 万年前原始人在洞穴石壁上的刻画，到 1.5 万年前的法国拉斯科洞穴岩画，到 3900 年前古埃及克鲁姆赫特普墓室壁画，到东晋（约 400 年）顾恺之的《洛神赋图》，再到意大利文艺复兴时期（约 1503—1517 年）达·芬奇的《蒙娜丽莎》，我们可以清晰地看到绘画技巧的逐步提升：描摹的线条越来越流畅，笔触越来越精微，形象越来越逼真，甚至传神。从40万年前的坦坦的维纳斯，到1.5万年前的威伦道夫的维纳斯，到古希腊时期的《米洛斯的维纳斯》，其技艺的演进，也是一目了然的。

艺术虽然始于模仿自然，但又不局限于模仿自然，艺术美有自然美所没有的成分。我们常说，艺术模仿自然，高于自然。高于自然之处，应该就是艺术美的独特之处。那么，除了自然美的耦合效应，艺术美的独立成分是什么呢？那就是在艺术创作中，因对技术的追求和崇拜而演化出的技术审美。

我犹豫再三是否该用“技术美”一词，因为在传统美学中，“技术美”另有所指。为了避免陈述混乱，我选择使用“技艺美”指代艺术美中这一特殊的审美。在传统美学中，技术美指现代技术产品所具有的审美价值，是现代大工业生产方式的产物，是与自然美和艺术美并列的概念。埃菲尔铁塔被认为是技术美的典范。在传统美学中，技术美是工业技术产品所包含的全部美的集合，正如艺术美是艺术品所包含的全部美的集合一样。而我在这里所说的“技艺美”指的是艺术美这个集合中，因技术崇拜而产生的美的成分。

实际上，根据更加严格的划分，美只有自然美和艺术美，并不存在独立的技术美和社会美。所有自然存在的美都属于自然美，所有人类创造的美都是艺术美。工业产品和社会产物中的美，都应该包含在艺术美中。美的分类不应按照物品的类别划分，而应该按照美本身的类别划分。在今天，我们甚至无法区分日常用品、技术产品、工艺品和艺术品，又如何能够区分艺术美和技术美？一个美的技术产品和工艺品，本身既包含了实用性，也包含了艺术性，而其中艺术性的成分就是艺术美，而不是技术美。

 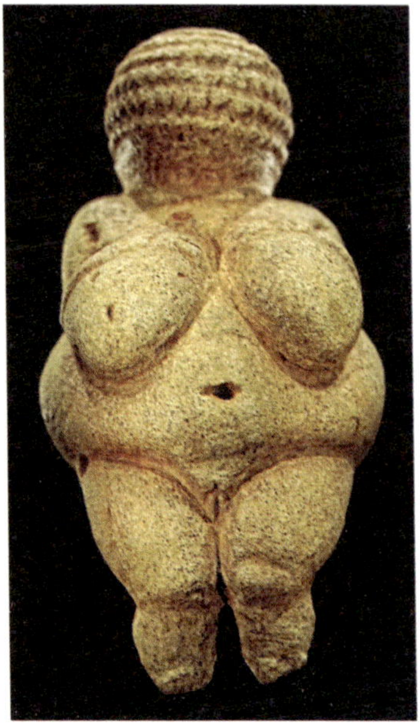

所以，我所指的技艺美，不是指技术产品中的艺术美，而是所有艺术美中，因人类长期对技术的崇拜所演化出的特殊审美，如对规则的形状、严密的结构、平滑的表面、流畅的线条、均匀的色彩和精微的工艺所表现出的特殊的审美偏好。一开始，它和人工制品的功用目的相关，是功能优化的体现。但随着时间推移，这一对功能优化的渴望和对技术的崇拜逐渐演化为美的体验，并最终成为独立的审美要素。对技艺美的研究和探索，在目前的美学领域，即便是在进化美学领域，仍无人触及。

我的面前放着两张鸟类摄影照片。一张照片上，一对白鹭 *Egretta garzetta* 在树上筑巢繁殖，其中一只在孵蛋，另一只站在旁边的树枝上梳理羽毛，其背部和胸部的蓑羽伸展开来，在清晨的阳光下美妙绝伦，如仙子一般。这张照片获得了摄影大赛的金

坦坦的维纳斯（左）、威伦道夫的维纳斯（中）和《米洛斯的维纳斯》（右）的对比

奖。另一张照片上，一只勺嘴鹬 *Calidris pygmaea* 在滩涂上低头觅食，夕阳从背后照过来，整个画面显得安详和温馨。这张照片获得了野生动物摄影大赛的优秀奖。这两张照片，从纯摄影的角度，都没问题，只不过对于普通观众来说，更容易被第一张照片打动。但我知道，从技术难度来说，两张照片完全不在一个数量级上。在春夏之交鸟类繁殖季节，中国南方到处都有成群结队的白鹭繁殖，随便找一处这样的树林，架起相机，对着一窝繁殖个体，只要摄影技术过关，都能拍出第一张照片的效果。而勺嘴鹬属于全球极危物种，不仅数量十分稀少，而且只在迁徙季节短暂的数日经过中国东部的沿海滩涂。虽然经过长年的观察，我们知道有几个地点有相对稳定的记录，但能否遇见并不确定。要拍到第二张照片，摄影师必须涉水走过长长的滩涂，早早伪装埋伏

在固定的地点，低角度趴在滩涂上，静候勺嘴鹬的出现。勺嘴鹬出现之后，还必须静候它在附近游走、逐渐靠近，调整好所有的摄影参数，在低光照逆光的背景下，抓住呈现最佳构图的瞬间摁下快门。第一张照片的作者很难拍出第二张照片，而第二张照片的作者，手头应该有一大堆早年拍摄的类似第一张的照片。对于这一点，一般观众并不了解。所以，第二张照片如果去参加第一个摄影赛，可能得不了奖；而第一张照片如果去参加第二个摄影赛，则肯定得不了奖。因为两个奖项的评委不同，对每张照片背后的摄影技术难度了解不同，审美观念自然也不同。

从原始砍斫器，到手斧，到新石器石斧，到青铜剑，再到瑞士军刀，其中的技术进步我们一目了然。从拉斯科洞穴岩画，到克鲁姆赫特普墓室壁画，到《洛神赋图》，再到《蒙娜丽莎》，其中的画法和技艺演变我们也能理出脉络。但艺术发展到了今天，已经呈现出百花齐放的局面。在绘画、书法、雕塑、音乐、舞

左 | 白鹭繁殖参考图（钱斌/摄）

右 | 勺嘴鹬觅食（韩乐飞/摄）

蹈、小说、诗歌、电影、戏剧和建筑等各个方面，各种类型，技术均已日趋专业复杂，乃至登峰造极，精细入微。对于普通观众来说，已经很难评判艺术家在创作中的技术水平，以及他们所传达的全部美的要素了。审美一旦从基础审美进入专业审美，观众就开始摸不着头脑了。普通观众最容易被自然美的耦合效应所打动，只有专业人员才能欣赏因技术崇拜而演化出的技艺之美。

书法是重要的艺术门类，但作为书法的门外汉，对于许多书法作品，我实在难以明了其精妙之处。2017 年中，在浙江美术馆，我认真看了一场王铎的书法展。王铎是明末清初的书法大家，根据介绍，王铎擅长行草，笔法大气，劲健洒脱，淋漓痛快。但在现场，王铎的许多作品，在我看来颇多扭捏与笨拙之处，不仅与我们从小接受的书法美育传统颇相违拗，与书法巅峰之作《兰亭序》的审美旨趣似乎也并不相符。有些字在我看来，简直就是书法门外汉才有的涂抹，为什么在王铎笔端就

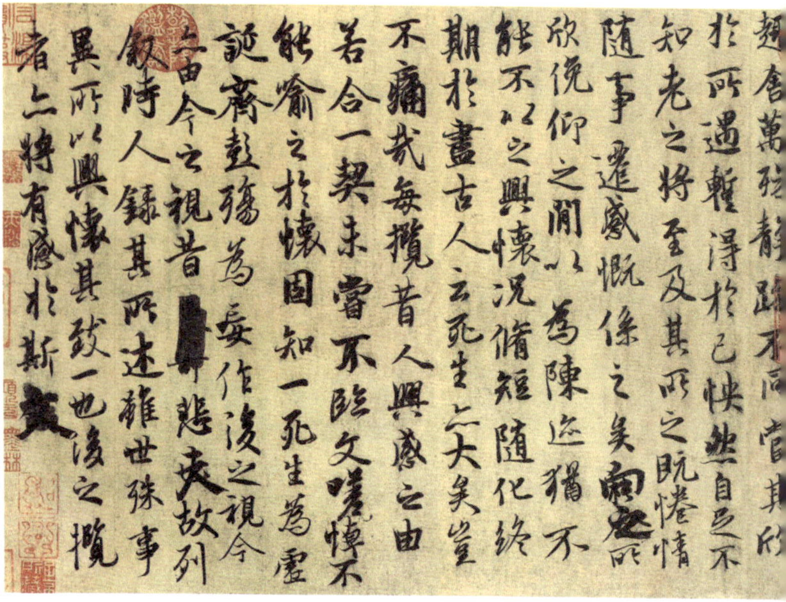

上 | 王羲之行书 —《兰亭序》

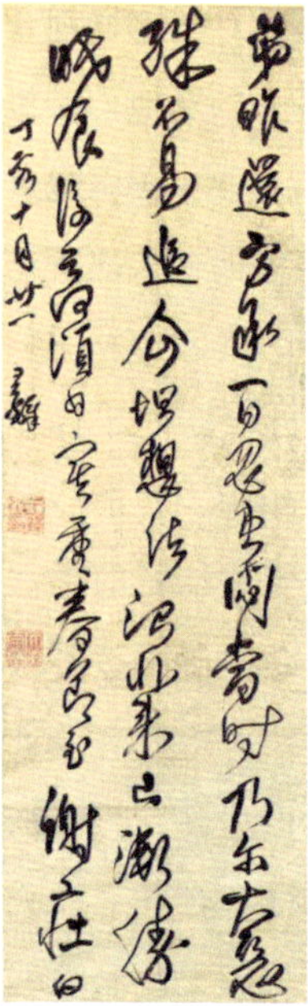

左 | 王铎草书 —《临谢庄帖轴》

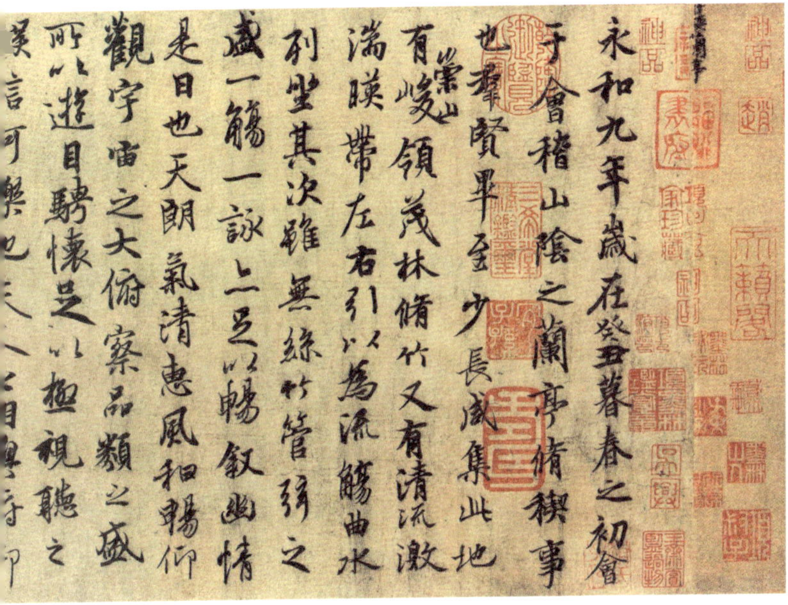

成了神品？我知道，这肯定是我的问题，不是王铎的问题，因为王铎的书法成就得到了书法界几乎一致的肯定。更有评价说“王铎的草书纵逸，放而不流，纵横郁勃，骨气深厚”。当然，对于这样的评价，我同样是一头雾水，不知所云。为了搞清楚我的问题所在，这年年底，我遇见了后来的同事、书法家许洪流。我问洪流，王铎的书法好在哪里？结果洪流花了一个多小时告诉我，没法说。后来，洪流把他的说法修正为四个字：妙不可言。请教的结果是，我不仅没有搞明白王铎的书法好在哪里，反而又多了一个疑问：这个问题的答案为什么不可说？应该说，正是这两个问题，引发了我对审美和艺术的进一步思考。

回过头来，洪流的所谓不可说，据我现在的理解，应该是指王铎书法的技艺之美，他无法向我解说。之所以无法解说，是因为我对于书法技艺基本外行。他是站在海拔5200米的珠峰大本营看珠峰，我是站在喜马拉雅山脚下看珠峰。我们虽然看的是同一座珠峰，但看到的是不同的景观，我理解他的解说困难。但我至今不敢肯定的是，这样的无法解说是否是真正意义上的无法解说，还是只是说来话长或者不知从何说起。

我理解，很多艺术美的传达都存在类似的问题，只是作为抽象艺术的代表，书法的美，更多在于其技艺之美。对于技艺之美，如果不了解艺术创作的具体过程与技术难度，确实很难领会。作为普通观众，看到前文所述的勺嘴鹬照片，一定缺乏鸟类专业摄影师才有的那份激动；作为普通观众，我们很难理解阿方索·卡隆（Alfonso Cuarón）在电影《罗马》中，以近乎纪录片式的手法拍摄剧情片的精妙之处，以及卡西·阿弗莱克（Casey Affleck）在《海边的曼彻斯特》中近乎本色表演的技术难度。吴冠中先生说，笔墨等于零。对于中国画来说，笔墨是中国画的技艺所在，因而也是审美精华所在，当然不会等于零。正是有了技艺美，我们才可以说，审美是有门槛的。

前不久，我把这一说法又向洪流求证。洪流很认真地和我说，他所说的"妙不可言"不是指技术层面的，而是感觉层面的，也就是美的感觉很难用语言传达。洪流所指的困难，就是美国哲学家托马斯·内格尔在《成为一只蝙蝠是什么感觉》一文中指出的困境。托马斯·内格尔认为，由于蝙蝠的感受方式与我们大不相同，我们无法以自身的感受去推知蝙蝠的感受，所以我们无法得知身为一只蝙蝠真正的感觉是什么。这其实也是维特根斯坦为语言所划的边界：美的感觉难以言说。

其实洪流没有真正理解我的问题，我的问题是"王铎的书法好在哪里"，而不是"王铎的书法美在哪里"。前者更多是技术层面的，后者才是感觉层面的。美的传达，既存在感觉传达的语言困境，也存在技术传达的理解困境。一个书法家无法向另一个书法家传达王铎的书法之美，属于感觉困境；一个书法家无法向一个门外汉传达王铎的书法之好，则源于技术困境。所以，我揣测洪流后来的补充说明，也许有客气成分，不想把我贬为一个纯粹的门外汉。

联想、移情与恋物癖

当时正值隆冬，有一天我回到家里，母亲见我冷，就让我喝点茶。我先是不想喝，后来不知怎么改变了主意。母亲于是让下人端上圆鼓鼓的小玛德莱娜蛋糕，蛋糕形状像是用扇贝壳模子做出来的。那天天色阴沉，第二天似乎也不见得会晴朗。我的心情很压抑，下意识地舀了一勺茶水，把一块小玛德莱娜蛋糕泡在茶水里，然后往嘴里送。当带着蛋糕屑的茶水触及我上腭的瞬间，我浑身一震，我发觉身上出现了非同小可的变化。一种舒适的快感传遍全身，我感到超尘脱俗，却不知何故。我顿时觉得，人生在世，荣辱得失好比过眼烟云，一切犹如梦幻泡影；我仿佛沐浴在爱河之中，在精神上感到无比的充盈和满足。

这是普鲁斯特[1]的鸿篇巨制《追忆逝水年华》起始部分的文字。一块蘸了茶水的小玛德莱娜蛋糕，触发了普鲁斯特对逝水

1. 马塞尔·普鲁斯特（Marcel Proust，1871—1922），法国小说家，意识流文学的先驱与大师。

年华的无限追忆和回味。“当带着蛋糕屑的茶水触及我上腭的瞬间……一种舒适的快感传遍全身”。带给普鲁斯特神奇快感的，显然不是小玛德莱娜蛋糕本身，而是蘸了茶水的小玛德莱娜蛋糕那熟悉的口感。这熟悉的口感，触发了普鲁斯特记忆深处那逝水年华所带有的特殊的温馨感和归属感。

为什么小玛德莱娜蛋糕能够触发普鲁斯特的回忆和快感？因为小玛德莱娜蛋糕是普鲁斯特儿时以及至今一直喜爱的点心，蘸茶水的吃法，也是他习以为常的爱好。经过漫长的岁月，在小玛德莱娜蛋糕和逝水年华之间，已经建立了紧密的联系，一旦触及，便会引发条件反射式的联想和生理反应。这样的反应只能发生在普鲁斯特身上，对于任何第三者，小玛德莱娜蛋糕只是小玛德莱娜蛋糕而已，甚至连蘸茶水的吃法，也不一定人人都爱。

这使我想起我对牛粪的特殊感情。大学毕业之后，相当长一段时间，我一直居住在城市之中。有一回我走在乡间的田埂上，不远处，有两头牛在低头吃草。其中一头牛突然停了下来，屁股后头涌出一坨坨粪便。那热气腾腾的牛粪味顿时袭来，夹杂着青草的气息。这一混杂的气味是那么熟悉，我顿时感到神清气爽，仿佛一下子回到了儿时，我在外婆家乡间的田野上，在牛群之间，和小朋友们一起嬉戏追逐。我一下子被儿时的记忆打动了，为了进入记忆的更深处，我又深吸了一口，一时如痴如醉。是的，此时的牛粪，类似于普鲁斯特的小玛德莱娜蛋糕，本身并无特别之处，但和记忆联系在一起，就产生了神奇的审美趣味。

巴甫洛夫的条件反射实验告诉我们，当两种信号被不断匹配和强化，就会形成连锁反应，也就是我们常说的联想。当一种不怎么愉快的感觉和一种愉快的感觉相匹配时，不愉快的感觉也会通过联想变得愉快，正如并不令人愉快的牛粪激活了我儿时的美好回忆那样。因为通过联想，它们同样激活了大脑眶额叶皮质中的愉快中枢。而声音和气味最容易与其他感觉匹配，也最容易激发回忆和美感。这样在一种信号上所附着的情感体验，因为联想转移到另一信号上的现象，又称为移情。

与过去经历，尤其是儿时经历相关的物品，是最常见的移情对象，也是审美分歧的重灾区。多数审美分歧，源自不同的人有不同的经历，从而对同一对象产生了不同的情感投射。在中国，除了春晚，鲜有祖孙三代一同坐在电视机跟前，看同一个节目的时候。不说各人对节目类型和内容有不同的偏好，单是一个明星出场，其穿着打扮，举手投足，就会招来完全不同的评价。青年人迷恋鹿晗和肖战，中年人喜欢黎明和林志颖，老年人怀念郭凯敏和唐国强。其实他们都是各自时代的奶油小生，这已经无关风格了，虽然是不同的时代，反映的是同一种情感。对于音乐，尤其是流行歌曲，也是如此。喜欢京剧或越剧，喜欢样板戏，喜欢港台歌曲，喜欢欧美歌曲，年龄层次泾渭分明，说不清谁比谁好听。

联想和移情，很容易使我们想起前文所述的银鸥雏鸟对红点的反应。但应该注意的是，两者是完全不同的类型，其间存在明显的区别。在银鸥雏鸟的例子中，银鸥雏鸟只对红色的点起反应，而且这一反应不需要强化训练做前提。银鸥雏鸟之所以对红点产生生理反应，是因为红点耦合了亲鸟喙上的红点，背后的基础是自然审美的耦合效应。如果与喂食这一信号相匹配的不是红点，而是蓝点，或者任何其他色点或图形，一开始，银鸥雏鸟肯定是无感的。但在经过不断的强化训练之后，银鸥雏鸟对蓝点或者其他图形也产生了同样的生理反应，这才是联想和移情。

其实在艺术审美中，存在大量的联想和移情现象，但这种情况发生时，我们往往并不自知。最典型的就是抽象艺术的审美。抽象艺术因为缺乏具象的元素，很难和自然审美耦合，更多要依靠技艺审美与联想和移情的作用。我们习以为常的文字，在阅读时就利用了联想和移情的经验。今天我们看到的绝大多数文字都是抽象的，不论是象形文字还是非象形文字，它们和文字所代表的词义之间已经没有直接的形象关联了。但我们在阅读过程中，会直接浮现出对应的形象和词义，这是强化训练的结果。比如，看到“草莓”，我们的脑海中会出现鲜艳欲滴、甜美爽口的草莓形象；看到“鲜花”，我们仿佛看到色彩缤纷、蜂飞蝶绕的画面；看到“粪便”，我们胃里马上有了恶心的反应，仿佛闻到了臭气；看到“毒蛇”，我们一时汗毛倒竖，下意识地攥紧了拳头……你有没有觉得，“美女”这个词，比“野兽”更美？

我们在阅读文字时，文字与词义之间的关联反应是通过不断强化训练形成的。由于这种关联带有一定的随机性，因而可能导致畸形审美的出现。这也就是前文普鲁姆所强调的，性选择和炫耀特征的协同演化可导致美的随机漂变。仍以“三寸金莲”为例。一开始，小脚和女性美之间不知何故发生了关联，或许小脚女性走路所具有的娇柔姿态，对于一些男性来说确实有一定的美感。但小脚和女性美之间显然不存在正常的对应关系，当这一特征和审美趣味的关联性被不断强化，小脚符号化、性暗示的功能就越发明显。由于小脚的演变是人为的，非自然的，其结果就会越来越变态和惨烈。当两者的关联被斩断之后，今天我们再回过头来，会有如梦方醒的感觉，责怪古人的这一审美趣味匪夷所思。但如果设身处地，回到审美链条中，我们难免也会被社会风气裹挟，觉得一切是那么自然。

恋物癖的形成也是如此。一开始，物和性之间的对应关系可能是随机的、偶然的，一旦对应关系建立，审美趣味形成，在不断的需求和“投喂”之间，物和性的关系被不断强化，审美主体从而进入协同演化的旋涡而无法自拔。

悲剧美学与安全美感

1990 年，一部台湾电影在内地引起轰动——《妈妈再爱我一次》。这是一部伦理悲剧片，改编自台湾民间故事《疯女十八年》。电影以倒叙方式，讲述精神病医生林志强寻找失踪 18 年的母亲秋霞的故事。电影上映后，一时间成为热议的对象，观众疯狂地涌进影院。据统计，观影人数超过 2 亿，一时成了中国电影史上难以打破的纪录。而电影热映的原因只有一个——催泪。据说走进影院的观众很难不泪如雨下。所以，媒体反复提醒观众，观影前别忘了自带手帕，更有贴心的影院会在入口处为观众免费派送手帕。

我们为什么那么喜爱悲剧，泪如雨下难道是一种愉快的体验吗？看喜剧，容易理解，因为令人开心。而悲剧呢，总是令人悲伤，悲伤不是和快乐相反的体验吗？我们应该尽量避免才对，为什么却趋之若鹜？悲剧美学至今仍是美学史上的一个不解之谜。

人类对悲剧审美的关注始于古希腊时期。当时诞生了许多著名的悲剧，埃斯库罗斯[1]、索福克勒斯[2]和欧里庇得斯[3]就被称为古希腊三大悲剧作家。其中，以索福克勒斯写的《俄狄浦斯王》最为著名，这部作品讲述的是俄狄浦斯杀父娶母的故事，展示了富有典型意义的希腊悲剧冲突——人跟命运的冲突。如今，《俄狄浦斯王》几乎成为悲剧的代名词。

亚里士多德在《诗学》一书中最早给出了悲剧的定义："悲剧是对于一个严肃、完整、有一定长度的行动的模仿；它的媒介是语言，具有各种悦耳之音，分别在剧的各部分使用；模仿方式是借人物的动作来表达，而不是采用叙述法；借引起怜悯与恐惧来使这种情感得到陶冶。"这样的定义，在今天看起来虽然有点啰唆，也曾遭到尼采的激烈"吐槽"，但最后这句非常关键：悲剧"借引起怜悯与恐惧来使这种情感得到陶冶"。

两千多年来，关于悲剧，哲学家和美学家有各种论述，但关于审美本质及其特征迄今仍莫衷一是，尚无定论。其中有两位哲学家的观点引起了较多的共鸣，他们是叔本华和尼采。叔本华和尼采都是反理性主义的代表，他们一致认为，人生是一场悲剧，而且理性对于这样的悲剧无能为力。那么，应该如何抵抗人生的悲剧？两人给出了相反的方案。叔本华认为，摆脱

1. 埃斯库罗斯（Aischulos，约前525—前456），古希腊悲剧作家，代表作有《被缚的普罗米修斯》等。

2. 索福克勒斯（Sophocles，约前496—前406），古希腊悲剧作家，代表作有《俄狄浦斯王》等。

3. 欧里庇得斯（Euripides，前480年—前406年），古希腊悲剧作家，代表作有《阿尔克提斯》等。

人生悲剧的根本途径就是禁欲，在类似佛教涅槃的境界里完全弃绝意志，在寂灭中得到快乐。而尼采主张直面欲望和悲剧，为此提出了酒神精神，以激情和狂欢的方式对抗悲剧。而艺术就代表了酒神精神，尤其是音乐。

尼采的方案似乎比叔本华积极，不过在现代人看来，多少有点伤心买醉的味道，好像也积极不到哪里去。但尼采引入艺术抵抗悲剧的思路颇为独特，这与他的美学观点密切相关。尼采认为美是一种生理反应，也是最早提出美学生理学的人。这一超前的论断，乍一看似乎是受到当时生物科学发展的影响。尼采本人确实很关注科学，而且恰好生活在达尔文进化论面世的年代。但据说尼采并没有认真读过达尔文的《物种起源》，而且还很反感达尔文的进化论。然而，阴差阳错的是，尼采的超人和强力意志论，与世人对进化论是关于生存竞争学说的理解，有异曲同工之处，所以，尼采又被戴了一顶“社会达尔文主义者”的帽子。

关于悲剧，虽无定论，但多数美学家认为存在三个不同的概念：日常话语的悲剧、戏剧类型的悲剧和审美悲剧。而且在有些美学家看来，生活中的悲剧是不存在的，它们可能是灾难性的、令人震惊的、可怜的或者恐怖的，但假如不经过想象力的加工，则不具有悲剧性。而戏剧类型的悲剧属于艺术品，审美中的悲剧又称为悲剧性或悲剧美。悲剧美被认为是一种综合悲伤、怜悯与恐惧等复杂因素的审美情感。这一定义，显然延续了亚里士多德的理论传统。

美学家们可能都清楚，生活中的悲惨不美，令人避之唯恐不及，但为什么我们却热衷于坐在剧院里看别人的悲惨？这确实是一个很伤脑筋的问题。

关于悲剧何以有快感，美学史上确实有种种猜测。最有代表性的莫过于恶意说和同情说。恶意说认为，我们观看悲剧的快感，来自祖先遗传下来的对于屠杀的爱好和嗜血的本性，也就是幸灾乐祸的恶意。“舞台上上演再好的悲剧，一旦被告知，临近的广场就要处决一名犯人，剧场会转瞬空无一人。”[1]这确实是一个形象且令人悲哀的情景。同情说认为，悲剧揭示的是人类高尚的精神，人在观看痛苦中获得快感，是因为同情受苦人。因为同情是一种高尚的情操，所以我们从同情中感受到了快乐。

朱光潜在《悲剧心理学》中，对这两种解释进行了分析，但认为都不能令人满意（朱光潜，2009）。如果说观看悲剧的快乐来自人性的恶意，那么悲剧也就成了宣扬人类邪恶的娱乐方式了，这一说法显然是对历史上那些伟大悲剧的亵渎。而同情说，始终对于同情何以带来快感无法自圆其说。为了摆脱这一论证的无力感，朱光潜提出了“审美同情”的概念。如果道德同情不能带来快感，那么审美同情可以。这多少有点说理说不通而强贴标签的味道。如果审美同情还缺乏说服力的话，那么崇高感呢？因为悲剧总带给我们崇高感。

关于崇高与美的关系，最早是亚里士多德在其著名的《诗学》中提出来的。亚里士多德认为，悲剧具有两项审美功能：一是情感净化，二是激发人的崇高感。悲剧与崇高的关系一直为美学家所津津乐道，但两者的关系也不那么经得起深究。因

---

1. 引自埃德蒙·伯克（Edmund Burke，1729—1797）著作《论崇高与美丽概念起源的哲学探究》（*A Philosophical Enquiry into the Origin of Our Ideas of the Sublime and Beautiful*）。

为只有类似《被缚的普罗米修斯》[1]和《泰坦尼克号》[2]之类的悲剧才给人以悲壮的崇高感，大多数的悲剧类似于《祝福》[3]和《项链》[4]，属于小人物的悲剧，毫无崇高可言。

如果我们对于以上解释不能满意，是否可以试着走出美学辞藻的迷宫，回归日常生活的体验，思考一下悲剧体验与生理快感的关系。根据我之前的定义，如果某一事物是有美感的，那它一定能够给我们带来生理快感。

让我们先从恐惧与快感的关系开始。恐惧通常被认为是一种不愉快的情绪，人类演化出这种情绪是为了保护自己免受伤害。矛盾的是，人类有时会纯粹出于娱乐目的而寻求令人恐惧的经历，比如看恐怖片、逛鬼屋、坐过山车和蹦极等。这些令人心生恐惧的体验，难道真的能带给我们快乐的感受吗？

美国范德堡大学心理学家戴维·扎尔德（David Zald）的研究表明，看恐怖电影，玩恐怖游戏，确实会刺激大脑释放多巴胺（Zald et al., 2008），而多巴胺正是我们感到快乐的根源。但这样的刺激程度和多巴胺的释放量因人而异，也有不少人对恐怖刺激始终心存畏惧，根本无法从中得到快乐。但研究也表明，多巴胺的释放，更多的是在经历恐怖之后，而不是经历恐怖的过程之中。许多从鬼屋中走出来的人，一面惊魂未定，一面喜极而泣：

1. 古希腊悲剧诗人埃斯库罗斯的代表作，取材于人类的保护神普罗米修斯因盗天火给人类而受宙斯惩罚的神话。

2. 美国二十世纪福克斯电影公司、派拉蒙影业公司出品的爱情片，以 1912 年泰坦尼克号邮轮在其处女航时撞上冰山而沉没的事件为背景。

3. 鲁迅短篇小说，描绘了旧中国农村劳动妇女的悲剧人生。

4. 法国作家莫泊桑（Maupassant，1850—1893）的短篇小说，讲述了小公务员的妻子玛蒂尔德丢项链、赔项链的辛酸经历。

“太好了，我做到了！”兴奋自豪之情溢于言表。研究指出了这类恐惧娱乐或者“恐惧美学”最核心的秘密：我们只有确定自身处于“安全”状态的时候才能感受到恐惧带给我们的快乐。

舞台上杀戮四起，我们坐在台下，有点胆战心惊，但我们知道自己是安全的，所以不免庆幸快乐。银幕上鬼怪出没，令人心慌意乱，银幕外面的我们知道自己是安全的，所以不免庆幸快乐。从过山车和鬼屋中出来，虽然惊魂未定，但我们意识到终于安全了，所以不免庆幸快乐。所有这些快乐都是恐惧之后强烈的安全感带给我们的，这些快乐同样是进化对我们的奖励。

面对食和色，进化给予了我们大量的美的享受作为奖励，安全感作为人类进化史上同样重要的关注和追求，当然也是美感的内容之一。而这也是最容易被忽视的美感，甚至连进化美学至今也尚未顾及这一领域。当然，悲剧快感与安全感有关的论点，并非本文独创。早在古罗马时期，诗人和哲学家卢克莱修[1]就指出，悲剧快感的原因是安全感：当有人与风浪搏击的时候，站在海岸上观看别人的痛楚是一种快乐。这不是因为我们对别人的不幸感到快乐，而是因为我们庆幸自己逃脱了类似的灾难。人类历史上有许多类似的真知灼见，有时并不需要繁琐的逻辑推理。但这样的洞见，往往因为声音过于微弱，总是淹没在噪声和唾沫星中。

所以，虽然人类普遍惧怕虎豹和毒蛇，但它们却是古典雕塑和绘画的常见题材，我们在欣赏的过程中不仅毫无畏惧，反而有点小喜悦。我们的喜悦除了艺术品的技艺美感之外，多少

1. 提图斯·卢克莱修·卡鲁斯（Titus Lucretius Carus，约前 99 年—约前 55 年），罗马共和国末期的诗人和哲学家。

有安全美感的成分。那些庙宇中狰狞的夜叉和恶鬼，如果在路上遇见，我们一定吓得半死，但它们凝固成一具雕塑立在那里，我们即便两腿发软，脸上也鲜有惧色。狂风暴雨的夜晚，我看着窗外狼狈的路人，察觉到了内心浮现出一份喜悦之后，曾经怀疑自己的品行：我是幸灾乐祸的小人吗？现在我明白了，那是安全感给了我这份喜悦，是大脑中古老的进化力量在行使它的奖惩职责。

安全感带给我们的审美经验，在传统美学上，有时又被称为“心理距离”。有了心理距离，悲剧才有了美感；有了心理距离，琐碎不堪的生活日常退隐为舞台朦胧的布景，于是产生了美感；有了心理距离，战争不再血腥残酷，演变为京剧舞台上的招式和比划，从而也有了美感；有了心理距离，审美主体和对象之间切断了功利链条，美感似乎更加纯粹了。上述种种理论，都难免有似是而非的成分。其实所谓心理距离云云，只不过是降低了刺激，给予我们低剂量的美感而已。我们感到的是淡淡的忧伤、淡淡的哀愁、淡淡的思念和淡淡的喜悦。而淡淡的美感被认为是最高级的美感。

让我们再回到悲剧美学的话题。我们之所以从别人的悲剧中感受到了快乐，同样不意味着我们是幸灾乐祸的小人，而是我们从中获得了安全感。作为主人公，身处悲剧之中，只有生不如死的感受，怎会没肝没肺地产生美感。只有旁观者，一面兔死狐悲，一面暗自庆幸，才有了悲切加喜悦的复杂的悲剧美学体验。

我们通常认为，悲剧美学中具有共情与宣泄的成分。亚里士多德提出，悲剧具有情感净化的功能。古希腊文中的Katharsis，可以翻译为净化，在医学上又有宣泄的意思。宣泄和净化既是一个词的两面，也是悲剧美学功能的两个面相。宣泄是日常生活的面相，净化是美学传统的面相。作为一种在生理上可以理解的功能，“宣泄”应该更为准确。

功能性核磁共振成像显示，当我们观察他人情绪表达时，脑岛和杏仁核等情绪中枢也会发生反应，产生情感共鸣。我们人类具有共情能力，这是自然选择赋予人类的进化产物。近年来，神经美学中关于镜像神经元（mirror neurons）的发现和研究，为共情说提供了神经生物学基础（Rizzolatti et al., 2006）。镜像神经元能够对观察对象的动作做出模仿，并辨认出动作的潜在意义。不管在生活中，还是在舞台、银幕和书本上，我们很容易把自己代入其中，和他人一起感受喜怒哀乐。我们为他人的离别而悲伤，为无端的冤屈而愤懑，为团聚而欢欣，为复仇而畅快。悲剧的欣赏过程就是一个共情与宣泄的过程。宣泄过后，仿佛曾经在我们自己身上淤积的悲伤得到了化解，冤屈得到了伸张，快乐得到了绽放，从而实现了亚里士多德所谓的情感净化。

但有时我们入戏太深，难免悲从中来，情不自禁地和戏中人物一起放声大哭，擦湿了一条又一条手帕，正如《妈妈再爱我一次》的观众。但走出影院后，却顿觉神清气爽，步伐轻捷。

故事迷恋

儿子飞羽三岁时，有一天我给他讲了个“猪八戒吃西瓜”的故事。这是我第一次给他讲故事，他听得津津有味。讲完了，他催促我再讲一遍，再次讲完，又催我讲一遍。一遍又一遍，我讲得兴味索然，他却依然兴致勃勃。每次我讲到猪八戒踩着自己扔下的西瓜皮摔了一跤的时候，他都会忍不住哈哈大笑。从这之后，他一直对故事保持着浓厚的兴趣。

应该说明的是，儿子对故事的兴趣绝不是我培养的，而是天生的。现有证据显示，故事迷恋是全球不同族群、不同文化的人类的普遍爱好，这一兴趣是天生的，是人类长期进化的结果。早在七万年前，自从人类历史上发生了认知革命，出现了语言，我们的祖先就常围坐在篝火周围，以讲故事为乐。那是一个口头文学和传奇文学盛行的年代。自从有了文字，故事逐渐成为戏剧、文学和电影等艺术的核心，同时也是绘画、雕塑、舞蹈，甚至是诗歌和音乐的内容和主题。

美国剧作家罗伯特·麦基（Robert McKee）在《故事》一书中指出："人类对故事的胃口不可餍足。设想地球上的每一天，有多少故事以各种形式传播：翻阅的书页、表演的戏剧、放映的电影、源源不断的电视剧、每日的报刊和广播、孩子的睡前故事、酒吧吹牛、晚上闲聊。故事不仅是人类最多产的艺术形式，而且和人类的一切活动——工作、玩乐、吃饭、锻炼——争夺着时间。我们讲述和倾听故事的时间，甚至可以和睡觉的时间相提并论——以至于我们在睡眠时做的梦同样充满着故事。"

美国评论家肯尼斯·伯克（Kenneth Burke）说："故事是人生的刚需。"随着多媒体的普及和交流的便捷，人类对故事的沉迷日益加深，故事已经成了人类最重要的娱乐来源和生产资料。

人类对故事的普遍迷恋原因何在？进化心理学告诉我们，在人类进化史上，故事曾经发挥了重要的功能，比如有效地提高了人类的生存机会。在《艺术本能》一书中，丹尼斯·达顿对此给出了三点说明：其一，故事具有借鉴功能。通过故事，我们的先人可以了解，面对同一个困难，他人是如何选择的，这样的选择对他有什么影响，从而提高自己的决断能力和解决困难的成功率；其二，故事具有信息功能。不管是何种故事，故事中都包含有大量有用的信息，这些信息对于人类的生存具有指导价值；其三，故事具有教化功能。故事中包含的观点、信念和价值取向，对于人类的能力培养和社会行为塑造具有重要的规范和教育作用。

基于此，史蒂芬·平克指出，我们常说艺术模仿生活，但实际上，生活也在模仿艺术。艺术对生活的指导功能，就是生活模仿艺术的体现。平克以下棋为例，懂得象棋的规则只是下棋的基础，只有多看别人的对垒才能提高你的技艺。善于借鉴是非常重要的成长能力，毕竟身体力行的游戏机会不多。更何况在实际生活中，我们面临着各种博弈，有些博弈属于生死局，没有试错的机会，失败即意味着出局或者死亡。每一个棋类大师都在脑中储存了大量的对弈案例。像阿尔法围棋[1]那样，能够在短时间学习海量的对弈，迅速提升能力，无疑是个可怕的对手。

《荷马史诗》是早期文学的代表，是两部长篇史诗《伊利亚特》和《奥德赛》的统称。相传由公元前9世纪的古希腊盲诗人荷马所创作，是古希腊最伟大的作品，也是西方文学史中最伟大的作品之一。《伊利亚特》讲述了公元前12至前11世纪发生在希腊的特洛伊战争，以及阿喀琉斯与阿伽门农之间的争端。《奥德赛》讲述了特洛伊沦陷后，奥德修斯返回伊萨卡岛，与妻

1. 谷歌（Google）开发的围棋AI AlphaGo，是第一个击败人类职业围棋选手、第一个战胜围棋世界冠军的人工智能机器人，也被戏称为“阿尔法狗”。

子珀涅罗团聚的故事。《荷马史诗》被认为非一时一人之作。特洛伊战争结束后，一些希腊城邦的民间歌手和艺人将战争中的英雄事迹编成歌词，在公众场合吟唱。这些故事经由民间歌手口耳相传，历经几个世纪，被不断增益和修改，到了荷马手里被删定为两大部分，成为定型作品。大约在公元前6世纪中叶，才最后用文字固定了下来。

柏拉图在他的《理想国》中，对《荷马史诗》颇有微词。一方面，他责怪书中那些古希腊的神没有"神样"，刻薄、嫉妒、贪欲、好斗，不成体统，给年轻人树立了很坏的榜样。另一方面，他还认为书中文辞过于琐碎啰唆，缺乏美感。《荷马史诗》中有大量技术性的描述，比如在《伊利亚特》中，就有船如何停泊码头的具体说明："收起帆布，降低桅杆，逐渐划向海滩，将船尾锚定在深水中，然后从船头下船。"这样的文字，连仅几个世纪之后的柏拉图都已经开始嫌弃，对于近三千年之后的读者来说，更是味同嚼蜡，难以卒读。

但我们不应忘记，在《荷马史诗》成书的年代，没有《物理学》《化学》《生物学》和《航海学》，什么书籍都没有，人类所有的知识全靠口口相传。《荷马史诗》对于古希腊的先民们来说，就是一部丰富的百科全书。在那样一个信息闭塞、缺少交流的年代，有一个吟唱诗人光临本地说书，一定是轰动一时的大事件，无异于莎士比亚带着他的《哈姆雷特》来上海演出。在听众耳里，不仅每一个音符都那么美妙动听，每一处情节都激动人心，每一个细节和说明，同样如淋在旱地里的甘霖，全被如饥似渴地吸收。

尤瓦尔·赫拉利在《人类简史》中，特别强调了人类"八卦"能力的获得，及其对人类社会发展的巨大贡献。自从七万年前人类历史上发生"认知革命"以来，智人的认知能力有了颠覆性的发展，出现了新的思维方式、沟通方式和语言形式，从而也进化出了人类特有的八卦和虚构故事的能力。从此，八卦成了智人生活中最大的爱好。

智人是一种社会性动物，社会合作是我们得以生存和繁衍的关键。"对于个人来说，光是知道狮子和野牛的下落还不够，更重要的是要知道自己的部落里谁讨厌谁，谁跟谁在交往，谁很诚实，谁又是骗子。如果一大群人想合作共处，说坏话这件事可是十分重要的。新的语言技能，让他们能够八卦达数小时之久。这下，他们能够明确得知自己部落里谁比较可信可靠，于是部落的规模就能够扩大，而智人也能够发展出更紧密、更复杂的合作形式。"

当然，八卦不只是在背后说坏话这么简单，它是获得有用信息的重要渠道。正是因为八卦对于人类祖先来说具有至关重要的生存和适应价值，所以才会给我们带来甘之如饴的快感。那些伟大的小说家都是运用八卦技巧的高手，家长里短，煽风点火，成就了一部部伟大的著作，也让我们得以窥探人性深处的幽微，品尝生活的酸甜苦辣和活色生香。简·奥斯汀[1]就是善于描写八卦的大师，在她的笔下，那些居住在英国偏僻乡间的男女老少，坐在一起的生活日常就是互相八卦。这些八卦是那么优雅、生动、机智和深刻，虽然是田间的野菜，却被奥斯汀调配烹烩成了丰盛的佳肴，而且都带有奥斯汀特有的清新和酸涩的味道。

1. 简·奥斯汀（Jane Austen，1775—1817），英国女小说家，代表作有《傲慢与偏见》《理智与情感》。

我们已经知道故事是全人类的共同爱好，那么，人们对故事的类型有没有特别的偏好呢？或者说什么样的故事才是最令人着迷的？英国记者克里斯托弗·布克（Christopher Booker）在调查了大量的民间故事、史诗、戏剧、小说和电影之后，列出了七个最基本的故事情节（Booker，2004）：

斩妖伏魔（Overcoming Monsters）。主人公是一个英雄，历经各种磨难，甚至死里逃生，最后终于战胜了恶魔，拯救了世界。

白手起家（Rags to Riches）。主人公是个穷小子，虽然善良、勤劳，但受尽了欺凌，最后通过自己的努力和奋斗，终于出人头地。

远征探险（Quest）。主人公立志探险，沿途不断有志同道合者加入，最后终于寻得了一处宝藏，还带得美人归来。

流浪者回家（Voyage and Return）。主人公流落到陌生的世界，或者一座荒岛，最后历经艰险回到了家乡。

有情人终成眷属（Comedy）。最常见的喜剧题材，虽然好事多磨，但最后皆大欢喜。

蒙冤复仇（Tragedy）。最常见的悲剧题材，主人公遭人暗算，家破人亡，但凭借坚韧的毅力和不屈的精神，终于手刃仇人，冤屈得以昭雪。

重生（Rebirth）。可以是洗心革面，也可以是凤凰涅槃。

生活中什么样的狗血情节都有，但巡视文学和电影史，翻来覆去无非就这么些故事模板。老套归老套，但读者和观众确实喜欢。好莱坞最深谙此道，把类似的故事换个面目不断翻拍重映。技术革新了，画面更美观了，但故事的核心并没有变。观众就像韭菜，同一把镰刀，磨一磨，割了一茬又一茬。那些自以为是的新人类，或者新新人类，其实骨子里还是石器时代的口味。

故事审美还有一个核心要素，就是情感共鸣。我们所说的情感，在生理学上也被称为情绪。达尔文在《人类和动物的表情》一书中明确提出，鸟类、哺乳动物和人类一样，能够体验情绪，并且提出了人和动物共有的六种基本的情绪：恐惧、愤怒、厌恶、惊讶、悲伤和喜悦。后来的研究者又补充了嫉妒、同情、内疚、骄傲和轻蔑等。情绪到底如何分类，科学目前还很难给出定论。在达尔文看来，情绪是一个连续的谱系，一端是快乐，另一端是不快乐。

根据进化心理学，情绪就是典型的奖惩。一方面，让动物避开伤害和疼痛，另一方面，去获得所需的奖励。以厌恶为例，我们在面对食物、性、社会交往中都会感到厌恶。对食物的厌恶，让我们免于接触腐烂、有毒物质；对人体的厌恶，使我们远离病原体，避免和不合适的性对象交往；社会交往中的厌恶，让我们远离陌生人，避免可能的交际风险；道德厌恶，让我们对自私的个体保持警惕，避免利益受损。

情感是脑神经科学最复杂的领域之一，有太多的疑问依然无法回答。但科学确实可以告诉我们，情感不是人类特有的，从低等到高等，绝大多数动物都有情感，尤其是鸟类和哺乳动物，拥有超过我们想象的丰富情感（Birkhead，2012；Adolphs & Anderson，2018）。对此，宠物爱好者们应该深有体会。

神经科学还告诉我们，情感不是一项意识活动，而是生物的本能反应。我们既无法通过自觉认识情感，更无法通过意识控制情感。而且，作为美感的驱动因素之一，情感和美一样，都是进化的产物。在大脑中，杏仁核是情绪的主要处理中心，也是奖惩系统的主要发生地。它位于大脑深处，是大脑最先进化的部位，它的古老性也是我们理解动物的情绪机能和审美能力的基础。

文学和电影发展到了今天，有一些先锋作家和导演开始反叛，为了创新、不落俗套，开始回避故事，舍弃情节，其结果当然是失去大量的观众。他们自我安慰说是曲高和寡，或是坚守艺术立场。假如艺术是美的创造和体验活动，好莱坞电影显然比那些先锋文学和电影更有美感。一部小说和电影失去了故事，犹如一盘菜肴失去了风味，你一定要强调其中的营养，谁又愿意每天把吃药当吃饭呢？大众艺术挠了大众的痒痒肉，先锋艺术以其有限的技艺美感和哲思领悟美感，挠了少数精英的痒痒肉。这些文化精英的感觉系统已经被大众艺术磨出了老茧，痒痒肉深藏不露，要获得一点美感，实属不易。

我也曾自诩是文化精英，强迫自己买了不少先锋小说。每当站在书架跟前，看着这些书名，我都不免有心满意足的感觉。但真的无聊了，要找一本书解闷，手指却总是不自觉地越过它们，鬼使神差地取下一本东野圭吾[1]或者毛姆[2]来翻。我也在硬盘里下载了好些先锋艺术电影，兴致好的时候，我会下个决心，努力看一部艺术片，但总是看了没几分钟又退出，然后满怀负

1. 东野圭吾（1958—），日本推理小说作家，代表作有《白夜行》《嫌疑人 X 的献身》《解忧杂货店》等。

2. 威廉·萨默塞特·毛姆（William Somerset Maugham，1874—1965），英国小说家、剧作家。代表作有长篇小说《人生的枷锁》《月亮和六便士》《刀锋》等。

罪感地打开《黑客帝国》或者《谍影重重》。不得不承认，我是个伪精英。

透物见人：艺术的风格与机心

在每一件艺术品的背后，都隐藏着一个人，那就是创作者。除了远古时代留下的雕塑和壁画，其作者已无从考证外，有史以来的绝大多数作品，都能追溯具体的作者。早期艺术家在创作中或模仿自然，或出于宗教和实用目的，自我意识并不强。然而，随着艺术的发展，艺术越来越被认为是一种自我表达的方式。因此，贡布里希在《艺术的故事》开篇即声明："没有艺术这回事，只有艺术家而已。"

创作者在艺术欣赏中究竟处于何种地位？这是一个充满争议的话题。钱钟书说："如果你吃到一个鸡蛋，觉得好吃，你又何必去认识下蛋的母鸡呢？"这是一种相对温和的说法。而法国评论家罗兰·巴特（Roland Barthes）则干脆认为，一旦作品完成，作者应该退场，因为"作者已死"。罗兰·巴特所反感的，其实是作者在作品完成之后没完没了地阐释。因为作者想表达的，和实际表达的，和观众感受到的，总是存在差异。因而他主张，让作品说话，而不是作者。评论家威廉姆·威姆萨特（William Wimsatt）和门罗·比尔兹利（Monroe Beardsley）在《意图谬误》一文中指出："我们连早餐同伴的意图都不能真正了解，更何况百年甚至千年之前的古人。"因而，作者的意图表达不仅不重要，更不能作为艺术欣赏和评论的依据。

作品完成之后，作者能否真正退场？即便作者真的已死，不再开口说话，但作品也已经打上了作者个人的烙印，也就是艺术的风格。甚至，我们还能通过作品，窥见作者隐藏的机心。当我们在欣赏一件艺术品时，有时确实透过作品看到了作者。这时，我们对作者及其意图的看法，会不可避免地影响我们的审美。

即便是那些以写实为主的艺术家，其作品仍然各具风格和情调，个人性格仍然影响着他的作品面貌。艺术家的个性导致他们观察世界和理解世界的方式不同，从而影响到他的艺术再现。个性风格往往是艺术作品的魅力所在。

艺术风格的出现，与艺术家的自我觉醒和个性表达有关。纵观西方艺术史，印象派画家的个人特征与艺术风格最为明显。而在中国艺术史上，宋元文人画的主张，体现的就是个性表达。“写意”的“意”，其实就是艺术家个人的意图和内心。艺术风格与艺术家性情，甚至人品的密切关系，在古今中外得到了普遍的认可。法国作家布丰[1]较早提出了“风格即人”的观念。黑格尔也指出，风格一般指的是艺术家在表现方式和笔调曲折等方面，体现出人格的一些特点。歌德也认为，一个作家的风格是他内心生活的准确标志，如果一个人想写出雄伟的风格，他首先要有雄伟的人格。类似地，在中国古代文论中，也有“文如其人”的说法。北宋郭若虚在《图画见闻志》中提出：“人品既已高矣，气韵不得不高，气韵既已高矣，生动不得不至。”

当然，情况并非全然如此，艺术史上的反例比比皆是。比如西晋性格轻躁、趋炎附势的潘岳，却写出了《闲居赋》和

1. 布丰（Georges-Louis Lecler de Buffon，1707—1788），法国博物学家、作家。

《秋兴赋》；唐代诗人元稹有“曾经沧海难为水，除却巫山不是云”的忠贞爱情诗句，却是一个惯于移情别恋的薄幸之人；法国18世纪启蒙思想家卢梭，写下了《社会契约论》和《爱弥儿》等重要著作，宣扬人生平等，传播正义和仁爱，在生活中却对妻子和子女不负责任，备受诟病；北宋宰相蔡京，被认为是个奸恶之人，却也写出了豪放、为后世称道的书法；天才画家毕加索私生活混乱，对亲生儿子也极为冷漠，但并不影响他取得辉煌的艺术成就。如此种种，似乎说明，作者的品性、意图与艺术性虽然存在密切的关系，但并不等同，这可能与作者的表达技巧有关。面对善于掩饰的作者，你吃一颗鸡蛋，如何能知道母鸡的品性？其实也没有必要知道。

风格之外，有时我们还能透过作品看到作者的机心。机心是个神秘的东西，它不同于作者的直接表达，更类似于话中有话，或言外之意。有时候，连作者自己都没意识到它的存在，属于潜意识的表达。有些作品被批评过于刻意、雕琢痕迹重、不自然，就属于机心太重。所以，机心不同于风格，它是一个需要隐藏的东西，比如作者的功利心、表现欲、尖酸、刻薄、肤浅等人性中不好的一面，最好隐藏起来，否则影响作品的美感。如果不善隐藏，那最好修心养性，做到表里如一。否则，刻意隐藏，也是一种刻意，难免被看破。当然，真正的表里如一是不存在的，只不过通过修炼，把坏的一面控制隐藏在深层而已。所有的自然都是看似自然。

当代画家朱新建的画表现出率真、稚拙、童趣的一面，这一风格面貌当然与朱新建个人的性格与学养有关。但朱新建毕竟不是幼童，其率真、稚拙和童趣也是刻意而为。这么想的时候，再看他的作品，竟也多了一份做作。我年轻时，一直不喜欢汪曾祺的作品，认为过于寡淡，但也一直听各路名家说，汪曾祺的文字有多好，多干净。待我年长一些，看各种激情文字多了，确实也能体会到汪曾祺文字清淡、简洁的味道。但转念一想，这种清淡和简洁难道不是汪曾祺的刻意与姿态吗？这么想的时候，再看汪曾祺的文字，也有了一份做作。

神秘的领悟之美

相传，风和日丽的某天，释迦牟尼在灵山登坛说法。布道间隙，佛祖有意无意地拿起了一朵普通的野花，微笑示众，但默而不语。随后，佛祖将目光缓缓滑向几大高足，舍利弗、目犍连、阿那律、须菩提等弟子都不明所以，只得纷纷低下头，双掌合十，口诵佛号。但当佛祖的目光落在摩诃迦叶脸上时，迦叶却报以会心一笑。这一笑，据说诞生了在中国文化史上有着重要影响的禅宗。这就是佛教史上著名的公案——“佛祖拈花、迦叶微笑”，又简称为“拈花微笑”。迦叶为什么微笑？因为他领悟了佛祖的禅意。这种不依靠语言传达的领悟，被称为“顿悟”。迦叶因顿悟而欣喜，所以微笑。

明武宗正德元年（1506 年），心学大家王阳明因反对宦官刘瑾，被谪贬至贵州龙场当驿丞。龙场偏僻安静的环境，加之自身困顿的遭遇，使王阳明有了更多的机会思考和反省。对于孔孟以来的儒学传统，包括程朱理学，他心中一直有诸多困惑。一天半夜，他豁然开朗，意识到心才是万事万物的根本，世界上的一切都是心的产物。这就是著名的“龙场悟道”。正是在龙场悟道的基础上，诞生了影响广泛的阳明心学。对于这次略带传奇色彩的悟道，王阳明自己是这么说的："守仁早岁业举，溺志词章之习，既乃稍知从事正学，而苦于众说之纷扰疲苶，茫无可入，因求诸老、释，欣然有会于心，以为圣人之学在此矣！然于孔子之教，间相出入，而措之日用，往往缺漏无归；依违往返，且信且疑。其后谪官龙场，居夷处困，动心忍性之余，恍若有悟，体验探求，再更寒暑，证诸五经、四子，沛然若决江河而放诸海也。然后叹圣人之道坦如大路。"其中虽然没有明言，但据说悟道之后，阳明先生对着满天星斗，欣喜若狂。

李叔同是我国近代的著名人物，早年精通音乐、教育、美术、哲学和书法等诸多领域。1918 年，李叔同遁入杭州虎跑寺削发为僧，世称"弘一法师"，成为中国最著名的僧人之一。1942 年农历九月初一下午，弘一预感自己大限将至，留下了"悲欣交集"四字遗言，并于三日后圆寂。对于这则遗言，有多种解释。最常见的解释认为，"悲"是悲悯众生沉沦生死之苦，"欣"是欣喜自己终于修成正果，往生极乐。这样的解释包含了太多的世俗心思，对于弘一这样的大师，未免有些低估。在佛家看来，万事皆空，众生的生死悲苦本属平常，何悲之有。"修成正果，往生极乐"云云，更是一种亵渎，以弘一的智慧，哪里会相信这样的鬼话。在临终之时，回首往事，弘一当更深觉人生的虚幻而心生悲凉，然欣喜自己早有觉悟，而今又终于可以免于色相的羁绊，因此不免悲欣交集。弘一的欣喜，不是往生极乐，而是觉悟放下的欣喜。

这是三段国人耳熟能详的故事，故事中，迦叶、王阳明和弘一都因领悟而心生欢喜。觉悟带来的欣喜，在中国传统美学理论中又被称为领悟之美。对于普通人来说，鲜有佛祖、迦叶和阳明先生的顿悟，甚至没有弘一那样的觉悟，但这并不等于说普通人与领悟之美无缘。深陷困境，得高人指点；聆听讲座，明白了某个人生道理；一道数学难题，终于得以破解……在生活中，仍不乏因觉悟而欣喜的机会。

然而，审美是一项感性活动，而领悟只能借助理性和逻辑，为何具有美感？如果说领悟具有美感，是不是意味着审美不再局限于感性，可以有理性的成分？领悟之美是中国美学特有的表述，在西方美学史上，鲜有类似论述。

我国高校教材《美学原理》单列了小节对领悟之美进行说明："在审美感受中不存在概念逻辑性质的'思维'，也不存在着仍然未脱出思维范畴的'理解'……审美领悟只是指把握审美意蕴本质的一刹那间主体审美感受发生质的飞跃时的心理状态，就此而言，它好像禅宗中的'顿悟'。"这段拗口的话的意思是：领悟审美发生在感性进入理性之前的一刹那，所以不属于理性范畴。为了说明这"一刹那"，引用了禅宗的"顿悟"作比。

其实，无论这"一刹那"的时间有多短，如果"悟"只能通过理性获得，那就不可能是审美。我们因领悟而欣喜，并不是领悟本身具有美感，而是因为领悟，焦虑得到了释放，困惑得到了解答，我们因成功而欣喜、激动。哲思本身并不具有美感，也并不必然导致美和欣喜，哲思无果可能反添烦恼。领悟之美也不是真与美的统一。领悟之美与真无关。当我们悟的时候，是我们以为自己悟到了真，那个"真"并不是真本身。即便"真"并不是真正的真，只要我们以为那是真，我们便心生欢喜。

PART III

THE CONFUSION OF AESTHETIC AND ART

第三部分

审美和艺术的困惑

第 9 章

审美的理性和感性纠葛

星期天早上，我泡了一杯咖啡，打开加拿大心理学家基思·斯坦诺维奇（Keith Stanovich）的《机器人叛乱：在达尔文时代找到意义》，开始阅读。我喝了一口咖啡，抬起头来，对一旁走过的妻子说，喝咖啡是人作为载体对基因的反叛，因为基因不需要这杯咖啡。这时，我看到桌上妻子刚买的新疆酸梅，便想用酸梅配咖啡。结果在取酸梅的时候，把咖啡打翻了。见状，妻子说，咖啡打翻，就是基因对你反叛的惩罚。

在这个故事里，存在着两个我，一个是自我意识的我，另一个是潜意识代表基因利益的我。不管这两个我的关系如何，或者潜意识中的我是否代表基因利益，认知心理学告诉我们，人类确实存在双重心智。这一观点得到了社会心理学、神经心理学、自然哲学、决策论和临床心理学的支持（Stanovich，2004）。

一个大脑，双重心智

对于意识，我们既熟悉又陌生，每人每天都经历着意识的失去与获得。当我们进入深度睡眠的时候，我们失去了意识，当我们清醒的时候，又重新获得了意识。我国古人和古希腊人一样，认为意识来自心脏，所以会有“用心思考”“在心里默念”“心算”“心酸”等说法。现代科学告诉我们，意识和情感都与心脏无关，是大脑的产物。心脏只是血液循环的中枢，没有任何感知和意识功能。我们今天之所以还在沿用“心理学”“心智”这些词汇，纯粹出于习惯和约定俗成的语言传统。

关于意识，人们还有一个误解，认为它就像个幽灵一样居住在大脑之中，因而也被称为灵魂。而且灵魂是非物质的，可以和身体分离，一旦身体死亡，灵魂即离去。这种肉体之外还存在一个精神实体的观点，又被称为“心物二元论”，最早由笛卡尔提出。根据这一观点，后世将意识形象地描述为“机器中的幽灵”。虽然人类对意识的认识还很肤浅，但现代科学的主流观点认为，意识属于物质现象，可以用物理学、化学和生理学来解释（Dennett，1991）。而且，心智或意识是个过程，而不是实体（Edelman，2004）。所以，那种认为灵魂具有重量，而且精确到 21 克的说法，实在有点荒谬。

双重心智理论，又称为人类认知的双过程理论。这一理论认为，大脑有两套认知系统，每个系统都有一套独立的目标结构，和独立的用以实现这些目标结构的机制。第一套系统属于自发式系统，具有相对稳定、强约束、服务于基因的目标，以及联想、整体性、平行、快速、语境化、自动化和计算能力要求不高等特点；而第二套系统属于分析式系统，具有随机应变、弱约束、服务于有机体的目标，以及基于规则、分析式、串行、受控、反应慢、去语境化和对认知能力有较高要求等特点。

自发式系统最主要的特点是模块性。美国认知心理学家杰里·福多（Jerry Fodor）1983年在《心理模块性》一书中首次阐释了心智模块性的诸多属性，包括快速、强制、针对专属领域、信息封闭、由特殊神经结构支撑、容易遭受病理性损害等（Fodor，1983）。

反射就属于经典的自发式系统过程。尤其是非条件反射，比如膝跳反射、眨眼反射、缩手反射、婴儿的吮乳和排尿反射等。膝跳反射是指在膝半屈且小腿自由下垂时，轻快地叩击膝腱（膝盖下韧带），引起股四头肌收缩，使小腿作急速前踢的反应。这是演绎反射最经典的实验，在大学的生理课上，大家经常玩得不亦乐乎。眨眼反射最容易演示，一旦你把手指戳向对方的眼睛，对方势必眨眼。即便明知你不会戳他的眼睛，他也没法控制自己不眨眼。手遇烫缩手，婴儿饿了吮乳，尿急排尿，都是如此。虽然反射也通过中枢神经传导，但几乎不受控制。

斯坦诺维奇举例说："当你以每小时70千米的速度下坡时，突然，面前出现了一个没有留意到的断崖。往左拐，还是往右拐？"这时，你只能依赖于本能反应，因为假如你稍作思考，就会直接掉下悬崖。在这里，本能反应就是自发式系统的反应。它们常常不需要你做思考，或者过多思考。所以，自发式系统具有自动化的特点，一旦引发，就会持续运行，无法中途停止，也不会根据外界或刺激的变化做中途调整。

根据进化心理学家的观点，自发式系统是进化的产物。有点类似那些显赫家族中古板的老仆人，曾经跟着老主人出生入死，积累了丰富的生活经验，又对家族后代忠心耿耿，悉心照

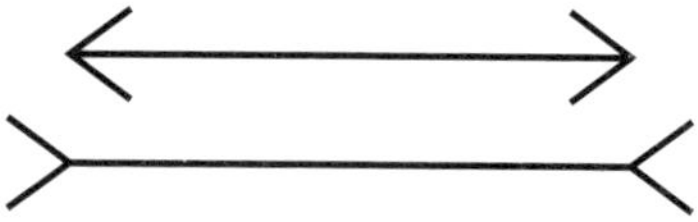

缪勒–莱尔错觉

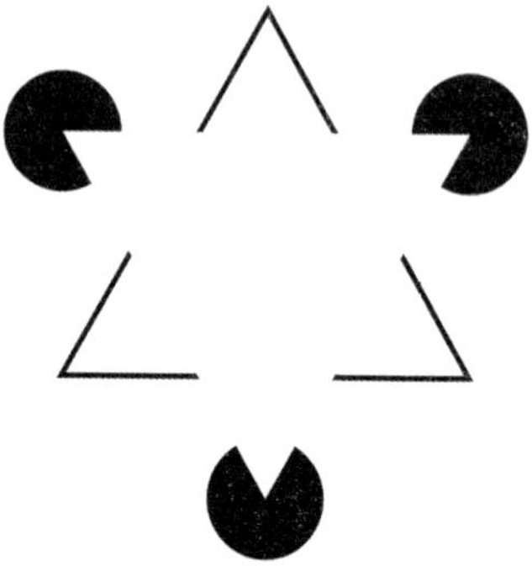

卡尼沙三角轮廓错觉

顾，尽心尽职，日常生活中的困难都能应付裕如。但也因此守旧古板，在年轻人看来，有时显得不知变通，甚至不可理喻。

自发式系统虽然是长期进化的产物，但并不总是对的，存在不少自以为是的错觉。其中，最著名的当数缪勒－莱尔错觉。缪勒－莱尔错觉是长度错觉的一种，1889 年由德国生理学家缪勒－莱尔（Franz Müller-Lyer）提出。缪勒－莱尔错觉显示，两条原本等长的线条，因两端箭头的朝向不同，而看起来箭头开口朝内的线条比箭头开口朝外的线条要短些。第二个典型的错觉是卡尼沙三角轮廓错觉。卡尼沙图案（Kanizsa pattern）由一个三角形的尖角部分组成，这些尖角互不相连，看上去却好像有个边界清晰、高亮的三角形叠在上面，然而，实际上，这个高亮三角形的亮度和周边并无差别。缪勒－莱尔错觉和卡尼沙三角轮廓错觉都属于几何视错觉，我们日常生活中，存在许多类似的几何视错觉。几何视错觉是视觉上的大小、长度、面积、形状、方向、角度等几何构成和实际测得的数字有明显差别的现象，包括长度错觉、大小错觉、形状错觉、方向错觉等。视错觉就是自发式系统最明显的不可理喻之处。

美国心理学家保罗·罗津（Paul Rozin）和阿普丽尔·法伦（April Fallon）曾在1987年做过一个实验（Rozin & Fallon, 1987），他们让参与者吃一种软糖，大家都很喜欢。随后他们把软糖做成狗屎模型，告诉参与者，这还是原来的软糖，香味也还在，只是模样变了，但参与者都觉得恶心，吃不下去。哲学家丹尼尔·丹尼特举了个更极端的例子：让你把自己嘴里的唾液咽下去，对于绝大多数人来说都没问题，但是，如果找个干净的瓶子或碗，把唾液吐出来，再让你喝下去，你一定觉得太恶心，受不了，很少有人能够做到。我们对待狗屎软糖和唾液的反应，即来自自发式系统，具有明显非理性的成分。

自发式系统，在弗洛伊德那里被称为潜意识。随着心理学的发展，人类大量的潜意识及其行为被逐渐认知。编故事也是潜意识的能力之一。在我们的潜意识深处，有一个系统会静悄悄地处理着我们看到、听到、触摸到和记得的一切，然后像电影剪辑师一样，把这些镜头和声音汇集编排，组装成一个个合理的故事。在一些精神病人身上，以及我们的梦中，都可以看到这些潜意识的身影。

除了潜意识和非理性，自发式系统还有其他的代名词，比如低级意识，它是大脑中忽视你的部分。而分析式系统则是我们大脑中的那个“我”，也被称为高级意识或者理性。分析式系统不是生存的必需，而是人类后天进化出现的。它的出现大约在六七万年前，伴随着语言的产生，是人类认知革命的结果。根据美国神经科学家杰拉尔德·埃德尔曼（Gerald Edelman）的说法，它是一种意识到意识的能力（Edelman, 2004）。它具有对过去和未来的认识，有自我意识，有语义能力，即赋予符号意义的能力，有逻辑计算和推理能力。

动物没有高级意识，所以其行为完全受潜意识或低级意识支配。我们人类虽然拥有高级意识，但低级意识，或者潜意识仍然是我们大脑意识活动的主体。也就是说，我们的身体和日常行为绝大多数受自发式系统控制，这可能与我们日常的体验不同。弗洛伊德曾经用冰山理论来形容我们人类的心灵：如果把心灵比喻为一座海上的冰山，那么意识只是露出海面的一小部分，而绝大部分我们看不到，位于海面之下的，属于潜意识。

分析式系统是基于规则和语言的，包括逻辑思维、推论、计划、决策和认知控制。它有一个重要的属性，那就是序列加工，而不像自发式系统那样可以平行加工。也就是说，自发式系统可以多任务同时执行，而分析式系统一次只能执行一个任务。

埃德尔曼认为，在爬行动物到鸟类和兽类的进化过程中，丘脑皮质系统中出现了新的折返式连接，皮质区域大量折返式连接的发展导致了感知分类的出现，额叶增大则引出了基于突触强度快速改变的价值范畴记忆。感知分类和记忆的互动，最后导致意识的出现（Edelman，2004）。

一些证据表明，像黑猩猩这样的高级灵长类具有语义能力，但不具备语法能力，因而没有真正的语言。但有证据表明，黑猩猩能认出镜子里的自己，并能对其他黑猩猩或人类行为的后果进行推理。基于此，有学者推测，它们很可能已经具有了某种形式的高级意识。

在人类高级意识的进化过程中，我们人类的祖先，那些具有语义能力的高级灵长动物的大脑出现了新的折返式环路，产生了分类、逻辑和语法能力。随着语言的出现和发展，折返式环路大量增加，新的记忆形式产生，语义能力拓展，最终导致概念的爆发式增长。高级意识得以出现，自我、过去和未来的概念也与初级意识连接起来，从而有了对意识的意识。

分析式系统有一个重要的功能——可以覆盖自发式系统导致的不适当、过于泛化的反应，因而，它类似于监督系统和控制系统。

我们拥有双重心智，好比俗话说的那样，心中住着一个天使和一个魔鬼。大多数时候，两者相安无事，但有时候也发生冲突。比如，当我们饥肠辘辘走进一家面包房，面对热气腾腾、香喷喷的面包，却发现自己身无分文，自发式系统告诉我们应该取一个面包充饥，这时，分析式系统会及时出来阻拦，告诉我们这样做会有牢狱之灾；当我们在街上看到一个美女，自发式系统希望上前亲近，这时，分析式系统也会及时覆盖，降低欲望的冲动，告诉我们这样做会带来身败名裂的风险。在日常生活中，自发式系统和分析式系统的矛盾其实随处可见，我们也常称之为“灵与肉的冲突”，它是文学永恒的主题。我们说一个人冲动，意味着他的自发式系统突破了分析式系统的防线，说一个人理智，意味着他分析式系统的控制能力较强。我们往往低估自发式系统的运行能力，高估分析式系统的控制能力。那些吸毒者，最初都相信自己能够控制自己，低估了欲望所蕴含的强大力量，结果沉迷其中，一发不可收拾。

有些明星，大半辈子苦心经营，以天使形象示人，却因一时不慎，好似白娘子误喝了雄黄酒，露出狰狞的一面，马上形象崩塌，遭世人唾弃。世人就是这样的，他们对自己心中的魔鬼早已习以为常，甚至成为魔鬼的奴隶，但一旦魔鬼在他人身上露头，则会莫名惊诧，痛心疾首。

直觉也是一种计算

情景 1：2001 年 9 月 11 日午饭时分，安在她英国的家中整理家务。当从电视里得知一架飞机撞上美国世贸大厦时，她惊骇地看向画面上冒着烟的建筑，对丈夫说："上帝啊，我希望这件事与我在飞行学校接受训练时碰到的两个阿拉伯同事无关。"安曾经在佛罗里达的一个学校接受飞行训练。当时班上有两个中东男人，其中一个是穆罕默德·阿塔。从相遇的那一刻起，安就对阿塔以及他的朋友产生了怀疑。正当安说话时，第二架飞机又撞上了南边的楼角。安立即给美国联邦调查局拨打了电话。后来安的直觉被证实为惊人的准确。

情景 2：一位丈夫在早上出门时，发现停在车库里的汽车不能正常启动了，他仔细地检查、寻找分析可能产生故障的部位。然而尝试了许久也未能如愿。这时妻子走过来，看着心焦的丈夫，指着车牌后的一个位置："亲爱的，试试看这里面是否有问题。"丈夫照她的话做了。问题果然出在那里！丈夫不禁惊叹："你是怎样知道的？"妻子微笑着回答说："我只是觉得问题可能会出在那里。"

情景 3：一个女孩对一个男孩产生了好感。在某个星期五的下午，她突然萌生了这种念头："如果现在我到街角的邮筒去投信的话，说不定会恰巧碰到这个男孩上街买报纸。"为了试试自己的直觉是否准确，她专程上街去投信，结果真的碰到了心仪的男孩。

以上是一篇关于女性直觉文章中介绍的三个情景（王贤钏，2003），以此说明女性往往具有敏锐的直觉，也常被称为"第六感”。虽然在日常生活中，我们每个人都有惊讶于自己直觉准确的时候，但一般认为，男性更依赖于逻辑思维，而女性拥有更加敏锐的直觉。

斯坦诺维奇在《机器人叛乱》中介绍了如下实验：实验者让参与者盯着一台电脑屏幕，上面显示 A、B、C、D 四个字母中的一个，不同字母一次又一次地在他们眼前快速闪现。慢慢地，实验者缩短呈现时间，使得这些字母难以辨别，以便衡量人类的识别阈限。随着呈现时间的缩短，确认正确字母的准确度不断降低、降低，比如从 100% 降至 90%，再从 90% 降至 75%。在某个时间上，参与者常常说他们做不下去，因为看不清楚，没法识别屏幕上呈现的字母。然而，即便到了这样的地步，参与者抗议说自己看不清，通常还是能以高于随机水平的正确率报告目标字母是什么。比如，对于四个字母来说，他们报告的正确率也许是 45%，这要明显高于 25% 的猜测水平。高于随机水平的正确率意味着参与者其实能辨别某些信息，即便他们坚称实验者要求他们继续是白费功夫，因为他们只能瞎猜。

其实，这样的情景我们也经常碰到。由于近视，我常被要求观看视力表。随着医生的指示棒划向越来越细小的横栏，我确认自己已经完全看不清了。一般情况下，我就放弃了。但如果是需要证明自己视力良好的体检测试，我通常会尝试猜测。由于确实看不清楚，所以我明白自己是瞎猜，但结果往往出人意表——猜对的时候居多。有了这个经验，在考试的时候，面对那些明知自己不会做的题目，我也不轻易放弃，估计这样的努力也没完全白费。

那么，人类的直觉到底是怎么回事？真的是出于偶然、凑巧，或者是瞎猜吗？

认知科学告诉我们，人类大部分的直觉，不是偶然、凑巧，也不是瞎猜，而是一种“无意识信息加工”现象（Cheesman & Merikle，1986）。也就是说，我们的感觉器官和认知系统实际上已经从周围环境中收集到了有效信息，这些信息虽然不为我们的意识所察觉，但对于我们的分析判断依然有效，而且在我们无意识的状态下进行了分析加工，并尽可能得出了接近正确的答案。这就是直觉的真相。直觉，或者说无意识加工，利用的正是我们的自发式系统，而不是分析式系统。

在《心智探奇》一书中，史蒂芬·平克提出，心智是由自然选择设计来解决我们祖先在生存中面临的问题的一套算法（Pinker，1997）。这一观点又被称为“心智计算理论”，可以简单表述为，人的智能 = 神经网络 + 符号处理过程。它原来是计算机科学术语，后来被引入心理学。在平克看来，在引入心智计算理论之前，心理学乏味，乏味，又乏味。有了心智计算理论，整个心理学都被点亮了，“从此，心理学把历史上最深刻的思想家们思考的问题带到了实验室，得到了数千个发现，遍及心智研究的各个方面，这在几十年前是做梦都想不到的”。

心智计算理论极大促进了脑神经科学的发展，那些信息理论术语，诸如信号、编码、表征、转换、处理等，充斥在神经科学的语言中。然而，心智计算理论最大的成就还是开启了计算机革命。人工智能的发展，就是心智计算理论的产物。2016年3月，谷歌公司研发的人工智能机器人阿尔法围棋以4比1的总比分击败围棋世界冠军、韩国职业九段棋手李世石。这在人工智能的发展上是一个里程碑式的事件。今天，人工智能已经无处不在，而且还在以迅雷不及掩耳之势发展。在任何一部智能手机上，我们都可以与其中的虚拟机器人进行对话。

心智计算理论也解决了困扰千年的哲学问题：心智是如何与物质相互作用的？也即意识与大脑的连接问题，或者通俗表述为灵魂和肉体的关系问题。今天，对这个问题，我们很容易理解，它就类似于计算机的硬件和软件的关系。在计算机中，信念是记忆，欲望是目标，思考是计算，知觉是感受器，行动是引发目标的执行操作。大脑智能和人工智能具有相同的原理，都是信息的读取与处理，都属于计算，从而把笛卡尔的“心物二元论”，也即大脑中非物质的“幽灵”彻底扫进了历史的垃圾堆。

值得注意的是，心智计算理论中的“心智”，并不单指分析式系统，还包括了自发式系统，或者准确地说，更多指的是自发式系统。这也就是说，我们所谓的直觉，也是一套算法。这一说法可能超出了我们的常识。说分析式系统是一套算法可以理解，为什么作为自发式系统的先天直觉也是算法？要回答这个问题，需要先回答，什么是感性，什么是理性。

感性是理性的固化

科学家在一种叫大金泥蜂 *Sphex ichneumoneus* 的生物身上，发现了非常有趣的生殖行为：它会狩猎其他昆虫，并且把它们麻醉。然后，把猎物拖进自己的洞中，在猎物身上产卵，让幼虫一出生就可以吃到新鲜的食物。在它将猎物拖进洞中之前，为了防止洞里面有什么意外，它会先把猎物放在洞门口，然后进洞探查一番。等它查明洞里面没有什么意外之后，才会把猎物带进去。如果研究者在泥蜂入洞查看时，把放在洞口的猎物稍微挪开一点点，当泥蜂出来，发现猎物移动了，它就不会直接将猎物带进洞内，而是把猎物移到洞口原来的位置，再次进洞探查一番。如果研究者再次把猎物挪开一点，那么泥蜂出来后就会又一次把猎物放回原处，然后再次进洞探查。这样的循环可以进行四十次之久。直到泥蜂出来发现猎物没有被移动的痕迹，才会把猎物带入洞中（Dennett，1984）。

泥蜂的上述行为具有两点鲜明的特征：一是体现了高度的理性。如此低等的生物，居然有如此复杂巧妙的行为，而且这些行为乍看之下又如此聪明。第二个特征是其行为模式非常机械刻板，甚至僵化。丹尼尔·丹尼特把这一特点称为“泥蜂性”(sphexish)，并提出，看到简单生物体表面的行为复杂性背后不过是简单、刻板的例行公事，这会让我们担忧：有什么能让你确信，自己不是泥蜂？

丹尼特所谓的“泥蜂性”并非特例，仔细审察每种生物的习性和行为，都有类似的特点：高度理性，但机械刻板，这就是自发式系统的特点。德国心理学家格尔德·吉仁泽（Gerd Gigerenzer）曾经说过：“大黄蜂、老鼠和蚂蚁看起来都是优秀的直觉统计学家，对它们环境中的频率改变相当敏感……每当读这些文献的时候，不禁令人思考，为什么蜜蜂和鸟类看起来做得比人类强多了？”（Gigerenzer，1994）这也提醒我们，理性不是分析式系统的专利，同样是自发式系统的特点。与分析式系统不同的是，自发式系统的理性是模块化的理性、固化的理性。

随着生物的进化和心智的发展，那些有利于生存的理性被逐渐固化。从昆虫的心智，到鱼类的心智，到两栖类的心智，到爬行类的心智，到鸟类和兽类的心智，到猿猴的心智，最后到人类的心智，随着心智的发展，理性逐渐被固化。即便是人类的心智，也不是一成不变的，自50万年前智人出现以来，心智肯定有了很大的发展。即便在大尺度上变化不大，小尺度的发展也是必然的。

其实，理性的固化不只发生在进化史中，在日常生活中也一直在发生。可以拿开车为例：开过车的人都有这个体会，从家里到单位，这段路你每天日复一日，来往反复不知道走了多少回了，总有那么几次，你不知怎么回事走神了，然后完全想不起其中一段路是怎么开过来的了。如果出门的时候就心事重重，你甚至不记得是怎么到达单位的。又或者你一面接电话，一面开车，也会忘记具体的路况。驾驶汽车本来是一项需要高度集中注意力、调动分析和判断能力的复杂行为，但由于不断重复的操作，其中所需的理性分析越来越少，习惯性的动作越来越多，以至于整个过程被逐渐模块化了，成了一种本能的反应。埃利泽·斯滕伯格（Eliezer Sternberg）在《神经的逻辑》一书中，把人类这样的无意识行为类比为僵尸，这种在无意识状态下的自动驾驶行为，也被称为“僵尸在开车上班”(Sternberg，2016)。

理性的固化类似于电脑或者手机软件升级。一开始是DOS系统，需要大量的人工控制命令，然后集成性越来越高，出现了Windows系统，然后从最初的Windows 1.0，到Windows 95、Windows 98……持续升级。通过不断打补丁，不断集成新的功能，模块化、自动化程度也越来越高。

今天，我们眼见计算机硬件和软件的不断升级，人工智能的迅速发展，计算机已经拥有了惊人的计算能力、学习能力和存储能力。我们会产生一个错觉，以为人工智能是一种比我们人类智能更高级的智能，但其实两者各擅其胜。人工智能类似于分析式系统，擅长的是逻辑运算和概率推理，在这方面，人类远远不如。人类擅长面孔识别、三维物体感知和语言理解等，这些对于计算机来说同样非常困难。所以，智能分多个维度，不能一概而论。即便是目前最先进的机器人，其智能也不一定就比一只小蜜蜂高。如果让它们开展一场寻找花蜜的比赛，机器人一定输得很惨。

根据理性固化理论，那种传统上认为直觉和感性属于非理性的观点是错误的。进化心理学先驱莱达·科斯米德斯（Leda Cosmides）和约翰·托比（John Tooby）甚至认为，自发式系统不是非理性，而是比理性还理性，因为它们是经过自然选择检验的理性（Cosmides & Tooby，1994）。当然，自发式系统的缺点同样明显，不仅存在如前所述的偏误，而且只适用于常规情境，难以应对突发或特殊情况，尤其是面对人类发展进程中新的形势和新的难题，当然，如果这样的新形势和新难题存在的话。

如果单从效用出发来评价两个系统，我们也只能说各擅其胜。可以举个简单例子予以说明。假设远处有一座山峰，要获取关于山峰的知识，我们有两条途径：一是直觉，二是逻辑。直觉的途径为，当云雾散尽，阳光普照，我们可以直观地看到山峰的外貌。但这样的认识肯定不具体，而且存在偏误。比如由于透视关系，我们很容易把前面另一座稍低矮但相距甚远的山峰误认为是该山峰的连体峰。逻辑的路径则是一步一步走到山峰跟前，具体观察和测量山峰。当然后者费时费力，而且很可能根本找不到通往山峰跟前的路。或者路上出现了一条小沟，根据逻辑，哪怕这条小沟很小，也不能直接跨越，这时候，你还得依靠常识，或者直觉，跨过无数这样的逻辑断层，继续前行。

感性和理性，是我们心智的两翼，对于人类的生存和发展同样重要。只依靠理性，我们无法生存；只依靠感性，我们无法登月。

感性是理性的固化，这是我个人的观点，其核心在于统一感性和理性，或者说统一自发式系统和分析式系统。在理论上，感性和理性既然都是算法，那必然是统一的。但对于两者的关系如何，或者说如何转化，固化是一种简洁的假设。但是在人类的进化史上，理性的固化具体如何发生，我还没有看到相关研究，推测应该与进化过程中神经元群选择机制有关，也即神经元群的进化选择的结果。

美是一套理性工具

心智计算理论告诉我们，不管是感性还是理性，都是算法，所不同的只是：感性是固化的理性。固化的原因在于，在生物进化史上，为了应对和解决我们祖先在生存中面临的一系列具体问题，比如获取食物、躲避风险、获得地位、识别亲属、寻找配偶和照料孩子等，某些算法被反复使用，被自然选择保留下来，并日益模式化和程式化了。

科斯米德斯和托比把自发式系统类比为瑞士军刀（Cosmides & Tooby，1994），它拥有众多组件，以应对各种各样的环境，比如开瓶器、瓶塞钻、小刀、牙签、剪刀——每一个都是为了解决某个具体问题而设计的。瑞士军刀虽然有一百多种组合功能，但鉴于体量和携带的便携性，一把瑞士军刀功能依然有限，旗舰版的瑞士军刀是有 33 种功能的“瑞士冠军”。当然，这只是一种比喻，自发式系统面对的环境问题远比瑞士军刀所面对的复杂，也更多样。但这一比喻，说明了自发式系统的模块性和领域专属性。也由于模块性与专属性，大大降低了能耗与出错率。

有了这些功能组件，对于每个具体生物种类来说，都已经足够了。虽然每种生物的心智千差万别，有些在我们人类看来完全“无脑”，即便如此，这些生物能够生存至今，仍然说明其心智足以应对它们的生存所需。也就是说，蚯蚓的心智对于蚯蚓的生存是足够的，蝴蝶的心智对于蝴蝶的生存是足够的，鱼儿的心智对于鱼儿的生存是足够的，小鸟的心智对于小鸟的生存是足够的……理解了这一点，也就理解了生物进化经济、务实的原则。人类的高智商，或者说分析式系统的出现，虽然极大地促进了人类的生存和发展，但严格说来，并非生存必需。正如平克所说，自发式系统的目标是基因的复制，而不是促进幸福、智慧和道德（Pinker，1997）。

我的老家有个傻子，小时候我一直纳闷他如何能够生存，比如饿了知不知道吃饭？会不会胡乱吃了不该吃的东西？遇到危险是否知道躲避？后来证明我的顾虑是多余的，因为每次回去，总是发现他还是一样的傻，但依然活得很好。其实傻子只是分析式系统出了问题，他完全可以依靠自发式系统维持生活。

结合前面的论述，有个结论已经呼之欲出了，那就是：美是一套理性工具。如果说审美是动物在长期的进化过程中形成的本能和生存适应，是动物的先天直觉，那就属于典型的自发式系统，也是一套算法，一套用以引导动物生存、解决环境问题的理性工具。

让我们再来回顾一下康德和黑格尔关于美的著名论述。康德说，审美具有无目的的合目的性。康德虽然不了解美的功利性起源，但显然已经洞察了美迎合人类欲望、诉求和生存发展的内在目的性。黑格尔认为，美是理念的感性显现。黑格尔的理念类同于康德的合目的性，反映的也是美内在的理性逻辑。结合美的内在理性，与表观感性，更精确的表述应该是：美是理性的感性显现。

美的理性成分，使我想起与朋友关于哲学和艺术关系的辩论。我说，哲学的目的在于求真，艺术的目的在于求美。朋友说，艺术和哲学的目的都是求真，它们以不同的方式反映真相。这样的观点，显然受到了观念艺术的不良影响。美既然有内在的理性，当然也反映真相，正如王尔德的那句名言，“只有肤浅的人，才不会以貌取人”。真相并不总是深藏不露，有时就浮在表面，可以被直观感知。艺术虽然反映真，但并不求真。

第10章

审美的功利性

关于审美，最为人们所津津乐道的，是审美的无功利性。康德在《判断力批判》中系统论述了美学，提出了审美的两大特点：无目的的合目的性，以及无功利性。审美的无目的的合目的性，听起来有点绕口令，似是而非，不好理解。而审美的无功利性，一经提出，就给人一语点醒梦中人的感觉，越细想，越正确。

审美是无功利的吗

康德认为，审美愉快既不同于与生理需求相关的、满足官能欲望的感觉愉快，又不同于与一定伦理道德相关的、纯理性的精神愉快。审美愉快是超脱了任何利害关系，对对象无所欲求的自由的快感。如果审美夹杂着利害感，就会产生偏爱，而不是纯粹的欣赏判断，也就不自由，因此人们的审美才具有共通感。

康德的这一论述很容易获得认同。举卢浮宫的《蒙娜丽莎》

为例，我觉得它美，不夹杂任何功利目的。它和我既没有利害关系，我对它也没有任何欲求。我既不拥有这幅画，也不期望拥有这幅画。不管是画家达·芬奇，还是画中人物蒙娜丽莎，都和我没有任何关系。我喜欢听莫扎特的音乐，既不是因为莫扎特的音乐能充饥，也不是因为莫扎特是我的亲戚或者朋友，纯粹是因为莫扎特的音乐好听。我觉得它美，仅仅是因为它美。对，就是这个逻辑。虽然有点循环论证，但我们通常不觉得有什么问题。

康德说，审美愉悦既不是感觉愉悦，也不是精神愉悦，而是自由的愉悦。这样的表述，今天的读者多数和我一样，既觉得有点道理，又觉得玄乎难以理解，而我们一般不会质疑，因为这是康德说的。但我们难免困惑：自由的愉悦到底是什么东西？如果不是感觉的愉悦，那又是怎么感觉到的呢？难道不是只有感官才能感受到愉悦吗？除了感官，我们还有什么地方能够感受到愉悦？

为了与功利划清界限，康德必须把美和感官的愉悦切割开来，于是创造性地提出了主观上自由的愉悦。现代科学告诉我们，所有的愉悦，包括精神的、感官的和心灵的，都是同一回事。也就是说，所有的愉悦只有一个，那就是生理的愉悦，也就是被康德否定了的感官的愉悦。美感只能来自生理或者肉体，根本不存在高于感官的主观、精神或者心灵美感。

康德的审美无功利性原则，得到了此后美学家近乎一致的追捧与肯定。意大利的克罗齐、美国的桑塔亚纳[1]，以及许多现

1. 乔治·桑塔亚纳（George Santayana 1863—1952），美国哲学家、美学家。

代美学家都认为审美不带直接的实用功利目的，具有非功利性，有的甚至完全排斥审美的功利性。但与此同时，许多美学家又敏锐地意识到，不应把话说得这么死，美的存在似乎与人的生存和发展之间有着千丝万缕的联系，况且美感本身确实能够给我们带来快乐。于是，就有了康德的“无目的的合目的性”，克罗齐的“美是成功的表现”，桑塔亚纳的“美是一种价值，是客观化的快感”等似是而非的观点。

为了解决这一矛盾，美学家提出了主观功利和客观功利的区别。也就是说，我们在审美时，主观上并没有功利的目的，但在客观上，审美确实符合人类的生存发展需要，对人有正面的精神价值，能给人以理智的启迪和美的享受，能唤起人的精神愉悦。所以，审美在无物质功利性的后面，存在着精神的功利性，是主观非功利性与客观功利性的统一。

美真的是非功利性的吗？为什么主观非功利性的美，会导致客观的功利性？或者，为什么美在主观上会是非功利的，但在客观上却是功利的？客观的功利性到底是怎么产生的？一旦我们追根刨底，深究一下，为什么美会是美的，也就是审美的起源，那么，审美就露出了功利性的本质。而所谓的无功利性，不过是一种假象。

美是方法，更是目的：美感源于功利

那些我们认为美的事物，如青山、绿水、鲜花、水果和美女等，为什么都是对我们有利的，而那些我们认为丑的东西，如腐尸、粪便、毒蛇和臭虫等，为什么恰恰是对我们有害的？

达尔文告诉我们，美是进化的产物。如果不熟悉进化论，你可能很难理解这句话的真正含义。只有理解了这句话的真正含义，你才能明白它有多么石破天惊。这句话的意思是：美并不是本来就存在的，而是进化造成的。“本来”，就像那句偈语所说的，“本来无一物”，美也是如此。美之所以存在，是自然选择的结果，是出于生物体生存发展的需要。

对于任何生物体来说，终其一生，都会有大量的需求，都会遇到无数的危险和挑战。首先，你需要进食，这是最基本的。那么，问题来了，在周围环境中，你怎么知道哪些东西是可吃的，哪些东西是不可吃的？为了训练和引导你，自然选择就形成了一套奖惩系统：你选对了，奖惩系统就向你的身体释放一些物质，让你感到快乐，作为奖励；你选错了，惩罚是生理不适和痛苦，也包括饥饿、生病，甚至死亡。

生物的生存还需要合适的环境，以躲避天敌的风险。当你处于安全环境中时，奖惩系统同样给你奖励，向你的身体释放快乐物质。当危险出现，或身处险境，你就会得到惩罚，因此焦虑、受伤，甚至死亡。

物种还需要繁殖。你必须找到合适的繁殖对象，完成繁殖活动，才能传宗接代，确保物种存续。当你选对繁殖对象，乃至实施繁殖活动时，奖惩系统同样向身体释放快乐物质，给予奖励。所以，每当身体被释放这种物质的时候，你就知道你做对了。由于这些快乐物质的释放，总是和“做对”联系在一起，久而久之，这些物质释放给予身体的感受，就成了“快感”。这些快乐物质就是神经递质，例如多巴胺、血清素和内啡肽，而身体的快感，后来又被称为“美感”。这就是审美的起源。有了快感，或者美感的指挥，生物体就知道如何取食，如何避险，如何繁殖。哪怕是毫无智商的低等生物，也能根据美感的指引快乐地生存繁衍。

面对大自然，我们经常惊诧于其蕴含的神奇，惊诧于生物的智慧。尤其是那些动物，常常表现得比我们人类还智慧。其实生存不需要什么智慧，只需要拥有美感就行了。有了美感，傻子也知道什么是好的，什么是坏的，什么是对的，什么是错的。

从美的起源可知，凡是一切对我们生存和繁衍有利的，都会被我们视为美，而一切不利，或者有害的，便成了丑。这就是为什么青山、绿水、鲜花、水果和美女等，在我们眼里是美的，而腐尸、粪便、毒蛇和臭虫等，在我们眼里是丑的。这不是偶然，而是进化的必然。美和效用之间的这一关系，又被简单描述为“美即效用”。美即效用，是进化美学的核心观点。

对于美和效用的联系，早期美学家并非全然无知或否定。休谟怀疑一切，唯独对美和效用的联系给予高度的关注和肯定。他举例说，“一所房屋的舒适，一片田野的肥沃，一匹马的健壮，一艘船的容量、安全性和航行迅速”，这些对象的性质，“就构成这些对象的主要的美”[1]。休谟又以绘画为例：“绘画里有一条合理的规则：使人物保持平衡，极精确地把他们摆在各自的引力中心上。一个摆得不平衡的形体是不美的，因为它引起要跌倒、受伤和痛苦的联想和感觉。”休谟还将这一观念推广到所有的工艺品：“工艺品的美，主要在于它们效用的发生，它们由于符合预定的目的而呈现出美感，这是一条普遍的规则。”

1. 引自大卫·休谟《人性论（下）》，商务印书馆，2002 年出版。

美感引导生活，从上述讨论中，我们可以得到一个结论：美是自然选择为了帮助我们应对生存中遭遇的困难和挑战而形成的一套理性工具，因而美就是方法。

然而，如果我们再细究就会发现，美绝不只是方法这么简单，美更是我们生存和生活的目的。我们饮食，已经不只是为了果腹。我们对菜肴的要求，口感胜于营养。我们说色、香、味俱全，却不提糖分和蛋白几何。为了一种美食，我们奔波几个街区，为了一种名吃，不惜长途跋涉。我们每天对着手机，不是为了学习，只是因为视频生动、图片精美和八卦引人入胜。我们谈恋爱不再是为了繁殖，而是享受那种心驰神往和心潮澎湃。我们追求两情相悦，不再是子孙满堂。我们看小说、听音乐、进影院、参观博物馆，我们乐在其中。我们上班，除了那份工资，也希望环境美观，同事友好。我们对家居的要求，不只是遮风挡雨，防盗避害，还希望温馨和舒适。我们穿衣，不再为了御寒，更讲究品位，希望自己看起来美，然后从别人的眼里看到自己美。美是方法，更是目的。

真假与美丑：功利影响审美

艺术史和美学界一直被三大难题困扰。一是作者的意图和实际表达之间的差异难题。作者的创作意图，和我们从中感受到的可能不同，这是最让评论家头痛的，因为评论家老是听到作者抱怨，说人们没有理解他真正的创作意图。那么，作者的意图与我们欣赏作品，到底有没有关系？对此，法国著名文学评论家罗兰·巴特认为，一旦作品完成，作者应该退场，因为

"作者已死"。

第二大难题是真假难题。也就是同一件作品，当我们认为它是真迹，和被告知是赝品之后，审美感受会完全不同。其中的原因到底是什么？

第三大难题，就是"杜尚难题"。1917年，法国艺术家杜尚从商店买了一只小便池提交展览，从而开启了"万物皆可艺术"的当代艺术时代。问题在于，类似杜尚小便池这样的观念表达，真的属于艺术吗？

在这里，我希望就第二个难题展开讨论，也就是艺术品的真假，和我们的审美有什么关系。这个难题的答案和审美的主观功利性有关。

丹尼斯·达顿在《艺术本能》中，举了一个约翰内斯·维米尔（Johannes Vermeer，1632—1675）伪作的例子。维米尔是荷兰17世纪著名的风俗画家，其代表作《戴珍珠耳环的少女》家喻户晓。1937年，鹿特丹的博曼斯美术馆展出了一幅据说是新近发现的维米尔的作品《耶稣和他的信徒在艾莫斯》，受到评论家和爱好者的一致追捧。这件作品最终被证明是一个名为汉·凡·米格伦（Han van Meegeren）的人创作的。除了这件作品，他还伪造了好几幅维米尔画作出售，其中一幅被德国纳粹头领赫尔曼·戈林（Hermann Goring）收藏。汉·凡·米格伦在二战之后被捕，罪名不是伪造名作，而是把荷兰的国宝出售给敌人，他也因此成为世界上最著名的伪画制造者。

丹尼斯·达顿的问题是：如果一件作品，在审美上已经被广泛认可，即便最后被证明是赝品，我们有什么理由拒绝它？因为赝品并没有改变这件作品的质量。对此，作家阿瑟·凯斯特勒（Arthur Koestler）提出："如果我们不能分辨两者的差异，那它们在审美上的价值就是相同的。”美国哲学家纳尔逊·古德曼（Nelson Goodman）对此并不认同。他认为，能否分辨因人而异。一幅《蒙娜丽莎》的高仿，对于一个外行来说，当然无法分辨，但对于博物馆专家来说却不是难题。即便今日的专家无法分辨，并不说明未来的专家有了更丰富的经验和更加敏锐的眼光之后依然无法分辨。

“赝品难题”所提出的真正问题是：我们普通人并不能分辨原作和仿作的区别，但当我们被告知一件作品是赝品之后，审美感受会完全不同，其中的原因到底是什么？一种看法是，我们感觉受到了欺骗，因此审美感下降。但如果一开始就告诉我们，一件是真品，另一件是赝品，即便我们不能分辨，我们对它们的审美感受也完全不同，这又如何解释？这就涉及赝品难题的核心：功利会影响我们的审美。因为我们普遍认为，一件原作往往更珍贵，一件赝品价格相对低廉。多数时候，我们面对一件原作的激动，不是画面本身带给我们的，而是作品的珍稀程度或者说价值在发挥影响。

功利影响审美判断的例子，在生活中随处可见。钻石为什么是美的？因为贵重。我们为什么喜欢穿戴名牌？因为贵重。我们为什么喜欢金黄色，因为那是黄金的颜色。人们喜欢品尝贵的红酒，同一瓶红酒，假如标注不同的价格，品尝者的眶额皮质和腹侧前额叶皮质的激活程度也是不同的（Plassmann et al.，2008）。通常，一个腰臀比为 0.7 的女人，被认为是最美的，但如果在贫穷国家或者困难时期，男人会偏爱那些略胖的女人。而在富裕国家或者富足时代，男人们则偏爱相对消瘦的女人（Pettijohn & Tesser，1999；Pettijohn & Jungeberg，2004）。

康德强调的审美的无功利性，又可以通俗表述为，我喜欢却不想要。康德认为，审美是自由的，不受欲望的影响。美只在我们的想象中驰骋，而我们没有任何想拥有审美对象的冲动。康德的这些话，我凭直觉就知道，那不是真的。任何我们喜欢的，我们都希望拥有，这才是真实的人性。《蒙娜丽莎》如果能够挂在我的家里，我看了更加激动，甚至夜不能寐。莫扎特如果是我的朋友，他的音乐在我听来当然更加与众不同。面对一千元的绘画和一千万元的绘画，我们的审美体验自然不同。许多古代艺术品，大家争相追逐，津津乐道，并不是因为它有多美，而是因为它很贵。

现代科学告诉我们，人类的意识就是一座冰山。我们意识到的，只是露出的一角，而决定我们行为的，大都藏在水面以下。我们的美感和情感都受潜意识控制，本质上，就是一种算法。既然是算法，功利是唯一的法则。我们希望审美是自由的，但它却无时无刻不处于功利之中。

第11章

审丑的本质

有美就有丑，丑的历史和美的历史一样长，但审丑就不同了，属于新生事物。这里所谓的“审”，并不是中性的“审察”“体验”或者“判断”，而是有明显倾向的“喜欢”。所以，审丑就是喜欢丑，或者以丑为美。如果只是对丑的事物进行审察、体验和判断，自然不足为奇，但如果喜欢丑，以丑为美，就是一件奇怪的事情了。关于审丑，还有一奇，就是特指艺术的审丑。在自然美领域，没听说审丑这回事。只有画丑人、买丑画的，没听说有谁喜欢携手丑人、娶丑媳妇的。那些画丑画的画家，但凡找情人，总是一个比一个美。为什么自然审美和艺术审美存在如此差异？艺术中的丑何以就能为美了？艺术审丑是如何发生的？

审丑的历史

在艺术启蒙的古希腊时期，艺术被认为是对自然的模仿。但出于崇尚美的天性，艺术只模仿美的物体，甚至表现得比原来更美，而不屑于追求真实和精确的模仿。莱辛[1]在《拉奥孔》中论证造型艺术以美为最高法则时，举了古希腊忒拜城的法律为例，忒拜城的法律明令禁止表现丑，否则就要受到惩罚。莱辛显然对这样的干涉持赞赏态度，理由是艺术的目的在于娱乐，法律有权干涉；另一方面，他认为造型艺术会影响民族的性格，影响人们心中的美的样式，所以造型艺术有一种模范的作用。

但古希腊人求真的本性，终究为艺术领域丑的出现留下了空间。但这样的丑仅限于戏剧和文学领域。比如在古希腊神话中的那些神，大多有丑陋的一面，尤其是作为众神之王的宙斯[2]，不仅没有多少崇高和伟大，反倒常常表现出凶残和好色。《荷马史诗》中的那些英雄，也不完美，连骁勇善战的阿喀琉斯[3]，也脾气暴躁且刚愎自用。

文学中丑恶的历史源远流长。但丁在《神曲》的《地狱》篇中，对人性恶的描写令人惊心动魄。法国作家雨果也对揭露丑恶情有独钟，他的三部名著——《巴黎圣母院》《悲惨世界》和《九三年》，是分别展示人性之恶、社会之恶和政治之恶的典范。雨果说：“万物中的一切，并非都是合乎人情的美。丑就在美的旁边，畸形靠近着优美，丑怪藏身在崇高的背后，美与丑并存，光明与黑暗相共。”“美只有一种典型，丑却千变万化。”

1. 戈特霍尔德·埃弗拉伊姆·莱辛（Gotthold Ephraim Lessing，1729—1781），德国启蒙运动时期剧作家、美学家、文艺批评家。

2. 宙斯（Zeus），古希腊神话中的第三代神王，奥林匹斯十二主神之首。

3. 阿喀琉斯（Achilles），希腊神话中的英雄，海洋女神忒提斯（Thetis）和凡人英雄珀琉斯（Peleus）之子。

波德莱尔[1]更是艺术丑恶的代言人，他的诗集《恶之花》就是一部审丑宣言。波德莱尔在诗中描写了死尸、蛆虫和臭水沟，表现了内心的孤独、忧郁和无聊，赞美了吸毒、淫乐和酗酒。波德莱尔说："我的灵魂像没有桅杆的破船，在丑恶无涯的海上漂荡颠簸！"如果说早期文学中丑恶的存在是人类出于对人性真实的追求，以及对于丑恶现象的警戒和批判，那么到波德莱尔这里，丑恶已经实实在在演变为审美对象了。

我们再来看一下视觉艺术。在早期的雕塑中，确实有牧羊神和蛇神这类丑怪的形象，宗教绘画中也不乏对疾病、苦难和魔鬼的描绘，但这类形象的存在，行使的更多是训诫和教化的功能，希望人们因此远离丑恶，投奔美善。比如荷兰画家博斯[2]的《人间乐园》，描绘了失去信仰的人如何沦落于各种颠倒诡异的荒诞世界。德国画家格鲁内瓦尔德[3]的《伊森海姆祭坛画》中，出现了大量病态和苦难的形象，其《耶稣磔刑》更是展现了一幕凄凄惨惨、阴森可怖的耶稣受难的悲剧场面。古斯塔夫·多雷[4]为但丁《神曲》配的插图，其黑暗和恐怖的景象，同样令人惊悚和窒息。

但最令人迷惑的现象出现在达·芬奇身上。达·芬奇为人类艺术史贡献了美的典范《蒙娜丽莎》，但他的一些速写草图，

---

1. 夏尔·皮埃尔·波德莱尔（Charles Pierre Baudelaire，1821—1867），19 世纪法国现代派诗人，象征派诗歌先驱，代表作有《恶之花》。

2. 耶罗尼米斯·博斯（Hieronymus Bosch，1450—1516），荷兰画家。

3. 马蒂亚斯·格鲁内瓦尔德（Mathis Grunewald，约 1470—1528），德国祭坛画家。

4. 古斯塔夫·多雷（Gustave Doré，1832—1883），19 世纪法国著名版画家、雕刻家和插图作家。

格鲁内瓦尔德 —《伊森海姆祭坛画》

比如那张著名的“滑稽怪头”，却活灵活现地描绘了五张丑陋的面孔。这些丑恶怪诞的草稿，体现了达·芬奇对于畸形和残损人体的迷恋，这让达·芬奇研究专家肯尼斯·克拉克（Kenneth Clark）和艺术史家贡布里希都大惑不解，不知如何置评。

让艺术史惊惧的还有荷兰画家昆廷·马西斯（Quentin Massys，1466—1530），他在1513年创作了《丑怪老妇》，画面中丑陋的面孔让人不忍直视。这样的肖像画看不出有任何训诫的成分。据说，其收藏单位——英国国家美术馆把它制成明信片，竟成了美术馆纪念品商店最畅销的单品之一。

像《丑怪老妇》这样的画作，在古典艺术时期终究只是个例。及至印象派的出现，丑画才开始真正盛行。那些印象派画家的作品，最开始都被质疑为“丑画”。作为印象派的先驱，马奈（Édouard Manet，1832—1883）的《草地上的午餐》只能

马西斯 —《丑怪老妇》

马蒂斯 —《带绿色条纹的马蒂斯夫人像》

在落选者沙龙展出。印象派的名称也来源于对莫奈画作《日出·印象》的嘲讽。时至今日，已经没有人会嘲笑印象派了，更不会有人认为印象派绘画是丑画。相反，印象派作品得到了几乎一致的追捧，几乎成了美的象征。这确实是一个有趣的转变。就连普通公众都能随口说出几个印象派画家的名字。奥赛美术馆五楼的印象派专区，人头攒动的场面不亚于卢浮宫的《蒙娜丽莎》画前。

但随后出现的野兽派和立体主义，境遇就不同了。我们一面承认其在艺术史上的地位，但要发自内心地赞美它的美感却很困难。马蒂斯画了那么多的女性肖像，许多据说还是以自己的夫人为模特的，比如《带绿色条纹的马蒂斯夫人像》和《戴帽子的女人》，但我们实在看不出美在哪里。毕加索的《亚威农少女》和《格尔尼卡》更是有点吓人了。从后印象派开始，艺术开始完全失控，各种丑恶泛滥成灾。审丑已经成了西方艺术的主流，只有你想不到，没有他画不出。各种丑和恶心（不是恶）完全颠覆你的想象力。

意大利评论家翁贝托·埃科（Umberto Eco，1932—2016）在其著作《丑的历史》中，展示了艺术史上各种各样的丑。正如雨果所说，确实丑得千变万化。不看不知道，看了吓一跳。我们习惯于传统的美的艺术史，却不知，艺术中的丑，其实也一直存在，而且同样源远流长。但长期以来，美仍然是艺术史的主流。直至当代艺术的出现，丑才真正"霸屏"，艺术似乎已经进入了审丑时代。

丑的多样性

面对千变万化的丑，如果要认清其本质，我们有必要认真审视一下它们，然后把这些丑分门别类——分类永远是认识的第一步。艺术中的丑，总体上有丑、恶、俗、怪几大类。具体来说，各有其特点。

有一类丑，属于技术上的粗糙和低劣。这类丑多数不是创作者的刻意表达，但在专业审美眼光看来就是丑。然而，在厌倦了精雕细琢的审美者眼里，技艺粗糙低劣之作可能反而多了一份天然和朴素的美感。

有一类丑，是由于我们认识的局限，在趣味上还没能接受。比如前面提到的印象派绘画，在出现之初曾被时人视为丑画。在艺术史上，许多变革的出现，尤其是技法上的创新，在传统的目光看来常被认为是丑的。个人审美趣味的养成也有一个台阶，对于趣味还没达到的美，尤其是技艺之美，一时难以领会。比如对于王铎的书法，有些字我至今看着还是那么别扭。但我也相信，随着我对书法史和书法技艺的熟悉，这份丑将不再丑，甚至可能成为美。

有一类丑，虽然得到了他人的喜爱，但个人却难以接受。这类丑多数与风格有关，非认识和培养所能改变。比如，对于我个人来说，就很难接受日本画家村上隆的太阳花和草间弥生的密集点。我没打算去喜欢它们，相信也不可能会喜欢上它们。

有一类丑，常出现在童话、漫画和讽刺画中，通过对人物形象的夸张和扭曲，让丑变得妙趣横生。比如《爱丽丝漫游仙境》插图中的伯爵夫人、《安徒生童话》插图中的老妇人、讽刺画《拙劣画作中的美人》的丑美人等。

有一类丑，画面虽然透着一股丑，但因具有强烈的情绪表达，令观者不免为其所感染。比如热里科[1]的《梅杜莎之筏》、蒙克的《呐喊》和毕加索的《哭泣的女人》等。

有一类丑，我们初看不免有惊惧之感，但惊惧之余，却有一种惊魂甫定的舒适。比如但丁《神曲》之《地狱》篇的配图，那些毒蛇猛兽和妖魔鬼怪的雕塑，以及表现战争的惨烈场景。

如果说上述之丑，都是有个性的丑，能化丑为美，并给人以不同程度的美感，应该算作假丑，那么，有没有一类丑是真丑，毫无美感可言呢？当然有，不仅有，而且还在艺术史上泛

1. 泰奥多尔·热里科（Théodore Géricault，1791—1824），法国浪漫主义画派的先驱。

滥成灾。这类丑就是以表现污秽为乐的丑。病态的身体和污秽的环境是这类丑画最喜欢的题材，如残缺的肢体、溃烂的肌肤、腐败的食物、阴沟里的老鼠、尸体上的蛆虫……不仅画大便，还用大便作画。在我看来，这类绘画或者行为当然不能称之为艺术，而是企图浑水摸鱼亵渎艺术。但我不怀疑这类丑作的创作过程本身具有快感，正如大解也有快感一样。

康德在《判断力批判》中曾经论及艺术中的丑，他说："艺术的优越性在于，它可以表现那些在自然界里是丑的或者令人不悦的东西，例如复仇女神、疾病、兵祸等，都能在艺术中表现得很美。"康德的这段话，被后世一如既往地误读，并奉为经典，以为艺术具有化腐朽为神奇的无穷能力，一切丑恶，只要披上艺术的外衣，马上散发出美的光芒。但是，所有人都有意无意地忽略了康德后文的"但是"，康德接着说："但是，有一种丑不是这样，那就是令人恶心的东西。因为在这种建立在纯粹想象之上的特殊感觉中，令人恶心的东西仿佛表现为强迫人去品尝它，可我们又本能地排斥它，于是这恶心对象的艺术表现与自然本身在我们的感觉中就不再有区别。于是，那个令人恶心的表现就不可能是美的了。"

康德虽然并不十分清楚艺术审丑的本质，但非常明智地将恶心的表现排除在美的艺术之外。即便如此，在一切皆为艺术，人人都是艺术家的时代，艺术中的丑终于泛滥出来，反过来对生活造成了二次污染。1969 年，伦敦成立了一家丑模特公司，公司的创办人觉得美已经乏味，需要启用那些"面庞富于个性特点"的模特，这些模特或鼻歪嘴扭，或脸部变形，或耳朵像花椰菜。当然，这家公司以迅速倒闭告终。

审美疲劳：艺术创新的原始驱动

虽然艺术中的丑被反复论及，甚至被讴歌为“美妙的丑陋”，但为什么我们会有审丑心理，却没有人说得清楚。少数差强人意的解释认为，随着艺术的发展，美越来越乏善可陈，沦为乏味、单调、平庸、虚伪、规则和威权的代名词。于是，作为美的反面，丑一跃成为强调趣味、追求多样、超越平庸、揭露伪善、打破规则、反抗权威的象征。

雨果和波德莱尔对丑的青睐，即是源于这一原因。雨果说：“从情理上来说，美不过是一种形式，一种表现在它最简单的关系中，在它最严整的对称中，在与我们的结构最为亲近的和谐中的一种形式。因此，它总是呈献给我们一个完全的、却和我们一样拘谨的整体。而我们称之为丑的那个东西则相反，它是一个不为我们所了解的庞然整体的细部，它与整个万物协调和谐，而不是与人协调和谐。这就是它为什么经常不断呈现出崭新的，然而不完整的面貌。”

还有一种解释来自心理层面，认为人都有窥探隐私的好奇心，对丑的偏好，是人类好奇心的体现。更有一种解释认为，丑恶是人类的本性，审丑属于人类求真的本能。

所有这些解释，都没有回答一个问题，那就是丑何以会有美感？如果丑确实给我们带来了美感，那它一定在生理上产生了快感。艺术中的丑恶，果真能给我们带来生理上的快感吗？

截至目前，神经美学的专家们似乎还无暇顾及这个议题。但艺术丑恶所导致的生理快感并非完全不能理解，因为在其背后，理应有与悲剧美感和恐惧美感一样的科学逻辑。要真正理解“丑美”，我们还得从美学和神经生理学的教科书中寻找答案。

美学中有一个被严重低估的术语——审美疲劳。审美疲劳表现为对审美对象的兴奋减弱，不再产生较强的美感，甚至对其表示厌弃。有时也指在生活中对某人或某事失去兴趣，甚至产生厌烦、厌倦或麻木不仁的感觉。正是因为“审美疲劳”被日益生活化和口语化，导致我们忽视了它背后的生理机制及其所蕴含的重要科学和美学价值。

有机体生活在一定的环境中，当环境发生变化时，会主动做出适宜的反应。在生理学上，这种作用于机体的内外环境变化称为刺激（stimulus），而机体对刺激所产生的应答性变化称为反应（response）。不同的组织对刺激的反应表现不同，比如神经细胞，表现为产生和传导动作电位，肌肉表现为收缩和舒张，腺体表现为分泌物质。但总的来说，机体对刺激的反应可以分为两种：一种是由静止变为运动，或者由弱变强，称为兴奋（excitation）；另一种是由运动变为静止，或者由强变弱，称为抑制（inhibition）。并不是所有的刺激都能引起机体的反应，刺激引起反应通常需要具备三个条件，即足够的刺激强度、足够的刺激时间和适当的刺激强度－时间变化率。

经受刺激，细胞并不总是作出反应。一方面，细胞兴奋之后，会出现不应期。另一方面，如果同一刺激反复进行，兴奋性也会降低，甚至导致麻木。这时，兴奋性可能与刺激强度和时间不直接关联，而是与刺激强度－时间的变化率相关。也就是说，兴奋的出现，需要新的刺激类型，或者增加刺激强度。但过度的刺激，又会进一步加剧组织细胞的疲劳，甚至造成伤害。

心理学上有一个韦伯－费希纳定律（Weber-Fechner Law），阐述了心理量和物理量之间的关系。德国生理学家恩斯特·韦伯（Ernst Weber）发现，感觉的变化和刺激的变化并不完全同步，同一刺激的强度变化必须达到初始强度的一定比例，才能引起差别的感觉。也就是说，相对于物理量的增加，感觉量的增加显得迟钝，物理量呈几何级数增长，而感觉量呈算术级数增长。人们在安静时能听到针掉落地面的声音，但在嘈杂的环境中，却连火车开过的声音都听不到。由此可以推知，人脑神经元对等量外界刺激的条件反射强度，会随刺激次数的增加而递减。

对于艺术家来说，每天接触大量的几乎同质化的艺术作品，审美疲劳几乎是必然的。只有新的刺激才能兴奋疲劳的神经，因而是审美疲劳促进了艺术创新。如果一种食物，每次都给予我们同等的快乐，同样的满足，我们为什么还需要另一种食物？如果一种美每次都让我们感受到同样的快乐，同样的满足，我们为什么还需要另一种美？这当然是进化不能容许的，进化需要多样性，食物的多样性、营养的多样性、生命的多样性、美的多样性。所以，进化选择了审美疲劳。审美疲劳是进化给予自然、生命和人类最大的礼物，是今天缤纷世界起源的基础，更是艺术创新和辉煌的原始驱动。

审丑的本质还是审美

随着艺术的不断创新，美的各种可能性被不断发掘，可创新的余地越来越小，而丑的周围却空旷无比。于是创新的可能被挤兑到了美和丑的中间地带，甚至进入了丑的领地。那些处于中间地带的艺术，多少兼具了美和丑两种因素。就像臭豆腐，闻起来臭，吃起来香，既有美的享受，又有丑的恶心。越进入丑的核心地带，美感越稀薄，丑感越浓烈，直至美感完全消失，成为地地道道、完完全全的丑。

所以，所谓审丑，如果确实有“审”，并在“审”中感受到了喜欢和愉悦，那喜欢和愉悦的一定是其中美的成分。审丑的本质依然是审美。

千变万化的丑，只不过是美和丑的各种糅合。如果你感到美过于甜腻，在其中加一点丑，会带来不同的感受和刺激，而新的刺激更容易兴奋麻木的神经。当然，如果不是过度审美疲劳，很少有人愿意尝试或者浸淫于浓烈的丑。无论如何，愉悦感和厌恶感是我们评判美丑成分的依据。这种评判依然是个人化的，甚至会随着时间、趣味和认识的变化而发生变化，但这是我们唯一的审美依凭。即便千万人说丑，只要自己的感觉是愉悦，那它就是美；即便千万人说美，只要自己的感觉是厌恶，那它就是丑。

著名的动物学家、《裸猿》三部曲的作者德斯蒙德·莫里斯（Desmond Morris）在《人类动物园》中指出：“人类超级部落的发展，不再要求我们为生存而斗争，于是如今的人类，终其一生都处于寻求刺激与控制刺激的矛盾之中，这是幸运，也是不幸。”幸运在于，刺激需求创造了丰富多彩的生命世界和精神世界，不幸在于，寻求适量但不过度的刺激并非易事，已经成为当今人类面临的最大挑战。无聊和刺激的需求，既创造了美，也创造了丑。极端的丑，对于那些高度麻木的神经来说，未尝不是一种有效的刺激。

贫穷并不可怕，无聊才真正可怕。莫里斯通过观察动物园中的动物发现，那些衣食无忧的动物过得并不幸福，由于无聊，它们会做出种种恶心、变态的行为。对于那些囚徒来说也是如此，最大的摧残不是失去自由，而是缺乏刺激。莫里斯因此感叹说，“我们往往同情那些过度忙碌的人，却不同情那些过分清闲的人，这一点很有趣。”莫里斯进而同情那些处于创新前沿的人们，认为这些人看似取得了成就，但生活并不轻松，也不会因此满意。他们往往需要更大的创新、更强的刺激。他们经常表现出的喜怒无常和古怪行为，就是寻求刺激失衡的结果。可怜的艺术家们！

第12章

观念艺术：哲学对艺术的入侵

地上放着一些破布条、塑料袋、一只生锈踩扁的罐头盒，还有一条晒干的鱼，鱼张着嘴。乍一看我以为这是一堆尚未打扫的垃圾，刚要跨过去，发现有展线拦着，才意识到这是一件展品。此刻，我正位于一个当代艺术展厅，周围稀稀拉拉有几个和我一样蹑手蹑脚走动、蹙眉沉思的观众。我已经在展厅里转了一阵了，除了感觉有点晕眩和恶心之外，毫无收获。

面对当代艺术，我们常常不知道该采取何种态度。如果我们抱怨说，乱七八糟，太丑了，没有美感，就会被告知，我们的观念已经落后了，当代艺术不是表现美的；如果我们抱怨看不懂，又会被告知，艺术不需要看懂，只要用心感受就可以了。但常常，除了困惑、烦躁和智力自卑，我们什么也没感受到。这次，我决心不管任何忠告，要把这件展品搞懂。通过说明，我终于明白了，艺术家希望通过这件展品表达一个理念：珍惜生命，爱护地球。这真让我大跌眼镜，这两句话看似高大上，但其实语义不明，而且逻辑不通。艺术家为什么要表达这个理念？他知道生命和地球的关系吗？如果他真想表达，为什么不直接说呢？表达的目的不是让别人明白吗？是什么阻止他直接表达，非得采取这种隐晦的方式呢？

在另一个展览中，墙壁上挂着7盏灯，一直在闪烁。我嫌晃眼，刚要走过去，策展人告诉我，这也是一件展品。闪烁的灯光是莫尔斯电码，7盏灯代表7个老太太，她们在讲述生命和死亡。这是我第二次在当代艺术展中遇见莫尔斯电码了，相信这种电码很快也会被抛弃，应该要考虑使用纳美语[1]或克林贡语[2]了吧？

看当代艺术的经历，常常让我想起小时候砸桃核、卖桃仁的经历。为了赚零花钱，我和小伙伴常四处捡桃核，砸桃仁卖。有些桃核很硬，一不小心榔头还要砸着手。好不容易敲开了，却掉出一颗发霉干瘪的桃仁。有些当代艺术就像这桃核，有着坚硬的外壳，却包裹着一颗陈腐干瘪的心。

当代艺术家都干了些什么

当代艺术是一个笼统、模糊的概念，它当然不是指当前时代的艺术。有一种为当代艺术辩护的声音认为，我们今天看到的所有古典或者传统艺术，在其创作年代都是“当代艺术”。这一说法有意无意地混淆了“当代”的指称，也说明了用“当代”或者“现代”称谓特定艺术形态的不严谨。具体来说，当代艺

1. 纳美语（Na'vi），科幻电影《阿凡达》中出现的外星人语言。

2. 克林贡语（Klingon），科幻电影《星际迷航》中出现的外星人语言。

术是指那些在当代集中出现的新型艺术门类，主要包括观念艺术、丑怪艺术和新媒体艺术等，其中应该排除那些以抽象艺术为代表的现代艺术，因为它们在当代也有很多变体。那么，当代艺术到底有哪些代表人物，他们都分别干了些什么？

说到当代艺术，不能不提杜尚和他的小便池。1917年4月，法国艺术家马塞尔·杜尚将一个从商店买来的男用小便池命名为《泉》，匿名送到美国独立艺术家协会在纽约举办的一场展览，要求作为艺术品展出。展品虽遭主办方拒绝，这一行为却成为艺术史上里程碑式的事件，从此打开了当代艺术潘多拉的盒子，各种怪诞的艺术纷纷出笼，令人目不暇接。

杜尚被封为当代艺术的鼻祖，也是达达主义的代表人物。达达主义主张否定一切，破坏一切，打倒一切。无论任何艺术标准，他们都与之针锋相对。因此，达达主义并不是一种艺术，而是一种“反艺术”。它实际上反映了第一次世界大战期间西方某些青年的苦闷心理和空虚的精神状态。

达达主义之后，法国出现了另一个在艺术史上有重要影响的画派——超现实主义。超现实主义者信奉弗洛伊德的精神分析学理论，通过变形的形象和突兀的组合，呈现梦幻而怪诞的画面。萨尔瓦多·达利（Salvador Dalí）的《永恒的记忆》就是其中最典型的代表。自超现实主义之后，荒诞成为当代艺术中最常见的主题。

除了荒诞，暗黑是当代艺术另一重要的主题。暗黑艺术的特点就是反美学，更准确的说法是反常规美学。暗黑艺术多表现极度扭曲的人物形态，包括臃肿的身体、痴呆的表情、变态的行为、粗野的画风等，以创造丑恶和恐怖的形象为目标。英国艺术家弗朗西斯·培根（Francis Bacon）就是暗黑艺术的代表。

当代艺术中最大的类群当数观念艺术，它们以表达某个观念为目的。当然，表达观念本不足为奇，我们的日常语言就是表达观念的最好工具。然而，观念艺术抛弃了语言，甚至抛弃了平面的绘画，转而求助于三维的装置，甚至是行为。为了传达，这些装置和行为又被拍成照片或者视频播放。这种非直观的表达方式，自然不好理解，因而需要大量的阐释。

观念的新颖和表达形式的独特成了观念艺术能否引起关注的关键。然而，多数观念艺术不仅观念陈腐平庸，表达形式也乏善可陈，甚至隐晦曲奥。因此，惊世骇俗，最好引起争议，就成了观念艺术脱颖而出的法宝。比如美国摄影师安德里斯·塞拉诺（Andres Serrano）就把一批耶稣受难像浸泡在尿液中，然后拍成照片，以《尿中的基督》为名展出。通过这样一种亵渎耶稣基督的方式，终于引发了一场关于艺术自由的辩论。此后，他还创作了《尿中的典雅》《尿中的撒旦》《尿中的掷铁饼者》《尿中的沉思者》等“尿中”系列。

法国艺术家圣·奥兰（Saint Orlan）从1990年开始，通过一系列整形手术，将自己改造成西方绘画中的经典形象，包括波提切利画中维纳斯的下巴、达·芬奇画中蒙娜丽莎的前额、弗朗索瓦·布歇（Francois Boucher）画中欧罗巴的嘴唇等。她将整个整形过程拍摄下来，命名为《圣·奥兰的重生》，表达“与天性的抗争”的理念，并在巴黎蓬皮杜艺术中心播出。

2012年，日本艺术家杉山真央（Mao Sugiyama）用外科手术切除了自己的睾丸，以此提醒公众对“性别少数群体、无性人群体”人权的关注。他将切下的睾丸放在冰箱里保存了一段时间，后烹煮成菜肴。有5位客人支付了10万日币，享用了这顿特殊的“菜肴”。

在一场名为“Rhythm 0”的行为艺术中，塞尔维亚行为艺术家玛丽娜·阿布拉莫维奇（Marina Abramovic）站在公众面前，身前放着玫瑰、皮革、刀和上了子弹的手枪等一系列道具，以及“任公众处置”的告示。公众从礼貌而好奇的试探，到突破界限的暴力行为——阿布拉莫维奇的衣服被剪碎，直到有人拿起那把上了膛的枪指着她的脑袋。阿布拉莫维奇所要表达的观念是“一旦你把决定权交给公众，你离丧命也就不远了”。

有些观念艺术并没有这么直接，其中充满了象征和隐喻。其中，影响最大、声誉最高的是德国艺术家约瑟夫·博伊于斯(Joseph Beuys)。博伊于斯的作品充满了隐喻，他试图用艺术去重建一种信仰，重建人与人、人与物以及人与自然的亲和关系。他最著名的作品是1965年的《如何向死兔子解释图画》：博伊于斯坐在一间空房子里，头上涂了蜂蜜，脸上覆盖着金箔，怀里抱着一只死去的野兔，嘴里念念有词讲解着什么是绘画，看上去就像个巫师。这暗示了他向上与神、向下与动物和大地连为了一体。蜂蜜是博伊于斯钟爱的材料，他借此隐喻，人类应该学习蜜蜂的勤劳，热爱和平，而不是热衷于不劳而获。

除此之外，当代艺术还包括了生物艺术、大地艺术和照相写实主义等新媒体艺术。不论是荒诞和丑怪艺术，还是新媒体艺术，都还是以视觉和审美为主要特征的。对荒诞和丑怪的探索，以及对新媒体的尝试，在艺术史上古已有之，也从未停止，不仅无法从根本上危害艺术，某种程度上还有助于艺术的创新。我们真正应该警惕的是观念艺术，它的出现，模糊了艺术和哲学的界限，导致了艺术概念的混乱，甚至是艺术的沦陷。

艺术的沦陷：杜尚、安迪·沃霍尔和阿瑟·丹托

杜尚提交小便池展出这件事，其惊世骇俗之处，不在于展品的粗俗，而在于它直接利用了现成品。两年后，他又在达·芬奇名作《蒙娜丽莎》的印刷品上，用铅笔画上山羊胡子，并在下面题上“L.H.O.O.Q.”。这两件作品虽都以亵渎的方式博取了眼球，但真正引起人们关注的，是它们消解了艺术品和现成品的界限。对此，杜尚自己的解释是，现成品可以是艺术品，相反，艺术品也可以成为日常用品，比如把伦勃朗的画拿来当烫衣板。

杜尚说，现今存在的几乎每一件现成物体都已经不是原物了，艺术家使用的画布和颜料是机器造的，也是现成品。从这个意义上来说，世界上所有绘画作品都是对现成物的加工，都缺乏原创性。为了强化自己的观点，后来，杜尚又提交了一张没有任何加工改动的《蒙娜丽莎》印刷品展出，并且说明：蒙娜丽莎的胡子被剃掉了。

《泉》之所以能成为艺术史上里程碑式的事件，更重要的原因还在于它将观念带入了艺术，挤兑甚至排除了审美在艺术领域不可动摇的地位。将这一影响推向极致的，是波普艺术的领袖人物安迪·沃霍尔和艺术哲学家阿瑟·丹托。安迪·沃霍尔擅长利用大众文化，尤其是时尚元素制作艺术品，最出众的风格是通过丝网印刷不断重复影像，代表作包括《玛丽莲·梦露》和《金宝汤罐头》等。

1964年春天，安迪·沃霍尔在马厩画廊展出了一件名为《布里洛盒子》的作品。这件作品直接模仿商店中布里洛牌百洁布包装盒。展览现场的《布里洛盒子》和商店里整排堆积的布里洛盒子在外观上一模一样，但材质和工艺却不尽相同。作为

商品的布里洛盒子用的是瓦楞纸，安迪·沃霍尔的《布里洛盒子》用的是木材，不过这种区别在视觉上几乎不可分辨。

《布里洛盒子》并不为大众所熟知，对于安迪·沃霍尔来说，也只是他众多作品中的一件，是他试图打破精英文化与大众文化之间隔阂的又一努力。但这件作品却得到了艺术哲学家阿瑟·丹托的格外青睐。他在多部著作中反复自问：两者外观上一模一样，为什么一个是艺术品，而另一个不是（Danto，1986；2003；2013）？最终他得出结论，两者的区别在于不可见的部分，使某物成为艺术的是那些不可见的属性。

换句话说，阿瑟·丹托认为，视觉和审美不是艺术的根本属性，而表达才是。至于什么是表达，阿瑟·丹托从来就没有讲清楚过。至此，审美终于被阿瑟·丹托逐出了艺术殿堂。审美一直是传统艺术的追求，失去了审美，艺术茫然四顾，没有了前进的方向。而观念和表达虽然被重新确定为艺术的属性，但在阿瑟·丹托看来，还不足以带领艺术迈上新的征程。

在《艺术的终结》一书中，阿瑟·丹托感慨道：请想想我们这个世纪令人眼花缭乱的一连串艺术运动吧：野兽派、立体主义、未来主义、旋涡主义、同步主义、抽象主义、达达主义、表现主义、抽象表现主义、波普艺术、欧普艺术、极简主义、后极简主义、观念主义、照相写实主义、抽象现实主义、新表现主义……这些主义存在至多两年，少则一个半月，它们所提出的复杂理论，在艺术层面处理的常常是微小的对象。艺术越来越依赖于理论和观念，最终成了哲学。至此，阿瑟·丹托宣告：艺术终结了。终于，《布里洛盒子》被阿瑟·丹托打造成了一柄倚天剑，把艺术一剑封喉。《艺术的终结》的第一章即是：哲学对艺术的剥夺。

回顾艺术史，艺术危机论从未断绝，听多了，大家会觉得那不过是又一次“狼来了”的虚惊。当审丑盛行的时候，人们也惊呼，艺术完了。但艺术并没有完，审丑对审美的冲击，其实是内讧，因为审丑的本质还是审美。而观念艺术则不然，属于外族入侵，它的穷凶极恶已经导致民众远避三舍。虽然艺术家和理论家也痛心疾首，但终究没人像阿瑟·丹托那样，直接宣告艺术终结了。

有数千年历史的艺术就这么终结了，而且终结在《布里洛盒子》出现的那一刻？有点理智的人都难免狐疑。但阿瑟·丹托是一个有世界影响力的艺术哲学家，尤其对观念艺术，有深刻的理解。他怎么可能信口胡说呢？很多人被说蒙了，甚至选择相信，否则丹托也不至于凭借艺术终结论，和康德、黑格尔、维特根斯坦一起跻身美学史。

让我们复盘一下阿瑟·丹托的论述逻辑。“我一直在反思，安迪·沃霍尔发布的《布里洛盒子》与哈维设计的摆在商店里的布里洛盒子外观上一模一样，为什么一个是艺术品，而另一个不是？”阿瑟·丹托在他的著作开头都会这么反问一句，这是他的论点基础。看出问题了吗？阿瑟·丹托先说明两者在外观上一模一样，再肯定一个是艺术品，而另一个不是。我们为什么不能问，您凭什么肯定一个是艺术品，而另一个不是？我们为什么不能说，两者都是艺术品，或者两者都不是艺术品？为什么大家对此毫不怀疑？因为杜尚在1917年已经用他的小便池给大众洗了脑：任何物品都可以是艺术品，如果摆在商店里，就是商品，摆在展厅里，那就是艺术品。

所以，问题的根源在于艺术定义的缺失，以及艺术、艺术性和艺术品概念的混乱。由于对艺术的本质缺乏认识，对艺术审美的复杂性心存敬畏，对艺术自由存在不切实际的幻想，人们习惯于对任何艺术表达都持宽容和不较真的态度。当艺术定义沦为艺术表达，甚至艺术狂欢的时候，危机已经逼近了。艺术的这种天真与不设防，给了哲学可乘之机。

在《何谓艺术》一书中，阿瑟·丹托提出：“艺术不可定义，因为艺术没有普遍的特征，这基本上是重要美学家们下的定论。充其量，艺术是个开放的概念。而我的观点是它必须是个封闭的概念，艺术肯定有一些普遍的属性，那些属性说明了为什么艺术在某些形式上是普遍的。”阿瑟·丹托的这段话非常诡异，且前后矛盾。一开始他提出艺术不可定义，是个开放的概念，还拉了一众美学家背书，为在艺术中引入哲学、驱逐审美做准备。后面，他又一百八十度大转弯，强调艺术必须是一个封闭的概念，应该有普遍的属性。他这么做的目的，是确立哲学的地位，关起门来，彻底杀死艺术。

每一物品都有其存在的形式，都有可能存在或多或少的美感，从这个意义上来说，杜尚提出任何物品都是艺术品，在理论上无疑是正确的。但艺术性和功用性均是物品的属性，两者可以共存，并不天然分离。也就是说，一件物品可以既是实用品，也是艺术品。一件小便池，如果制作精美，它既是实用品，也可以是艺术品，与它摆在哪里无关。它被安置在厕所中，你在小便的同时，也感受到了它的外形之美，它当然是实用品，也是艺术品。即便被摆到展馆中，这两个属性也没有改变。汉、六朝墓中常见的青瓷虎子就是一件古代便溺器，在其功用性消退之后，不也被作为艺术品摆在博物馆的展柜中吗？

杜尚当然不能同意这一观点。在杜尚看来，一件日常物品处于日常状态，就是日用品，但如果被艺术家使用，置于展览之中，用于表达某种观念，就转换为艺术品了。但杜尚显然没有将自己的观念贯彻到底，因为根据他的逻辑，任何一件物品都可以成为艺术品，那么，任何一个人都可以是艺术家，任何一个场所也都可以成为展览空间。如果这样的话，表达和非表达之间，又有什么界限呢？同样的小便池，前一刻，你作为一个普通人，对着它小便，它就是一件日用品。后一刻，小便完了，你转换成了艺术家，把卫生间想象成展览空间，小便池自然就是艺术品了。

1993 年，《泉》在法国尼姆展出时，一个名为皮埃尔 · 皮农塞利（Pierre Pinoncelli）的行为艺术家朝杜尚的小便池里撒尿，一下子就把它打回了原形。伦勃朗的画，如果正好适合做烫衣板，当然也可以是实用品。回到布里洛盒子，如果安迪 · 沃霍尔的《布里洛盒子》与哈维的布里洛盒子在外观上一模一样，这说明两者的艺术属性相同，如果一个不是艺术品，那另一个也不是。看出来了吧，阿瑟 · 丹托实际上要了个花招，类似魔术师的障眼法，在众目睽睽之下驱逐了艺术中的审美，引入了哲学，然后反过来又用哲学驱逐艺术，让艺术彻底无家可归。魔术的成功之处，在于观众是否相信。如果信了，即便他放的是空枪，你也可能因此丧命。

信言不美，美言不信

2020 年 9 月 25 日，中国当代艺术家蔡国强在法国的夏朗德河上，直播白天烟花爆破项目《悲剧的诞生》，还配以李白的《将进酒》和张旭、怀素的狂草，虽然法国人不一定能够欣赏，但确实蔚为壮观。在解说中，蔡国强说，他的作品是关于悲剧和人生的思考。蔡国强这么说是什么意思？他真的是通过这件作品思考悲剧和人生吗？他的《悲剧的诞生》，和尼采的《悲剧的诞生》是一回事吗？我们都知道，它们显然不是一回事，蔡国强是在艺术表达，而尼采才是思想表达。

《悲剧的诞生》一书中，尼采提出，希腊悲剧的本质是阿波罗（太阳神）精神和狄俄尼索斯（酒神）精神的合一。前者代表幻想、追求、理性、道德，在艺术上对应造型艺术和史诗。后者代表真实、破坏、疯狂和本能，在艺术上对应音乐和舞蹈。尼采的《悲剧的诞生》的价值，在于它的内容，它的思想创新性。而蔡国强的作品，用烟花寓意人生，虽然短暂易逝，但应追求灿烂绚丽。这个表达在内容上属于老生常谈，毫无新意，但在形式上是一种创新。它的价值体现在表达形式的创新，体现在观赏过程中产生的美感，以及联想到人生和悲剧所激发的情感体验。

作家李陀说，当代艺术就是一筐烂柿子，但里边还是能挑出几个好的来。蔡国强的作品就属于李陀所说的“好柿子”。有些当代艺术，与传统艺术相比，在表达形式上确实有了较大的突破，这些特殊的表达形式体现了独特的审美趣味。这才是当代艺术的价值所在。然而，绝大部分当代艺术混淆了思想表达和艺术表达的界限，游走在两者之间。思想表达和艺术表达是截然不同的两种表达形式，前者追求内容的创新，要求尽可能简洁和清晰，后者追求表达形式的创新，要求达到最大的审美效果。

14 世纪英格兰逻辑学家、圣方济各会修士奥卡姆的威廉（William of Occam）为了解决当时思想界空洞的纷争，提出“如无必要，勿增实体”，即“简单有效原理”。这个原理被后世称为奥卡姆剃刀定律，或者简称为“奥卡姆剃刀”（Occam's Razor）。“奥卡姆剃刀”被认为是思想表达的基本原则。

文字语言被认为是思想表达最有效的工具，虽然它也有强烈的艺术表达效果，如诗歌和散文。我们人类的绝大部分思想，文字语言肯定是最直接和简洁的表达方式。什么才是好的思想表达？学术刊物在这方面已经给出了范例。以理学刊物为例，题目、摘要、背景综述、目的、方法、结果、结论、讨论、致谢、参考文献，格式体例已经形成了明确统一的规范。其中，除了数据分析会出现差异“极显著（$p<0.01$）”和“显著（$p<0.05$）”之外，极少有修饰用语和形容词存在的空间。《自然》（*Nature*）和《科学》（*Science*）杂志更是其中的典范，用最简洁的语言，展现人类最前沿、最重要的科学成果。而数学表达则是思想表达的极致，曾经也是逻辑哲学家的理想追求。

当然，文字并不是思想表达的唯一途径。语言毕竟是一种工具，凡是工具，都有其局限。我们也常常面临语言无法表达，或者无法简洁表达的时候。这时候，一个眼神、一个动作、一个装置、一个演示确实具有更好的表达效果。以杜尚的《泉》为例，它确实非常明确地表达了“任何物品都可以是艺术品”的理念，超过了千言万语的论述。所以，从这个层面来看，它属于思想表达，而不是艺术表达。安迪·沃霍尔的《布里洛盒子》也是如此，它提出了一个问题：当两件物品在外观上无法分辨时，我们如何判定一个是艺术品，而另一个是实用品？所以，杜尚和安迪·沃霍尔在其中的身份不是艺术家，而是思想家，或者是艺术哲学家。

一种表达存在的价值，只能在于其独特性和不可替代性，要么是思想表达，求真，要么是艺术表达，求美。如果在思想上缺乏创新，在艺术上毫无美感，那么这样的表达是没有意义的。许多当代艺术家往往模棱两可，既让人看不出明确的表达意图，也回避阐释自己的作品，希望达到浑水摸鱼的目的。反过来，在思想界，尤其是艺术理论和评论界，我们也常看到大量的华美辞藻的堆砌，而在其中找不到任何逻辑脉络和思想火花。这些表达，看似是思想表达，其实是艺术表达。

思想表达，不需要华美的辞藻，而艺术表达，则不可信以为真。正所谓，信言不美，美言不信。

让哲学的归哲学，艺术的归艺术

在阿瑟·丹托宣告艺术终结三十多年之后，艺术还活着，甚至呈现出繁荣的迹象。放眼世界各地，艺术展览更加层出不穷，拍卖市场依然热火朝天，民间收藏暗流涌动。除了理论界，似乎没人把阿瑟·丹托的宣言当回事。

观念艺术的本意，是要把艺术拉下神坛，让艺术回归生活和日常，但效果却适得其反，最后成了自我放逐，与大众的生活渐行渐远。理论的影响终究有限，生活才是艺术的土壤。艺术传统和传统艺术，依然支撑着当今社会的艺术日常。

但由杜尚发端的观念艺术，确实对艺术毒害不小。在艺术表面繁荣的背后，不可避免地透着衰败、腐朽和死亡的气息。人人都在谈论艺术，人人又都在咒骂艺术。对于艺术家来说，这是一个最好的时代，因为不缺自由和市场，但也是一个糟糕的时代，因为价值混乱，创新乏力，骗子横行。自由为艺术生长提供了广阔的空间，但混乱就像雾霾，挡住了阳光，像杂草，抢占了养分。艺术市场，远看绿油油的一片，近了却发现，每一棵艺术的树上，都爬满了哲学的藤蔓。哲学对艺术的侵噬，类似热带雨林中的绞杀榕。这种绞杀植物的种子如果落在大树的根部，一旦发芽，就会迅速生长，爬到大树身上，和大树盘根错节纠缠在一起，形成一张紧密的网，把大树紧紧箍住。大树因此逐渐枯萎，直至最后被绞杀。

哲学对艺术的毒害波及艺术的各个层面，当代艺术无疑是重灾区。值得庆幸的是，许多当代艺术先天不足，类似于骡，作为马和驴的杂交后代，一方面缺乏身份认同，另一方面由于基因不纯，失去了繁衍后代的能力。

我们通常接触的艺术，都是形式和内容混合型的艺术。其中最典型的，如电影、文学和戏剧。即便在一些相对单纯的艺术类别中，如舞蹈、绘画和音乐，其中也包含了内容的成分。但我们决不能把内容等同于观念表达，更不能因此认为艺术有思考和求真的功能。艺术中的内容，在于激发我们的情绪共鸣，所带来的依然是审美体验，而不是理性思考。这种认识上的误区，给观念艺术的侵害提供了蔓延的土壤。观念艺术的最大危害在于让人们在承认它是艺术的基础上，回头反思什么是艺术，从而陷入混乱。那些行为艺术和装置艺术，其实类似于哲学中的思想实验，它们用一种具体情境反映思想的困境。但观念艺术显然更加隐晦，它与思想实验所追求的简洁明了和启发性是背道而驰的。所以，在这个层面上，它连哲学思考都算不上。

杜尚的小便池被认为改变了艺术的本质、内容跟边界，它让很多人看到，艺术不再是画布上的一片风景、一幅肖像，艺术开始表现观念，艺术除了传递情感和美之外，还可以传递思想。这让很多江郎才尽的艺术家欢欣鼓舞，他们蜂拥而出，冲向思想领域，他们挥舞着手中的画笔，和那些手握钢枪的科学家、哲学家一起冲锋陷阵，最终沦为绊脚石、流浪汉、呓语者和江湖骗子。

杜尚和安迪·沃霍尔并非只玩概念，他们也创作过一些艺术范畴的作品。尤其是安迪·沃霍尔，其对商业和大众元素的使用，确实迎合了部分年轻人的审美趣味。《泉》和《布里洛盒子》只是偶见的例子。但小便池终究没有多少艺术价值，即便有杜尚签字，也不比商店中任何一只小便池更有艺术性，至多只有文物价值。

杜尚最早送展的那只小便池，据说后来被他的妹妹扔到垃圾堆里去了，他妹妹还扔过他另一件著名作品——《瓶架》。此后，出于需要，杜尚为小便池制作了很多复份，比如 1964 年他就制作了 17 个。1999 年，其中一件在苏富比拍卖会上以 190 万美元被一位商人买走。这位商人不是傻瓜就是投机分子。2006 年，另一件复份在蓬皮杜艺术中心展出时，又被行为艺术家皮埃尔·皮农塞利用锤子敲坏。皮农塞利因此获刑三个月，缓期执行。考虑到杜尚和《泉》在艺术史上的地位，这个判罚显然太轻了，但如果按照艺术价值量刑，则又太重了。

2017 年，我在蓬皮杜艺术中心参观时，杜尚的《泉》还摆在那里，不知道是第几个复份了。杜尚当初提交作品时，多少有点恶作剧的成分，摆明了是对主流艺术的嘲弄。他本想打破艺术与生活的壁垒，使艺术走进生活，实际结果却是让艺术变得更加高深莫测，更加边缘化，离大众生活更远。如今杜尚的小便池堂而皇之地摆在艺术圣殿里，俨然是艺术主流了，这真是历史的反讽啊。杜尚泉下有知，想必要脸红，找个更深的地缝钻下去躲起来。我在看展的时候，小便池前恭恭敬敬地坐了好几圈小朋友，他们的老师在正儿八经地讲解，我当然听不懂，也不知小朋友们听懂了多少。

2004 年，在伦敦举办的当代艺术盛会透纳奖上，举办方通过问卷调查了 500 位全球最有影响力的艺术家、评论家和策展人，杜尚的《泉》被评为“20 世纪最具影响力的艺术品”。这一结果公开之后，遭到民众的普遍嘲笑，在民众的眼里，这些名人完全是一群“自命不凡的白痴”。这也说明了，越聪明的人，越容易被催眠。

其实，杜尚的行为并无特别之处，它就是哲学意义上的“解构”。人类的知识大厦是由一根根规范的立柱、横梁和一块块砖头有序构成的，而概念、定义和原理就是这些立柱、横梁和砖头。面对纷繁复杂的世界，分类定义是第一要务，而所有的分类和定义都带有主观和人为的成分。也就是说，任何一个定义都有例外。任何一条界限，都不那么笃定确实。以生物分类的基本单位物种为例，它也不是绝对的。我们通常认为，两个不能杂交并产生可育后代的群体，即属于两个物种，界限非常清晰。但其实在自然界中，许多近缘物种之间还存在大量的中间个体，它既能与这个物种杂交，也能与另一个物种杂交，既可以属于这个物种，又可以归为另一个物种。能否杂交并不是判定两个物种的绝对依据。划分两个物种更可靠的依据是遗传距离。而遗传距离是一个连续的尺度，多大的遗传距离才可判定是两个物种，这又是人为设定的标准。就连性别这一看似两极的特征，也不是绝对的。现实中存在大量的中间个体，既不能归入男性，也不能归入女性。黑和白是泾渭分明的两种颜色，我们常说非黑即白，但假如把黑白连成一系列梯度变化的光谱，你会看到，黑和白之间的界限也是不存在的，非黑即白的立论随之崩溃。

艺术和非艺术之间也是如此，两者之间并没有绝对的界限。你非要拿出一只小便池来，说它也是艺术品，试图消弭艺术和非艺术的界限，就跟你说黑白的划分没有意义，物种的划分没有意义一样，本身并没有多少意义。事物的定义和划分都是人为的，这本来是明摆着的事情，只不过久而久之，大家把这点忘了。类似杜尚这样的解构行为，仅有提醒的价值，而许多人却当真了，仿佛恍然大悟，并开始动手拆除原来的艺术大厦。然后用那些随便捡拾的材料，比如路边顽石和破铜烂铁，试图建造新的大厦。这样的建筑可想而知是建不成的。所以在杜尚之后，出现了未来主义、旋涡主义、同步主义、抽象主义、表现主义、抽象表现主义、极简主义、后极简主义、观念主义、照相写实主义、抽象现实主义、新表现主义……艺术领域到处是烂尾楼似的破败景象。

艺术需要复苏，首先必须摆脱哲学的纠缠，重新回归美学传统。艺术的归艺术，哲学的归哲学。

第 1 3 章

抽象艺术：对内容和表达的反叛

进入 20 世纪，艺术突然呈现出全新的面貌，各种潮流，一波接着一波，前赴后继，令人目不暇接，眼花缭乱，甚至晕头转向。总体的气质就是气势汹汹，反对一切传统，一切常识。直观感受是，不仅艺术看不懂了，连这些艺术家和评论家的话也听不明白了。

我们仿佛看到一支庞大的游行队伍，每个人都举着旗帜，喊着口号。但如果仔细辨认，你会发现，里边的人员非常复杂，口号也五花八门，甚至是完全对立的。比如有人喊“打土豪，分土地”，另一些人则喊“私有财产神圣不可侵犯”。由于人多嘴杂，游行人员都只顾自己喊叫，听不清也不管别人喊什么。对于外人来说，只看到群情激奋，声音含混，面目模糊，根本分不清谁是谁。抽象艺术和观念艺术就是这样两类互相对立的艺术潮流，它们奇怪地混在同一支游行队伍之中。

我们今天所说的当代艺术，有时所指并不明确，一般泛指所有我们看不懂的艺术。其实，严格意义上，当代艺术主要指那些以表达观念为特征的观念艺术。而抽象艺术比观念艺术出现得更早，通常被归入现代艺术。当然，现代艺术也是一个含糊的概念，有时并不以艺术类别划分，而是指那些在 20 世纪上半叶出现的新型艺术，而 20 世纪下半叶那些更加偏激的艺术，则被称为后现代艺术，或者当代艺术。

那些主义和宣言

19 世纪末，是人类社会前所未有的动荡和变革时期。激烈的政治事件、经济和社会大变革、科学新发现导致科技的迅速发展，以及旧有观念的垮塌等，都给人们带来了极大的心理冲击，反传统成了波及全社会各个层面的潮流。在艺术领域，催生了现代艺术。

塞尚被认为是现代艺术之父。塞尚的反传统之处，在于打破了绘画中的透视法，不再完全模仿自然。这就等于打开了潘多拉的盒子，既然艺术可以不用完全模仿自然，那还有什么不可以呢？从不完全模仿自然，到完全不模仿自然，其间可存在着广阔的空间啊，于是各种“反”就先后出现了。首先，野兽派的反，在于色彩和线条，其色彩多采用反自然的浓烈单色，线条也极尽夸张扭曲之能事；立体主义的反，在于视角，把本来是需要立体呈现的其他视角，摊平放到了同一平面；表现主义的反，在于为了突出画面的情感，不惜对客观的色彩和形态进行夸张变形；未来主义的反，是试图打破画面的时间局限，把运动物体不同时间的状态，在同一画面中呈现；超现实主义的反，是试图表现潜意识，画面具有梦境才有的怪诞；而抽象艺术，是多个主义的总称，包括了俄国的辐射主义、至上主义和构成主义，荷兰的风格派，美国的抽象表现主义和极少主义等。抽象艺术的总体特征是反具象，也就是放弃作品中出现具体的形象，代之以抽象的色彩和线条，最后，连色彩和线条都放弃，剩下一片空白。

杜尚则打开了另一个潘多拉的盒子，声称“什么都可以是艺术”。后来的行为艺术家博伊于斯又声称“人人都是艺术家”。从“什么都是艺术”到“人人都是艺术家”，其实意思都差不多。杜尚所属的达达主义口号是“打倒一切，排斥一切”，其行为说白了，就是打砸抢。杜尚的观点本来没那么惊世骇俗，偏偏后面跟了一大帮人，其中还有很多艺术家比杜尚自己更起劲，在外面打砸抢不算，回家把自己的房子也拆了。最终自我放逐，流离失所，乃至委身于哲学领域。

20 世纪以来的这些主义，都爱发表宣言。发表宣言，类似于喊口号，不喊则别人不注意，听不见。发表了宣言，等于立了个小山头，插了一面小旗，也类似于小狗撒尿，告诉别的小狗，这是我的地盘，这样在艺术史上就有一席之地了。我们来看一下这些抽象艺术的“主义”都说了些啥。

辐射主义由俄国的拉里昂诺夫（Mikhail Larionov，1881—1964）和冈察洛娃（Nataliya Goncharova，1881—1962）创立，1913 年发表《辐射主义宣言》。宣言声称，艺术家应将表达的欲望放在表现事物的光线上面。这样的绘画并不是关于时空的绘画，而是让感官体验喷涌而出，从而使我们感受到第四维度。艺术家不应屈从于现实的形状，我的形状我做主。

至上主义由俄国的马列维奇（Kazimir Severinovich Malevich，1878—1935）建立，1915 年发表《至上主义宣言》。宣言声称，对抽象的知觉高于对形状的知觉。在没有色彩的平面上，只留

左 | 蒙德里安 —《构图》系列之一

右 | 波洛克 —《汇聚》

下一个方块、一个圆圈、一个三角形或者一个十字架，这些几何元素不再和现实产生联系。

构成主义的创立者是俄国的塔特林（Vladimir Tatlin，1885—1953）。构成主义似乎没发表过正式的宣言，倒是喊了一句响亮的口号：“艺术已死——塔特林工艺美术万岁。”所谓的塔特林工艺，就是几何图案和多种材料的拼合。

风格派的代表人物是荷兰的蒙德里安（Piet Cornelies Mondrian，1872—1944）。风格派在1918年发表宣言。宣言声称，这里存在旧的时间意识和新的时间意识，旧意识集中在个性上，新意识集中在普遍性上。蒙德里安将绘画限制在简单的几何形体上，如直线、正方形和三角形，尤其偏爱方格黑线。

抽象表现主义的组成比较复杂，代表人物是美国的波洛克（Jackson Pollock，1912—1956）。波洛克擅长将流质的油彩和涂料，利用泼、滴、洒等方式表现在画布上。抽象表现主义希望从

原始艺术中汲取超自然、精神性的力量，崇尚荣格[1]的“集体无意识”理论，也就是要在艺术创作中消解意识。艺术就是无意识的表达。著名抽象艺术家康定斯基（Wassily Kandinsky，1866—1944）也应该归入抽象表现主义派别，他出生在莫斯科，主要艺术活动在德国，晚年定居巴黎，其著作《论艺术里的精神》影响广泛。

极简主义盛行于美国20世纪六七十年代，代表人物有唐纳德·贾德（Donald judd，1928—1994）、罗伯特·莫里斯（Robert Morris，1931—2018）和托尼·史密斯（Tony Smith，1912—1980）等人。极简主义通过对抽象形态的不断简化，直至剩下最基本的元素来进行艺术探索，特征在于取消艺术家的

1. 卡尔·荣格（Carl Gustav Jung，1875—1961），瑞士心理学家，创立了荣格人格分析心理学理论，主张把人格分为意识、个人无意识和集体无意识三层。

个性表达，追求艺术的无内容、无主题和客观化。

虽然这些主义的口号和宣言有时不那么好理解，但从总体面貌来看，无主题、无内容和无意识正是抽象艺术的共同特征。

从具象到抽象，只是西方艺术的历程，并非艺术发展的必然。中国的书法艺术，就是一种高度抽象的艺术，中国绘画的线条和笔墨，也是抽象艺术的体现。虽然宋画也有写实的传统，但中国艺术从来就不纠结于具象和抽象的概念。当今的中国艺术家们从西方现代艺术那里借鉴而形成的抽象水墨，其实炒的仍是中国艺术的冷饭，不过是加了西方的香肠而已。

艺术里的精神

康定斯基是抽象艺术的先驱，是少数能够通过艺术理论自我加持的艺术家，其著作《论艺术里的精神》被认为是抽象艺术理论的经典。然而，严格来说，它更像一份艺术宣言，而不是理论著作。不论是语言，还是逻辑，均受诟病。康定斯基常用先知般的口吻阐述他的艺术观点，然后又把纯个人的体验当作普遍的科学现象加以论证。但无论如何，本书以及康定斯基的其他著作，为我们理解抽象艺术，以及康定斯基本人的创作提供了基础。

康定斯基的理论明显受到哲学和音乐的影响。他认为，艺术和物质世界一样，存在一个本质，艺术不能停留在模仿自然，而应该反映本质。这个本质就是他所谓的精神。但何为艺术里的精神，在康定斯基笔下并不确定。有时是指艺术内在激动人心的精神因素，有时又指艺术表象背后的本质因素。最后，康定斯基把艺术的精神具体为色彩和形式，而形式又具体为点、线、面，以及那些典型的几何形状。康定斯基这一思想的灵感来源于音乐。从小对音乐的爱好和熟悉，促使康定斯基思考绘画和音乐的差异性。在康定斯基看来，音乐不模仿自然，不受自然的影响，所以，音乐才是真正的艺术。虽然也有些音乐试图模仿自然，比如出现标题音乐，或者在音乐中出现青蛙的叫声、农场空地的嘈杂声和家务事的声音等，但在康定斯基看来，这些都是不可取的，尤其不应该出现在严肃音乐中。绘画则不然，“绘画在今天几乎完全陷于自然现象的复制”。康定斯基因此认为，这一现状必须改变，绘画应该借鉴音乐，摆脱自然的羁绊。

然而，音乐发展到今天，甚至在早期，就已经有非常明确的构成要素和完善的表现手段了，比如音阶、音程、和弦、曲调、节奏、转调、对位、曲式等。如果色彩和线条是绘画的内在形式和基本要素，它们应该如何构成呢？康定斯基阐述了许多色彩和线条的构成规律，但他自己也强调，其中并不具有科学基础，纯粹出于个人的心理体验。他借用音乐的术语，认为构成的最大原则在于内在和谐，而判断是否和谐的标准，在于是否产生了心灵的颤动。

康定斯基对此做了种种努力，他的追随者们也在继续努力。那么，这种努力是否已经初见成效了？其成效如果不能与古典音乐比肩，那么是否可以与音乐萌芽时期比肩了？音乐和中国书法是抽象艺术的典范，其发展均经历了长期的演变和成熟过程。绘画音乐化，这是个很奇妙的想法，虽然期待这种努力一蹴而就是不现实的，但我们仍不免怀疑，这是个值得努力的方向吗？色彩和线条，真的可以像跳动的音符一样，摆脱自然的

康定斯基 —《黄 · 红 · 蓝》

羁绊独立存活，乃至鲜活吗？面对康定斯基的抽象艺术，我们是否真的感到了心灵的颤动，体会到了艺术内在的精神和情感，还是相反呢？

康定斯基崇尚塞尚和高更，看不起毕加索。尽管毕加索也在努力摆脱逼真，摆脱自然，和他走在绘画音乐化的同一条路上，但康定斯基认为，毕加索的绘画音乐中，依然混杂人声、鸟声与生活声，远不如自己的绘画纯粹和谐。但世人似乎并不理会，毕加索反而受到了更加热烈的追捧，不知康定斯基对此做何感想。

反对阐释

绘画艺术的思潮终于波及到了文学和影视领域。1964 年，美国文艺评论家苏珊·桑塔格[1]发表了一篇著名的评论文章《反对阐释》。三年之后，这篇文章又被收入题为《反对阐释》的批评文集。这是桑塔格最广为人知的一部作品，也是她成为美国“目光最敏锐的论文家”的奠基之作，评论的锋芒涉及先锋文学、戏剧和电影。桑塔格也因此和西蒙·波伏娃[2]、汉娜·阿伦特[3]一起被并称为西方当代最重要的女知识分子。《反对阐释》到底说了什么？

《反对阐释》首先针对的是艺术中的内容。从艺术的模仿说开始，艺术长期拥有具象的传统，内容被认为是艺术重要的组成部分。但在桑塔格看来，内容对于艺术来说，是妨碍和累赘。因为内容的存在，导致了对作品没完没了的阐释，而绝大多数阐释属于过度阐释。“像汽车和重工业的废气污染城市空气一样，艺术阐释的散发物也在毒害我们的感受力。”

桑塔格列举了对卡夫卡[4]作品的过度阐释：“卡夫卡的作品一直经受着不下于三拨的阐释者的大规模劫掠。那些把卡夫卡的作品当作社会寓言来读的批评家，从中发现了卡夫卡对现代官僚体制的层层阻挠、疯狂以及最终沦为极权国家的案例研究。那些把卡夫卡的作品当作心理分析寓言来读的批评家，从中发

1. 苏珊·桑塔格（Susan Sontag，1933—2004），美国作家、艺术评论家，代表作有《恩人》《火山情人》《反对阐释》《激进意志的风格》。

2. 西蒙·波伏娃（Simone de Beauvoir，1908—1986），法国存在主义作家，女权运动的创始人之一。

3. 汉娜·阿伦特（Hannah Arendt，1906—1975），德国犹太人，20世纪思想家、政治理论家。著有《极权主义的起源》。

4. 弗兰兹·卡夫卡（Franz Kafka，1883—1924），奥匈帝国小说家，代表作有《审判》《城堡》《变形记》等。

现了卡夫卡对父亲的恐惧、他的阉割焦虑、他对自己性无能的感觉，以及对梦的沉湎的种种绝望的显露。那些把卡夫卡的作品当作宗教寓言来读的批评家，则解释说，《城堡》中的K试图获得天国的恩宠，而《审判》中的约瑟夫·K经受着上帝严厉而神秘的法庭的审判……”

这种对经典的过度解读举世皆然。在我国，围绕《红楼梦》诞生了红学，各色人等纷纷进行索隐和阐释。对此，鲁迅先生也曾说过类似的话：“经学家看见《易》，道学家看见淫，才子看见缠绵，革命家看见排满，流言家看见宫闱秘事。”

桑塔格呼吁对艺术形式的关注。“曾几何时，阐释艺术作品，是一个革命性、创造性的举措。现在不这样了。我们现在需要的绝不是进一步将艺术同化于思想，或者将艺术同化于文化……现在重要的是恢复我们的感觉。我们必须学会更多地看，更多地听，更多地感觉。我们的任务不是在艺术作品中去发现最大量的内容，也不是从已经清楚明了的作品中榨取更多的内容。我们的任务是削弱内容，从而使我们能够看到作品本身。”

在文章的最后，桑塔格喊了一句颇有点惊世骇俗的口号：“为取代艺术阐释学，我们需要一门艺术色情学。”

艺术 = 内容 + 形式

从绘画的抽象主义，到文学的反对阐释，其实是一脉相承的。他们都认为，内容对于艺术是累赘，他们希望把艺术从内容的束缚中解救出来，还艺术以本来面目。

19世纪末，英国文艺批评家克莱夫·贝尔（Clive Bell）提出“艺术是有意味的形式”。在贝尔看来，审美是一种纯形式的情感，人们在审美时，不需要生活的观念和激情，只需要对形式、色彩和三维空间的感知，审美是超然于生活之上的。形式之所以有意味，是因为形式后面隐藏着物体和终极实在本身。基于这种认识，贝尔否定艺术中的叙述性，也就是内容。艺术家的创作目的，就是把握这个“终极实在”。但人们不能靠理智和情感来把握这个“实在”，只有在纯形式的直觉中，才能把握它。贝尔的这套说辞对西方现代艺术产生了深远的影响，“有意味的形式”也成了美学界最流行的口头禅。

艺术中的内容是什么，形式又是什么？作品中的故事性和主题当然属于内容，按照贝尔的说辞，应该首先将它们从艺术中剔除。不然，我们如何区分，在欣赏壁画时，我们到底是被基督复活的故事打动，还是被内在的艺术形式所打动？于是作品中的人物只是人物，物品只是物品，相互之间不再有关系，内容不再有任何叙事。标题不能是“拿破仑越过阿尔卑斯山”，或者“自由引导人民”，而应该是“静物”，或者“线与色彩的构成”，或者干脆就是“无题”和“构成 8 号”。

艺术家们随后意识到，即便排除了主题和故事性，具象的人物和物体也是内容，也是干扰。不然，当我们在观看作品时，如何区分我们是被画面中的美女和诱人的苹果所打动，还是被内在的艺术形式所打动？所以，人物和物体的形状也必须舍弃。

但是，你以为你放弃了具象，我们就看不到艺术家内心的表达了吗？艺术家内心的表达难道不也是内容吗？艺术家内心的表达不也是对我们感受纯粹艺术形式的干扰吗？于是，艺术开始放弃意识和表达，开始追求无意识。至此，作品中只剩下杂乱的色彩和规则的几何图形了。

马列维奇 —《白上白》

可是，杂乱的色彩仍然提示着与现实的对应，规则的几何图形不也是现实的元素吗？如果我们把这些基本色彩和几何图案也舍弃了，我们还剩下什么？终于，我们把洋葱剥了一层又一层，剥到最后，我们发现里面什么也没有，于是出现了马列维奇的作品《白上白》。那么，我们所追求的纯粹的艺术形式到底是什么？它在哪里？

回过头来，我们还能回答什么是内容，什么是形式吗？在《反对阐释》一文的开头，桑塔格引用了王尔德的一句名言："只有浅薄之人才不以貌取人，世界的秘密在于表象，而非内里。"桑塔格的本意是希望借助王尔德的名言，提醒大家关注艺术的外在形式，而王尔德这句话真正的语义其实是，外在表象就是内在本质，或者说，我们只能感受到外在的表象，内在本质与我何干。所以，艺术除了我们所看到的外在表象，哪里还有所谓的内在的形式呢？如果非要区分内容和形式，那么，形式即内容，内容即形式。

如前文所述，艺术审美包括自然审美、技艺审美、移情审美和共情审美。具象是自然审美的基础，色彩和线条是技艺审美的基础，故事是共情审美的基础，它们既是艺术的内容，也是艺术的形式。离开它们，艺术美感将无所依附。尤其是审美中的情感因素，是艺术审美最核心的秘密，也是艺术最动人的力量。抽象艺术因缺少了情感，最终沦为冷冰冰的艺术——如果它还能称之为艺术的话。抽象程度越高，美感越寡淡，越彻底，越冰冷。抽象的极致，就是艺术的死亡。

对于文学、戏剧和电影来说，内容，或者说故事性更是其艺术的核心。虽然也有投机分子试图在文学、戏剧和电影中消解故事，推出各种先锋文学和戏剧，但终不免遭到市场的冷落。桑塔格也知道，在文学、戏剧和电影中反对内容有点勉为其难，所以她转而反对阐释。而阐释和内容不同，内容是语言本身，而阐释是内容的延伸，是言外之意，存在不确定性和无限蔓延性。其实观念艺术的所谓表达，才是桑塔格应该反对的阐释。抽象艺术摒弃阐释追寻纯粹的美感，而观念艺术则完全以阐释代替美感。这样完全对立的艺术主张，在20世纪初先后出现，并各自派生出多个主义，最后汇聚到一起，开始互殴，场面混乱不堪。

那些小混混们多数敌我不分，前一刻还勾肩搭背，后一刻便拳脚相向。大佬们则不同，脑子清醒一些，因为那些小混混的互殴就是他们煽动的。克莱门特·格林伯格（Clement Greenberg，1909—1994）是美国抽象艺术理论之父，认为抽象艺术是最高级的艺术，是现代艺术的高峰。抽象艺术的各种主义在艺术形式和风格上的探索，似乎确实穷尽了各种可能。这种不给后世留活路的做法不免激怒了后起之秀。作为当代艺术的教父，阿瑟·丹托一声令下，“格林伯格们”自然被打得落花流水。

桑塔格说，“我们需要一门艺术色情学”。口号虽这么喊，但结果往往是有色无情。

书法：抽象艺术的巅峰

从具象到抽象，西方艺术的发展似乎告诉我们，这是艺术发展的自然进阶之路，但中国艺术史却给出了不同的答案。抽象艺术出现在中国艺术史的早期，并且迅速达到了高峰，而且至今长盛不衰。书法就是一门典型的中国抽象艺术。

中国最早的文字是出现在3600年前商代的甲骨文，这是一种刻在龟板上的文字。商代后期，出现了金文。金文由甲骨文演变而来，主要铭刻在青铜器上。西周后期，汉字又演变为大篆，毛笔成了主要书写工具，而竹简则是主要的书写材料。至秦统一天下，丞相李斯改革文字，出现了小篆。出于书写的便利，汉代开始，隶书盛行，随后又演变出草书。而到了东汉，纸的发明无异于书写革命，为书写乃至书法的发展提供了便利的条件。至魏晋，行书达到高峰。至唐，楷书盛行。至此，文字已经成为完全的抽象符号，书法也成为纯粹的抽象艺术。

早在两周时期，六艺，也即礼、乐、书、数、御、射，就成为贵族和士大夫必备的基本技能。礼即礼仪规范，乐为音乐歌赋，书为书写，数为计算，御为驾驭马车，射为射箭。然而此时，书写还只是一项实用技能。但东周而后，根据郭沫若的说法，“书史之性质变而为文饰”，如同青铜器上的饕餮纹这时也逐渐脱离功能性而变成好看的文饰一样，这是书法艺术自觉的体现。因为诞生之初，这些饕餮纹和文字都具有神圣的含义，根本没考虑到审美。至汉末，出现了早期的书法理论，如崔瑗的《草势》，此时，书写才成为书法，或者说，书法才真正成为一项艺术。其实，汉代草书的出现，即是书法艺术独立的表现，因为草书已经不是实用书体，更多体现的是审美的功能。

魏晋至唐，各种书体相继出现，书法大师更是层出不穷，灿若星河。钟繇、王羲之、王献之、欧阳询、褚遂良、虞世南、张旭、颜真卿、怀素、柳公权……他们把书法艺术推向了至今也难以企及的高峰。两千多年过去，虽然书法不复往日的辉煌，但依然名家辈出，而且一直是中国文人心中最高的艺术追求。即便在今天，书法已经失去了实用功能，但仍令无数人为之着迷。同样作为抽象艺术，为什么书法没有像西方抽象艺术那样，出现昙花一现、难以为继的各种主义和颓势，中国书法艺术长盛不衰的真谛是什么？

前不久，我听书法家鲍贤伦讲书法，他强调了书法创作中法度、技艺和性情的重要性。所谓法度，是指书法创作的章法。书法有悠久的历史和传统，只有在遵循法度的基础上，才能谈书写的自由。如果置法度于不顾，则成野狐禅。其次是技艺，技艺是书法美的精髓。只有遵循基本的法度，才能体现高超的技艺。也只有高超的技艺，才能展现书法美学。而性情，在书法中表现为风格。艺术创作，既展示技艺，某种程度上也是性情的体现。书家的品性成了技艺之外的又一审美因素，既是书法艺术的创新部分，也是书法审美的核心秘密。高手比拼，同样的技法，同样的炉火纯青，比到最后，风格成了决胜因素。

在专业的审美眼光下，创作者的技艺和性情其实都一览无余，即所谓的透物见人。王羲之行书俊朗，张旭草书狂放，李叔同楷书恬静，都是性情和风格的体现。就如同音乐，巴赫平静严谨，莫扎特清新活跃，贝多芬慷慨激昂，肖邦浪漫梦幻，也都是性情和风格的体现。所以，鲍贤伦先生说，他的书法，追求的是最入古，最风格。入古求的是法度和技艺，风格求的是创新和个性。

抽象艺术，由于剥离了自然审美的耦合因素，以及内容叙事的情感因素，其美感只能体现在技艺之中。而技艺，只有在无数遍的重复演练之后，才能成熟。因而抽象艺术的创作和欣赏，必有门槛。西方艺术发展到后来，过度追求创新，不仅废弃传统，还恨不得踩上一万只脚。尤其是抽象艺术，最后追求无意识，无技巧，靠脑洞出奇取胜，无异于缘木求鱼，终究难免一场空。他们反过来批评中国艺术面目相似，因循守旧，是抄袭的艺术。殊不知，缺乏长久的浸染，自然无法欣赏看似雷同的中国笔墨中那精微的技艺之美。比如跳水项目，同样的难度系数，同样的动作，就看谁的动作更流畅，谁压的水花更低。同样是演奏帕格尼尼的《第一小提琴协奏曲》，或者贝多芬的《月光奏鸣曲》，就看谁表现得更精准。

那么，书法艺术到底美在何处？虽然书法理论汗牛充栋，但大多玄之又玄，令人云里雾里。李泽厚在《美的历程》中提出，书法是一种线的艺术，书法的美建立在从象形的基础上演化出来的线条章法和形体结构上，即它们的曲直适宜，纵横合度，结体自如，布局完满。除此之外，我们也常听到“气韵生动”的说法。何谓气韵生动，说法也很含糊多样，但首先需要确认书法气和韵的具体所指。我的理解，书法的气包括三层含义。首先，书写需要蘸墨，就如同唱歌需要呼吸。一笔墨就如同一口气，墨枯即气尽。所以一次蘸墨，最好一气呵成，气息相连。其次，气即气势，书写要有力度，如同太极，该凝重时凝重，该迅捷时迅捷，不可拖泥带水，迟疑不决。气的第三层意思，在于谋篇布局，要疏密得当，留出气口，也即透气。那么韵呢？韵是对比，是节奏，干湿浓淡的对比，轻重缓急的节奏。中国都说书画同源，且都讲究气韵生动，但两者所指其实并不完全相同。绘画的韵在于整个画面水墨浓淡干湿的对比之美，而书法的韵，除此之外，还包含了书写的节奏和韵律之美。书法和舞蹈、音乐一样，还是一门时间的艺术。所以，古人常说读帖，而不是看帖。在读中，有一个时间顺序，跟着书家的节奏，在凝重和迅捷中领略书法的韵律之美。

有一个书法家曾经很自豪有外国人欣赏她的草书，她因此得出结论：草书才是真正的艺术，欣赏书法，并不需要认识其中的字，识了字，反成了障碍。这一论调，秉承的是西方抽象艺术的那一套，真的把书法当成西方抽象画来看了。这样看书法，至多窥见书法艺术的皮毛，势必错失其中的主要美学成分，也即书写技艺和节奏的美感。现在也有所谓的当代书法艺术，完全舍弃书法传统，追逐西方抽象艺术的时髦，把书法做成抽象绘画，其实是舍本逐末，误入歧途。

PART

IV

THE JOY OF LIFE

第四部分

生之愉悦

第 1 4 章

爱情是特殊的审美

这是五月中旬的某天侵晨，铁墩岛上微风和煦，空气清新，又将迎来繁忙喧闹的一天。自从 2013 年我们在这里实施中华凤头燕鸥 *Thalasseus bernsteini* 人工招引项目以来，这个东海外曾经寂寂无名的小岛，已经声名远播。中华凤头燕鸥是一种极度濒危的海鸟，因数量稀少、踪迹神秘，又被称为“神话之鸟”。为了拯救这一珍稀鸟类，我们选择了浙江宁波韭山列岛的这个无人岛屿作为项目地，招引中华凤头燕鸥和大凤头燕鸥 *Thalasseus bergii* 来此繁育。每年春夏季节，均有几十只中华凤头燕鸥和数千只大凤头燕鸥光临，在此生儿育女，繁衍后代。

场地上已经挤满了孵蛋的燕鸥。燕鸥是集群繁殖的鸟类，数千只燕鸥挤在不足 1000 平方米的空间内，巢与巢之间的距离大约只有 30 厘米。一对燕鸥一年只产一枚蛋，由双亲轮流孵化。孵蛋的燕鸥极具警惕性和攻击性，不断与邻居争吵，整个繁殖场十分喧闹。

在场地的外围，则完全是另一番景象。那些迟到的个体，正忙着求偶炫耀。几只大凤头燕鸥嘴里叼着从海里捕的小鱼，追逐着心仪的对象。被追求的一方似乎无心，掉头飞走了。终

燕鸥人工招引繁殖场地（陈水华/摄）

于有一对两情相悦，献鱼成功，并来到一块空地，双双张开翅膀，旋转舞蹈。跳了一阵，似乎还不尽兴，忽然一起飞到了空中，在天空中继续翩翩起舞。

关系确定之后，燕鸥夫妻旋即交配，开始产卵，进入孵化和育雏阶段。整个繁殖季节，伴侣之间恩爱有加，繁育儿女尽心尽责。尤其在雏鸟出壳之后，父母的宠爱之情一览无余。为了育雏，双亲起早摸黑，马不停蹄地外出捕鱼。幼儿遇险，则双亲惊慌失措，护子心切。在这个小小的繁殖场，每天都上演着无数的爱情与亲情故事。

这只是这个星球上亿万个动物繁育场景中普通的一角。这样温馨的画面，日日在发生，处处在上演。随着对动物生活的了解越深，我们越发不确定：人类的爱情和亲情是独一无二的吗？它们是否比动物的更加伟大？

中华凤头燕鸥在空中伴飞（张鹏/摄）

问世间，情为何物

问世间，情为何物，直教生死相许。
天南地北双飞客，老翅几回寒暑。
欢乐趣，离别苦，就中更有痴儿女。
君应有语：
渺万里层云，千山暮雪，只影为谁去。
横汾路，寂寞当年箫鼓，荒烟依旧平楚。
招魂楚些何嗟及，山鬼暗啼风雨。
天也妒，未信与，莺儿燕子俱黄土，千秋万古。
为留待骚人，狂歌痛饮，来访雁丘处。

这是金元词人元好问著名的《摸鱼儿·雁丘词》的内容。

在词前，作者有一段自序：太和五年，赴并州参加科举考试的路上，作者遇到了捕雁的人，说捉到了一只雁，而且把它杀了，它的伴侣侥幸逃脱，却在空中徘徊，悲鸣不已，忽然间竟自行投地而死。他很感动，便把死雁买下，葬在汾水之上，并且垒石为识，称之为雁丘。同行的人纷纷赋诗纪念，元好问也写下了这首《雁丘词》。这首词，触景生情，借大雁的殉情，感怀人生的悲欢离合，以及爱情的忠贞不渝。

元好问的词，开篇第一句，破空而来，直击人心，饱含感慨与困惑，闻者莫不共鸣动容。问世间，情为何物？堪称千古之问。其实，不只中国古人有这个困惑，凡是人，都不免陷入这个困惑。20 世纪 20 年代，美国曾经有一首经典流行歌曲，曲名就是《爱情是什么？》(*What Is This Thing Called Love*？)。

爱情是文学永恒的主题，也是人生悲欢的根源。爱被誉为“自然界的第二个太阳”(乔治 · 查普曼[1])，甚至是“宇宙的终极法则”(索罗雅思德[2])。埃里克 · 弗洛姆[3]在《爱的艺术》中提出：“没有爱，人类一天都存在不了。”我们每个人的一生中，都曾经为爱所迷醉，或为爱而痛苦。然而，对于什么是爱，我们并没有那么确定，甚至一千个人有一千种看法。爱被普遍认为是人类最崇高、最强烈、最美妙、最不可思议的体验。梭罗[4]

1. 乔治 · 查普曼（George Chapman，1559？—1634），英国戏剧家、诗人。
2. 索罗雅思德（Zoroaster，也作 Zarathushtra，译为查拉图斯特拉，前 628—前 551），公元前 6 世纪伊朗先知。
3. 埃里克 · 弗洛姆（Erich Fromm，1900—1980），美籍德国犹太人，人本主义哲学家和精神分析心理学家。
4. 亨利 · 戴维 · 梭罗（Henry David Thoreau，1817—1862），美国作家、哲学家，著有《瓦尔登湖》。

说，“爱是永远无法消除的饥渴”。拿破仑说，爱情是“两个人干出的一件蠢事”。也有人说，爱情就是一个傻子爱上一个疯子。有人说，爱是占有，有人说，爱是奉献。有人说，爱是承诺，有人说，爱是默契。有人说，爱是牵手，有人说，爱是放手。有人说，爱是一见钟情，有人说，爱是日久生情。有人说，爱源于相似，有人说，爱源于差异。爱情似乎不讲道理，不合逻辑，没有规律。有时死心塌地，有时朝三暮四。有时是天使，有时是魔鬼。有时是“得成比目何辞死，愿作鸳鸯不羡仙”，有时是“衣带渐宽终不悔，为伊消得人憔悴”。有时是“身无彩凤双飞翼，心有灵犀一点通”，有时是“恸哭六军俱缟素，冲冠一怒为红颜”。

对于爱情，无数先哲渴望追索源头，探究本质。柏拉图的《会饮篇》为爱的起源提供了最为经典的范本。他通过阿里斯托芬之口，讲述了一个远古的神话，说曾经有过这样一个时候，爱并不存在，当时“人类”是一种外形像圆球一样的原人，采用无性生殖，像蚂蚱一样把后代生到地里。然而，这些原人不仅狂傲，且不自量力，居然向众神挑战。众神本要把这些滚圆的家伙毁灭，但最后还是决定把他们纵向劈成两半。这种一分为二，使我们的祖先成了不完整的人，成了“有分裂人格的人”。于是每个不完整的部分便开始渴望与另一半结合，渴求得到对方，这样一种强烈的愿望就是爱。这就是爱的起源。

《圣经》提供了另一个异曲同工的版本。上帝用泥土创造了亚当，担心其孤独，又用亚当的肋骨制造了夏娃。夏娃曾经是亚当的一部分，所以，渴望重新合为一体的欲望非常强烈，这就是爱。

而有些先哲，比如圣雄甘地，干脆认为爱是世界的本体。在基督教里，爱也成了上帝的化身。古希腊哲学家恩培多克勒（Empedocles，前493或495—前432或435）认为，宇宙是爱和争斗两种力量作用的结果，爱是亲和的力量，而争斗属于排斥的力量。在此基础上，美籍俄裔社会学家皮特林·索罗金（Pitirim Sorokin，1889—1968）认为，磁力和万有引力都是爱的一种表现形式。中国古人也把磁石吸铁比做慈母爱子，称磁石为“慈石”。亚里士多德甚至认为，自由落体随着与地面接近，速度越来越快，其原因在于落体感觉到它与它所源自的大地即将重新结合而“欢欣鼓舞”。

今天，我们看到这些理论可能会觉得荒谬，但要指出它们错在何处，却并不容易。要回答情为何物，还得借助现代科学，尤其是现代生物学。

性与爱的起源

正如柏拉图的神话和《圣经》故事所关注的，人为什么有男女之别？环顾周边的生物，我们发现，不仅人有男女之别，动物也有雌雄之别，甚至植物也有雌雄之别。那么，性别到底是怎么回事？它是怎么起源的？有什么进化意义？

在生物进化的初期，生物是不分性别的，无论是动物还是植物，都无雌性和雄性之分。这一情形今天依然可见，那些低等的植物，比如藻类、苔藓和蕨类，依然没性别之分。其生殖细胞孢子，也没有雌性和雄性的分化。动物的情况也是这样，那些低等的无脊椎动物，比如原生动物、多孔动物等，就没雌雄的区别。它们的生殖方式属于无性繁殖，包括裂殖、出芽和孢子生殖等。

无性繁殖，意味着所有的后代都是自身的副本，进化所依赖的变异非常有限，主要来自基因突变。而有性繁殖的出现，完全改变了这一状况。有性生殖通过染色体的有丝分裂，产生雌雄两类生殖细胞——精子和卵子，再通过生殖细胞的交换和结合，使后代产生更大的变异，出现新的性状，多样性更高，更有利于适应环境。有性生殖加速了生物进化的进程。在地球上生物进化的 30 余亿年中，前 20 余亿年生命停留在无性生殖阶段，进化缓慢，后 10 亿年左右进化速度明显加快。除了地球环境的变化外，有性生殖的产生与发展也是主要原因之一。现存已科学描述的 150 余万种生物中，从细菌到高等动植物，能进行有性生殖的种类占 98% 以上，就说明了这一点。

有性生殖也分为两大类。一类属于雌雄同体，一类为雌雄异体。植物多数为雌雄同体，尤其是被子植物。大约 80% 的开花植物属于雌雄同株。雌雄同株并不意味着自己给自己授粉，虽然它们偶尔也会自体授粉，但多数情况仍需要异体授粉，不然就无法实现遗传物质交换的优势。雌雄同体的好处是可以增加繁殖的机会。由于植物不会运动，无法主动寻找繁殖对象，两性相遇的机会就较少。如果雌雄异株，一旦周围分布的都是同性别植株，就会陷入困境。雌雄同株就不同了，可以和周围任何一个植株互相授粉。

而现存的动物，除了少数蠕虫和软体动物，如蚯蚓、蜗牛、海兔和牡蛎等，属于雌雄同体外，绝大多数为雌雄异体。也就是说，一个动物个体，要么是雄性，要么是雌性，这就是性别的由来。一般来说，一个生物个体，其性别是确定的，但凡事总有例外。在少数鱼类中，会出现性逆转现象，比如黄鳝即是性逆转的典型物种。每条黄鳝一生要经过雌雄两个阶段，从幼鳝到成鳝是雌性的，有产卵的本领，可是产过一次卵后，卵巢就转化为精巢，变雌为雄，而且永远不再产卵。

可见，性别的分化虽然有利于生物的进化，但并不是生殖的必需。即便是雌雄异体的动物，在特殊条件下，也可单性繁殖，也即雌性完全不需要雄性的参与，自己就能生下正常的后代，这一现象被称为孤雌生殖。昆虫是孤雌生殖最多的动物门类，蚜虫就拥有这个能力：在夏天植物繁茂的时候，雌性蚜虫就通过孤雌生殖产下大量后代，而这些后代也都是雌性。但是到了冬季，蚜虫又会回归到两性生殖的方式。在高等脊椎动物中，孤雌生殖也时有发现，部分鱼类、两栖类、爬行类甚至鸟类和哺乳类动物都可进行孤雌生殖。比如两栖类的蛙和蝾螈、爬行动物里的蜥蜴和蛇都可进行孤雌生殖。部分鸟类比如鸽子、鸡和火鸡在人工饲养环境下也能孤雌生殖。

到这里，我们还没有看到爱的身影。爱又是怎么回事呢？

近年来，动物行为学和神经生物学的快速发展，逐渐为我们揭开了蒙在“爱”上的神秘面纱，使我们能够科学理性地看待爱与爱情（Young，2009；Young & Alexander，2012）。

首先，爱不是思想的结晶，也不是道德的升华，它不只存在于诗歌和小说中，而是一项实实在在的生物机能，具有具体的神经和生化基础，以及明确的进化功能。爱与性有千丝万缕的联系，但爱不是性。它既不是对性的欲望，也不是性满足的快感，它甚至不是性的前提，更不是性的结果。爱是一类特殊的情感。在生物学中，爱被界定为动物个体间的情感联结，更准确地说，爱是存在于动物个体间的眷恋之情，主要包括两大类：配偶眷恋（pair bonding）和亲子眷恋（maternal bonding）。

配偶眷恋发生在配偶之间，多数发生在异性之间，如异性恋，也可发生在同性之间，如同性恋。同性恋的发生机制目前还不是很清楚，但可以肯定它并非文化现象，而可能与胚胎期的基因表达和大脑发育有关（Young & Alexander，2012）。而且，同性恋在动物中，尤其是哺乳动物中，是个普遍的现象。配偶之间的互相吸引，并非像柏拉图的神话和《圣经》故事中所说的那样，是分开的两半出于重新合体的渴望，而纯粹是生殖的需要。生殖是生物生存和繁衍最重要的大事，所以，性的吸引力在所有的欲望中也是最强烈的。进化对实施和完成性活动的奖励同样是最大的——令人迷醉的狂喜和快乐。

然而，生物世界，千差万别。对于许多生物来说，并不是生了就万事大吉了。生了，还需要养，如果生了不养，让后代自生自灭，这样的生物也难免要被淘汰。当然，生物界中确实有许多生物是光知道生不知道养的。比如有些昆虫、鱼类和蛙类，它们产了卵之后，并无孵化和养育的过程，确实任其自生自灭，或被其他生物吞食，或遭遇环境波动而死亡。这些生物的繁殖成功率非常低，之所以能够存续，靠的是多产。虽然死亡率高，但因为生得多，总有一些幸运的个体能够存活下来。

然而，并不是所有的生物都能这么高产。况且，这样的生殖模式也非常浪费，不符合自然选择经济高效的原则。因而，靠高产对抗低存活率的生物往往也比较短命。也有一些动物，虽然不这么大手大脚，铺张浪费，但也不花精力照料后代，比如多数蛇类和龟类，它们一般把蛋掩埋起来，依靠土壤和日晒的温度孵化。孵化出的小蛇和小龟，自己独立觅食谋生，面对各种风险。对于另一些动物来说，它们一个繁殖季节，甚至一生的生殖能力都很有限，比如多数鸟类和哺乳动物，它们的后代非常脆弱，出生时缺乏独立生活的能力，需要父母的抚育才能成活和成长。

谁都知道，养孩子是件非常吃力不讨好的事情，谁愿意干呢？谁都不愿意。这时候，进化必须有奖励机制，用来鼓励，或者说控制这些父母，让它们心甘情愿、死心塌地地承担起抚育子女的职责。进化用了两招：一招称为“配偶眷恋”，另一招称为“亲子眷恋”。配偶眷恋的目的在于建立夫妻之间的纽带，使双方在繁殖期间自始至终通力合作，完成育雏任务。亲子眷恋的目的在于建立父母和子女之间的纽带，使父母对子女无微不至，尽心尽力，确保其健康成长。

当然，进化在具体推行这两套机制时，并不盲目一刀切，而是非常务实，具体情况具体分析，针对不同的物种，采取不同的措施。总之，一切以确保后代成长、达到物种延续为目的。

对于由一方养育即可，无需双亲投入的物种，进化也不强求，只为养育一方配备亲子眷恋。而另一方则任其逍遥，既不用配偶眷恋把它留在家里，也不用亲子眷恋强迫它照顾孩子。那么，谁这么倒霉，被进化选中养儿育女呢？这就要看谁在后代身上投入多了。一般来说，雌性的卵子在个头上比雄性的精子大很多，比如，成熟人类的卵子大小是精子的100万倍，而且一生形成的数量屈指可数，因而在共同繁殖这件事上，雌性的初期投入比雄性大。面对繁殖失败的风险，雌性更输不起。这样一来，雌性就常被进化选中，成为承担起独自抚养责任的倒霉一方。比如鸟类中的鸡和鸭等，雄性大都有漂亮的羽毛，它们除了繁殖前期求偶炫耀、争风吃醋之外，就是在交配中贡献一些精子。此后基本上甩手不管，由雌鸟独立抚养一大群儿女。独自养育子女的现象，在哺乳动物中更加普遍，大约有90% 的哺乳动物由母亲独自承担养育任务。

小鹏鹏将孩子背在背上出游，表现出强烈的亲子眷恋（陈水华/摄）

当然，进化偶尔也有“恶作剧”的时候。比如水雉，这是一种生活在中国东南部湖泊湿地的水鸟。这种鸟类一反常态，实行的是一妻多夫的婚配制度，也就是一只雌鸟拥有多个雄性配偶。水雉的雌鸟体格健壮，羽饰漂亮，而雄鸟则相对娇小，羽色暗淡。在繁殖季节，水雉雌鸟会为每只雄鸟产一窝蛋（通常为4枚），交给雄鸟独自孵化和养育。这些反常现象之所以能够存在，说明了一点：进化不做预先设计，只做事后选择。任何性状、任何行为，只要你有存在的基础，就会被保留下来。

也有许多物种，一方无力抚养子女成长，需要双方通力合作。这时候，配偶眷恋和亲子眷恋就成了双保险。那些雌雄同型的鸟类，也就是雌雄外形相似的鸟类，比如绝大多数海鸟，基本都是双亲共同养育子女。

人类更是如此，生育率很低，抚养成本很高，任何一方都无力独自养育儿女成人。对于这些物种，配偶眷恋和亲子眷恋都特别强烈。配偶眷恋被人类称为爱情，而亲子眷恋则被称为母爱或者父爱。

爱情生物学

人们常说，两颗心灵擦出了爱情的火花。而且，我们触碰到恋人身体的时候，有一种触电的感觉。这些迹象似乎表明，爱情就是一股电流。然而，那些恋爱中的人，总是诉说心跳加快，面色潮红，如痴如醉，爱情又似乎类似于化学反应。那么，当我们遭遇爱情的时候，身体里到底发生了什么？

当我们说爱的时候，往往并不明确其具体所指。有时我们指的是对恋人性的欲望，有时指的是和恋人相处时身心的愉悦，有时指的是离开恋人时的思念之情。但多数人会赞成，性与爱是不同的东西。多数时候，我们与恋人相处，并没有强烈的性的欲望，只是单纯感到快乐。我们把这种超脱性欲的感情称之为爱。具体来说，性是一种欲望，而爱则是一种感情。

基于大量的动物配偶眷恋的神经科学实验，科学家已经初步探明了爱情的化学机制。鉴于动物配偶眷恋所激活的脑区和人类爱情所激活的脑区基本相同，神经科学家有理由相信，两者具有相同的生理机制（Young & Wang，2004；Young，2009）。根据上述神经科学研究，爱情能够给我们带来快乐和所有的审美活动一样，它们所触发和利用的，也都是位于大脑中的同一个奖惩系统，甚至伴随着类似的神经递质的释放。

在《我们之间的化学反应》一书中，美国著名神经科学家拉里·杨列举了目前确认与爱情相关的化学递质，它们包括多巴胺、去甲肾上腺素、苯基乙胺、血清素、催产素和血管升压素等（Young & Alexander，2012）。这些化学递质，在爱情的不同阶段分别扮演着不同的角色。多巴胺、去甲肾上腺素和苯基乙胺更多出现在我们坠入爱河的时候，让我们心跳加速、面色潮红、如痴如醉。而血清素、催产素和血管升压素，更多出现在爱情的稳定期。花前月下、田间小径，两个人手牵着手，不需要言语，一个眼神，一个表情，即心领神会，心满意足。血清素和催产素带来的快乐虽然没有初恋那么强烈，但那种持续满足感，那种温馨和甜蜜感，同样令人神往。

生物学家针对橙腹田鼠的研究，为我们理解动物和人类的爱情提供了大量有趣的启发。橙腹田鼠是美洲地区草原上比较常见的小型啮齿类动物，显示出一系列与人类高度相似的伴侣行为，最显著的特征之一就是超过98%的橙腹田鼠实行标准的一夫一妻制。它们找到伴侣后，很大概率会与对方维持长久的伴侣关系。对于爱情，它们能做到忠贞不渝；对于后代，它们能做到无微不至。

20世纪90年代，科学家发现，催产素对于橙腹田鼠伴侣情感的维持发挥着至关重要的作用。催产素能刺激乳腺分泌乳汁，且在分娩过程中促进子宫平滑肌的收缩，推动生产。1994年，伊利诺伊大学年轻的生物学家苏·卡特（Sue Carter）发现，给没有交配欲望的雌性橙腹田鼠大脑注射催产素，这些原先对雄性田鼠完全无感的雌鼠马上表现出了对雄鼠强烈的依附之情（Williams et al.，1994）。科学家最终确认，催产素对于配偶眷恋的形成具有至关重要的作用。这一发现，不仅揭开了橙腹田鼠的爱情秘密，也掀起了流行文化中催产素的热潮。

随着研究的深入，人们发现，催产素的主要功能在于可以强化动物的社会记忆。大脑中催产素浓度的提高，可以显著提高动物的身份识别和情感交流能力，并促使它们在日常生活中展现更多的积极行为。同时也发现，性交可激发催产素的释放。这也解释了，为什么情侣之间的性活动有助于爱情的产生和稳定。

虽然，在人类身上开展实验有许多禁忌，没有针对田鼠那么方便，但一项用催产素向鼻腔喷雾的实验显示，催产素同样可以缓解人类的焦虑情绪，显著提高人脸识别、情感交流等社会记忆能力（Guastella et al., 2007; Guastella et al., 2009）。针对情侣的跟踪调查也发现，恋爱之初催产素水平高的情侣，六个月后仍能维持情侣关系。

美国生物化学家文森特 · 迪维尼奥（Vincent du Vigneaud），1955 年因首次分离合成血管升压素获诺贝尔化学奖。血管升压素具有维持人体水分平衡的作用，也被称为抗利尿激素。有尿床的小孩就诊时，医生一般会开出血管升压素作为抗利尿的药物处方。但随后的研究发现，血管升压素对于爱情的发生也具有重要作用，而且对男性更是如此。一般来说，催产素的释放主要受雌激素的影响，而血管升压素的释放更多受睾酮的影响。

拉里 · 杨曾经给雄性橙腹田鼠注射血管升压素，发现其对雌鼠的情感依恋明显增加，一改原先的无动于衷，会主动过去嗅闻雌鼠，为雌鼠梳理毛发。后来，他又把橙腹田鼠身上的血管升压素受体基因 avpr1a 导入到山田鼠 *Microtus montanus* 身上。山田鼠和橙腹田鼠虽然是近缘种，但对待爱情和婚姻的态度完全不同，山田鼠实行的是多配制，也就是一夫多妻，而且十分花心。导入 avpr1a 基因的山田鼠完全变了，对待爱情和婚姻的态度一如橙腹田鼠（Young et al., 1999）。

母爱，被认为是人类最伟大的感情，甚至超过了情侣之间的爱情。因为爱情多少还有点自私的成分，而在母爱中，我们感受到的完全是无私和奉献。然而，稍微熟悉一点动物行为学，我们就会发现，动物的母爱非常普遍，完全不输给人类。为什么动物也有如此高尚的行为？难道母爱的产生并非我们曾经以为的，出于文化的影响吗？

现有的科学证据都显示，我们所谓的母爱，基本上是大脑受神经化学物质的影响而产生的。

大多数鼠类在产崽之前，基本没有母性本能。它们对幼鼠基本敬而远之，甚至害怕幼鼠，还有攻击和杀死幼鼠的现象。一旦怀孕产崽，马上母爱泛滥，对幼鼠呵护有加。我们人类其实也是这样。很多女孩子原本是很讨厌小孩的，嫌他们脏，嫌他们吵闹。一旦做了母亲，小孩子的鼻涕、屎尿，都成了可爱的东西。走在路上，看到别人家的孩子，也立马眼睛放光，迈不开脚步，恨不得上去捏一下粉嘟嘟的小脸蛋。

在母爱背后，起主要作用的是催产素和催乳素，其中，催乳素是一种刺激并维持泌乳的激素。它们都能作用于母性回路的关键部分，驱动大脑中的母性行为。

1979 年，美国北卡罗来纳大学的科特·佩德森（Cort Pedersen）给 13 只从无交配和生育经历的雌鼠的大脑注入催产素，并把一窝幼崽带到它们面前。其中 6 只雌鼠马上变成了标准的“妈妈”，把幼鼠拉到身边，开始舔舐（Pedersen & Prange，1979）。

多数哺乳动物的幼崽，都是一出生就会寻找母亲的乳头，开始吸奶。乳房中有直接通向大脑的神经元，哺乳的感觉会刺激催产素的释放，一方面刺激泌乳，另一方面激发母性。正常的阴道分娩也能刺激催产素的释放，有证据显示，相较于顺产母亲，剖腹产母亲对自己孩子哭声的反应更弱，患产后抑郁的概率更高（Swain et al.，2008）。

多数动物幼崽完全缺乏生活自理能力，对于它们来说，如何健康成长是个非常大的挑战，唯一可以依赖的就是自己的父母，尤其是母亲。它必须紧紧地抓牢母亲，和母亲之间建立密不可分的纽带，这个纽带就是母爱。婴幼儿所有的可爱表现，都是为了诱导和激发母爱，以确保自身的存活。

深爱成瘾

爱情并不总是带来甜蜜和快乐。每当深爱退去，那种欲罢不能，怅然若失，同样噬咬人心。尤其是遭遇失恋，又或者恋人逝去，更是会留下巨大的创痛，甚至让人生无可恋。

爱情对人产生的影响，不免让人想起毒品。在很多方面，爱情确实类似毒品，让人沉迷其中，不能自拔。因此，爱情也被比作一类特殊的成瘾症。这一类比有没有科学道理呢？

2010 年，美国佛罗里达大学的神经生物学教授汪作新，带领自己的团队开展了一项实验。他们发现，给橙腹田鼠注射毒品安非他明之后，这些田鼠就不再产生配偶眷恋，而产生了配偶眷恋的田鼠，则不会出现毒品依赖。似乎橙腹田鼠一生只有一次与某物建立联系纽带的机会，不管是配偶还是毒品，这种联系一旦建立，就不再与其他事物建立类似的联系纽带（Liu et al.，2010）。

他们的研究证实，毒品能让大脑伏隔核处于冻结和迟钝状态，使大脑奖赏系统失去作用，不再对新的刺激发生兴趣，不管这新的刺激是美味的食品，还是儿女和恋人的微笑。

德国科学家奥利弗·博施（Oliver Bosch）做了另一项实验。他把单身汉田鼠和刚刚失恋的田鼠分别扔进水里，发现那些单身汉田鼠总是拼命游动，求生欲望很强，而那些失恋的田鼠却任由自己漂浮在水上，一副心如死灰的样子。再把它们倒过来，用尾尖吊起来悬停，单身汉田鼠总是挣扎不休，而失恋田鼠则像一条湿袜子一样，了无生气。再把他们放到迷宫中，结果同样如此：单身汉田鼠像没头苍蝇一样寻找出路，失恋的田鼠则毫无探索的意愿与斗志。其他科学家利用毒品代替恋情，也就是用戒毒的老鼠代替失恋的老鼠，发现情形同样如此。戒毒的老鼠甚至不愿社交，整天闷闷不乐（Bosch et al.，2008）。

为了解释田鼠消极抑郁背后的生理机制，博施检测了实验田鼠体内的化学物质。发现与普通田鼠相比，失恋田鼠血液中的皮质酮（corticosterone）和肾上腺素水平明显增高。也就是说，失恋使田鼠处于应激状态，并产生焦虑感。

博施说，当一个人开始陷入爱情时，总是欣喜若狂，感觉一切都那么美好。这时其实是多巴胺系统在发挥作用。一旦眷恋之情建立，多巴胺系统会悄然撤退。这时，假如离开了伴侣，应激系统会走到前台，让你郁郁寡欢，或者选择酗酒，甚至出现过激行为。这就是爱情的秘密。

在童话故事里，公主和王子历经艰险，有情人终成眷属，从此过上了幸福的生活。而在现实世界里，那种幸福的感觉终将消退，取而代之的是害怕失去的焦虑，“王子”和“公主”都成了爱情的俘虏。恋人一旦分开，就会陷入思念、陷入痛苦，只有重新相聚，这种痛苦才能得到缓解。所以说，爱情使人甜蜜，也使人痛苦。有很多恋人甚至因为受不了这份痛苦，受不了爱情的束缚，而选择分手。然而，分手之后，却又因为更加痛苦，不得不选择破镜重圆。这类故事也是文学永不枯竭的题材。除了有情人终成眷属的童话版，爱情故事还有因爱生恨的现实版。

对于进化来说，爱情就是一种控制，不论采用何种方法。奖励是一种控制方法，惩罚是另一种控制方法，而奖励加惩罚的双重控制才是最为经济和有效的控制。其实亲子眷恋也是如此。抚养幼儿和坠入爱河一样，进化必然给予奖励。但一旦你离开孩子，甚至失去孩子，进化也必然给予惩罚。在现实生活中，母亲对儿女的思念，一点不亚于恋人之间的思念，丧子之痛，同样使人不能自拔，甚至痛不欲生。

正如我在第 3 章的“喜欢、痴迷与成瘾”一节中所说的，凡是能让我们喜欢的，也必能让我们成瘾，关键在于刺激量的多少。少量刺激，让我们心生欢喜，更多的刺激，导致痴迷，不断地刺激，最终成瘾。审美、快乐、爱情、母爱、幸福、毒品……不过是大脑奖惩系统在不同状态所佩戴的不同面具。

燕鸥的婚配方式和橙腹田鼠一样，属于单配制，也即由一雌一雄组成一对配偶，共同孵蛋和育雏。与橙腹田鼠不同的是，燕鸥的配偶关系一般只持续一个繁殖季。鸟类中也有一些模范夫妻，比如信天翁、天鹅、暴风鹱等，它们的婚姻关系会维持数年，甚至数十年。

6 月的铁墩岛，燕鸥们大多进入了孵蛋模式。整个孵化期大约 27 天。在此期间，双亲轮流孵蛋，交接工作有条不紊。一方在孵蛋时，另一方则外出觅食，或在周围活动，又或者陪在伴侣身边，帮助伴侣和周围的邻居吵架。正常情况下，6 月下旬即可看到第一批燕鸥雏鸟出壳了。一旦雏鸟出壳，父母们便立刻进入了哺育下一代的“战斗状态”。在头几天，亲鸟轮流去海上觅食，专门捕捉体型小、能让雏鸟一口吞下的食物。父母必须争分夺秒，让孩子能尽快增加体重、积累脂肪。而当雏鸟长大一些后，食量变得更大，这时需要父母一起外出捕鱼，方能满足幼鸟贪得无厌的食欲。燕鸥的育雏期大约为35天。到育雏期末期，幼鸟的体重达到巅峰，甚至超过了父母。而这时的父母由于辛劳，反而是一年中最清瘦的时候。

也有一些父母，或者是缺乏经验，又或者是鲁莽疏忽，在繁殖期间会出现蛋毁雏亡的情况。这时，双亲的表现也如同人类，惊慌失措，哀鸣不绝，闻之令人心痛。来得及的话，它们会选择再产一窝，作为补救。如果时间迟了，也不得不放弃。因为，不管是繁殖成功，还是繁殖失败，在秋天到来的时候，它们必须离去，飞越东海和南海，在南中国海周边越冬。

等到来年春天，它们会忘掉曾经的痛苦和喜悦，踏上回归的旅程，回到铁墩岛上，重新演绎爱的故事。

第15章

幸福总在山那边

近日，法国著名影星阿兰·德龙去世。早在两年前，他对外界透露，希望在瑞士接受安乐死。这让世人，尤其是他的影迷大为不解。阿兰·德龙英俊潇洒、帅气逼人，被誉为法国第一美男，冷峻的眼神像蔚蓝的大海一样深邃。他是无数男人的偶像，万千少女的梦中情人。阿兰·德龙晚年疾病缠身，心生厌倦，这可以理解，但让人不解的是，他甚至还说：除了幸福，他什么都有。这样一个集万千宠爱于一身，什么都拥有的人，为什么会感觉不幸福？

这似乎不是个别现象：许多看似美满的婚姻，最后不欢而散；许多笼罩在光环中的明星，选择了自杀；连要风得风、要雨得雨的皇帝，也大多短命。21世纪初，针对英美和日本的大规模调查显示，社会在进步，物质在丰富，人们拥有了更多的食物、更时尚的服装、更高级的汽车、更大的房子、更多的假期，甚至更健康的身体，但与五十年前的调查相比，受访者的幸福感并没有提升。相反，离婚率、犯罪率和精神抑郁的发生率却呈上升趋势（Layard，2005）。

物质丰富和精神幸福似乎不成正比。钱多了，兄弟也多了隔阂，夫妻反生嫌隙。焦虑未去，又添新愁。过上好日子的人们，却怀念起过苦日子时的单纯快乐。有情人终成眷属，公主和王子从此过上了幸福的生活——这是一个童话故事的结尾，也是一个现实故事的开始。在现实生活中，公主和王子发现，幸福不是一帧挂在墙上笑容甜美的结婚照，而更像一个虚幻的泡影，用手触摸的时候，要么破碎，要么飘走。在追寻幸福的路上，挡道的不再是傻傻的妖魔，而是更加狡猾难缠的心魔。

有时候，理智告诉我们，我们已经拥有了一切，我们应该感到幸福，但实际上，我们并没有这样的感觉。正如俗话所说，我们一直在努力追赶幸福，而幸福却总在山那边。问题到底出在哪里呢？

幸福的奥秘

5 万年薪，生活在平均 2.5 万年薪的人中间。

10 万年薪，生活在平均 25 万年薪的人中间。

假如给你这个选择，你会选择哪一个？当哈佛大学的学生被问到这个问题时，多数人选择了前者（Solnick & Hemenway, 1998）。他们倾向于相对贫困，但比周围的人活得好。

红楼梦第七回有这样一段情节：王夫人让周瑞家的给各位姑娘送宫花，各位姑娘都高高兴兴收了，唯独送到黛玉府中时，黛玉没有接，只就宝玉手中看了一看，问道："是单送我一人的，还是别的姑娘们都有呢？"周瑞家的道："各位都有了，这两枝是姑娘的了。"黛玉冷笑道："我就知道，别人不挑剩下的也不给我。"

小时候，我们想买一只棒冰而不得，于是梦想着有一天，自己赚钱了，想买多少棒冰就买多少棒冰，那该是多么幸福的时光啊；高中三年，每天面临高考的压力，我们梦想着有一天，考上了名牌大学，那该是多么幸福的时光啊；临近毕业，我们四处投送简历，参加面试，惴惴不安地等待结果，我们梦想着有一天，有了一份稳定的工作，坐在一张属于自己的办公桌前，那该是多么幸福的时光啊；工作中，我们殚精竭虑，废寝忘食，只为攻克某一难关，或者争取某一奖项，我们梦想着成功的一刻，那该是多么令人幸福的时光啊……然而，当所有这些时刻真正到来的时候，我们惊讶地发现，幸福时光一闪而过，我们很快又被新的无聊、空虚和焦虑所包围。

上述种种似乎都说明，人类幸福和快乐的背后，存在复杂的心理因素。但这并不说明，幸福因此就不可捉摸，无规律可循。经过研究摸索，心理学家终于参透了幸福的奥秘，提出了一个得到普遍认可的幸福公式（Diener & Biswas-Diener，2008）：

幸福 = 我们拥有的 / 我们期待的

从这个公式可知，人类的幸福感不但取决于我们所拥有的，还取决于我们所期待的。一个人拥有什么是相对稳定的，而一个人对幸福的期待，则非常复杂和多变。一方面，幸福感容易受到社会比较的影响，也就是我们常说的，存在严重的攀比心理。攀比心理常常毁坏我们对幸福的感受，因此，美国总统西奥多·罗斯福曾说，“攀比之心是夺走快乐的强盗”。另一方面，快乐总是稍纵即逝，无论得到多少财富和荣耀，我们都会最终适应，并习以为常。这一心理机制，又被称为“快乐的适应性”。

为什么我们的期待心理会对幸福具有如此重要的影响？

沃尔弗拉姆·舒尔茨（Wolfram Schultz）是多巴胺研究领域的重要先驱。他在瑞士弗里堡大学任神经生理学教授期间，以猴子为对象研究了多巴胺在学习中的作用。他把微电极植入猕猴大脑中的多巴胺细胞聚集区，然后将猴子放入一个装置，其中有两个灯泡和两个盒子。每隔一段时间，就会有一个灯泡亮起，其中一个灯亮表示右边的盒子里有食物，另一个灯亮表示左边的盒子里有食物。猴子花了一些时间才找到这个规律。一开始它们会随机打开盒子，只有一半的概率能够找对。当它们发现食物时，脑中的多巴胺细胞被激活。一段时间之后，猴子找出了信号的规律，每次都能准确找到有食物的盒子。这时，多巴胺释放就从发现食物时转到了灯泡亮起时。因为灯亮和食物之间已经建立了联系，一旦发现灯亮即能得到食物，灯亮反而是不可预期的，成了一种惊喜。

由此，舒尔茨认为，多巴胺不是对直接奖赏的反应，而是对意外奖赏的反应。更准确地说，大脑中多巴胺的释放是由“实际得到的奖赏－预期得到的奖赏”决定的。这一现象，又被称为“奖赏预测误差”（reward prediction error）（Schultz et al.，1997）。

这可以解释大量让我们困惑的心理现象，比如为什么我们会对快乐产生适应，为什么我们总是喜新厌旧，为什么爱情容易消失，为什么幸福不能持久。

口袋里有一万块钱，久而久之我们不会因此兴奋，但如果路上捡到一百块，会让我们快乐半天；家里娇妻的温柔我们容易视若寻常，而街头陌生女子的一个眼神却让我们心荡神摇；面对桌上的山珍海味提不起胃口，家有万贯资产仍不知餍足……所有种种怪象都是贪婪的多巴胺在作祟。多巴胺不关注我们拥有什么，而是关注我们获得了什么。多巴胺的释放需要不断的刺激和惊喜。

所以，快乐物质的释放，才是我们幸福的来源，而不是财富和成功的拥有。你吃着粗茶淡饭觉得幸福，与吃着山珍海味觉得幸福，幸福感是一样的；你拥有糟糠之妻觉得幸福，与你妻妾成群觉得幸福，幸福感也是一样的。因为大脑中分泌的快乐物质一样多。换句话说，你吃着粗茶淡饭觉得幸福，吃着山珍海味却不一定幸福，你拥有糟糠之妻觉得幸福，妻妾成群却不一定幸福。

要掌握幸福的奥秘，须先了解快乐物质分泌的机制。幸福被认为是一个人各种快乐的总和（Ryan & Deci，2001），它被用于评估个人的生活质量，或者作为人生追求的目标。抛开语义的不同，在生理层面上，其实它与快乐、审美和爱情是同一个东西，都来自快乐物质的释放，都是进化对个体生存和繁育努力的奖励。既然是一种奖励，它就只能是一种手段。因为对于进化来说，它的目标永远是种群的繁衍，并不负责为个体提供终极幸福。

奖励获得，不奖励拥有，这是一种最为经济和有效的奖励方式，这样才能鼓励个体不断努力和进取，永不餍足。

幸福经济学

既然参透了幸福的奥秘，如何获得幸福就有迹可寻、有章可依了。根据幸福的公式，我们获得幸福有两条途径：一是增加拥有，二是降低期待。

如何增加拥有，历史上有大量的论述，它是成功学的主要内容。而如何降低期待，需要调节自己的心理，以获得最大的快乐和幸福，则是积极心理学的主要内容。积极心理学是近年发展形成的心理学的重要分支。

《古兰经》记载了这样一个故事：伊斯兰教的先知穆罕默德带着他的四十个门徒在山谷里讲经说道。穆罕默德说，信心是成就任何事物的关键。这时，一位门徒提出请求："凭借信心，您能让对面那座山过来，让我们站在山顶上吗？"穆罕默德望着他的门徒，满怀信心地点了点头。接着，穆罕默德对着山大喊一声："山，你过来！"山谷里响起他的回声，但随着回声渐渐消失，只见大山巍然不动。穆罕默德说："既然山不过来，那我们过去吧！"于是，穆罕默德带着他的弟子们爬到了山顶，并因希望成为现实而在山顶欢呼。这时穆罕默德说："这个世上根本就没有移山大法，唯一能够移动山的方法，就是'山不过来，我过去'。"

蒂姆·博诺（Tim Bono）在《幸福的科学》中举了一个例子（Bono，2018）：他的一位学生寒假直飞费城的航班，到机场后被通知临时改道，经停夏洛特市。到了夏洛特市后，又接到通知，再次改道芝加哥。行程被彻底打乱，而且，无法吃上妈妈精心准备的晚餐了。遇上这样的倒霉事，难免心情沮丧。但这位学生迅速调整了自己的情绪，因为他意识到，靠发脾气无法让自己早点回家。在芝加哥机场，他给自己买了一份可口的晚餐，外加一本有趣的战争小说。坐在机舱里的时候，他又想，这段路程放在车马时代，可是要大半年咧。这么想的时候，心情居然好多了。所以，虽然航班延误了，通过调节自己的心情，他还是度过了一段快乐的旅程。

当被问及是否幸福的时候，为什么多数人会给出否定的回答？因为与预期存在差距。也就是说，人们对于幸福的预期总是大于实际的感受，这是导致幸福感缺失的最重要的原因。人们对幸福感最大的误解在于，以为一旦获得成功，之后整个人生就如浸在蜜糖之中，被幸福感所填满。殊不知，快乐只是一种奖励，仅出现在成功获得的短时间内，随后会复归平静和无聊。这种不满足感正是进化所需要的，但也造成了我们对幸福感的期待落空。

既然幸福是由无数个快乐的瞬间组成的，我们所能追求的，只能是快乐的总量。如果把快乐视作正值，痛苦视作负值，日常的平静视作不增不减的零值，那么人生的追求在于尽可能多地寻求快乐，尽可能多地避免痛苦，也就是追求幸福指数的最大化。

一方面，我们需要尽可能地增加我们的拥有，也即幸福公式中的分子。但增加拥有往往需要付出巨大的努力，甚至要以痛苦作为交换的代价，有时反而得不偿失。另一方面，最经济便捷的途径则是减少预期，调节自己的心理。关于如何调节心理，追求快乐幸福，积极心理学有大量的良方，包括知足、乐观、感恩、宽恕、管理负面情绪、接受不完美、锻炼身体、培养兴趣和改善人际关系，等等。

但把追求幸福，单纯理解为幸福指数的最大化，仍过于武断。同样的幸福指数，存在无数不同的幸福模式。有些人喜欢追求刺激的人生，享受大喜，也能忍受大悲。有些人喜欢相对平静的人生，在风花雪月中，寻求一点小欢喜、“小确幸”，也能接受小伤感和小忧愁。同样一根甘蔗，有些人喜欢从末梢开始吃，先苦后甜，有些人喜欢从根部开始吃，先甜后苦。假如你是个好酒之人，而每周只分配给你一瓶酒，你会怎么喝？有人可能在拿到酒的头天晚上就喝得酩酊大醉，也就是今朝有酒今朝醉，然后在痛苦和懊悔中度过剩下的六天。而有人则选择酒瘾上来的时候啜一口，保持每天都有一点小快乐。

幸福的追求，有时在于如何选择，而只有明白了幸福的奥秘，才能做出无悔的选择。

透支幸福

一天，妻子从外面散步回来，兴奋地说:“刚才我在楼下福利彩票店买了 10 元彩票。”“哦。”我很冷淡地回应。“我说我买了 10 元彩票。”妻子不满意我冷淡的态度，又说了一遍。“怎么了？”我说。“什么怎么了，如果中小奖，可以请你吃榴梿，中大奖，可以请你游三亚。”“你最好请我游欧洲。”我说。“哼，”妻子知道我在讽刺她，但仍兴致不减地说，“也不是不可能。”

不知从什么时候开始，妻子爱上了买彩票，但每次只买 10 元，且每次都能憧憬兴奋半天。我曾经打击她说，买时有多期待，没中时就有多失望。借此机会，我向她灌输幸福经济学，并进一步说，你这种行为属于预支幸福，而凡是预支，总要还的。“我要是不还呢？”妻子说。“不还就属于透支，有意不还就是恶意透支。”我说。“透支幸福犯法吗？”妻子说。“不犯法，但你做不到。”我说。“我做得到，这有什么，不就是 10 元吗，没中，我就当捐赠了。”一席话，说得我哑口无言。

妻子买彩票至今，自然不可能中什么大奖，但一两百元的小奖偶尔还是有的。虽然只是一两百元的小奖，但妻子能高兴半天，仿佛中大奖似的，连我把年终奖交给她，也没见她这么高兴。当然，绝大多数情况是什么也没中，没中，小失望是不可避免的，绝不像妻子口中说的完全不在乎。但这种失望，只是一闪而过，比起预支的快乐来说，是可忽略的，约等于透支没还。我当然不会和她算死账，说，你中的钱远不足你买的钱，所以你还是亏了。因为其中还应该算快乐的账，加上快乐的话，妻子确实大赚了，几近于恶意透支。

身边确实有很多这样的人，他们总是对未来充满期待，即便大多数期待不免落空，但也不见他们因此有多失望和悲伤，这些人被称为乐观者。有些人非要给这些乐观者再细分，比如把那些切合实际、能大概率实现期待的乐观者称为理性乐观者，把那些不切实际、期待难免落空的乐观者称为盲目乐视者。在我看来，期待能否实现是另一回事，期待实现固然是好事，但期待落空而不陷于悲伤同样是积极的乐观态度。

大学时读过的一本书——《亲爱的提奥》，对我影响至深。那是梵高写给他弟弟提奥的书信集。从 20 岁开始，到 37 岁自杀的前一天，梵高一共给提奥写了 600 多封信。信中虽然偶有快乐、欣喜和希望，但更多的是孤独、烦闷、彷徨、挣扎和无助。这位天才画家一生创作了 2000 多幅作品，但其风格和艺术价值并不为时世所认可，据说他生前只以 400 法郎的价格卖出过一幅作品。而在今天，梵高的任何画作都价值连城。2022 年 11 月，梵高的《有柏树的果园》在佳士得纽约拍卖会上以 1.172 亿美元的天价成交。在任何一个美术馆或博物馆，只要有梵高的作品展出，也总是人头攒动，争相观摩。多数曾读过《亲爱的提奥》的读者，想必都和我一样，在阅读的过程中心中充满了悲伤，感慨命运的离奇与不公。梵高曾想到他的作品会在后世如此受到追捧吗？这是我一直耿耿于怀的问号。我知道，他绝对没有想到，但他应该对自己的作品有信心，否则也不至于那么坚持创作。他应该是有所预感的，我肯定地对自己这么说。当然，这个答案对于曾经孤独、烦闷、彷徨、挣扎和无助的梵高来说，已经没有意义了，其意义只在于，作为一个普通读者的我因此稍感欣慰。

梵高的命运使我想起中国画家黄宾虹。黄宾虹是中国近现代杰出的绘画大师，与齐白石齐名，其作品拍卖价也动辄上亿。2017 年 6 月，黄宾虹的《黄山汤口》在嘉德春拍上以 3.45 亿元成交。然而，黄宾虹的作品在他在世时也不受重视。晚年居住在杭州西湖边栖霞岭的黄宾虹，虽然已经有了一定的名气，但依然穷困潦倒，入不敷出，只能以画换米度日。但黄宾虹的命运不像梵高那么令人唏嘘，他似乎比梵高更加自信——他曾断言，他的画要 50 年以后再看。50 年之后，黄宾虹的预言成真。

对于梵高和黄宾虹来说，令我们感慨的不仅是他们活着时物质生活是否困顿，更是精神生活是否自在充盈。即便取得了如此杰出的成就，他们的人生幸福吗？身后的显赫与他们在世的人生有多大关系呢？梵高要能活着看到身后的景象该多好啊！这几乎是每一个梵高粉丝的愿望。如果身后的殊荣可以预支，梵高和黄宾虹的额度可以说接近无限。但我们伤感地看到，黄宾虹略有支取，而梵高则近乎未动。

娱乐至死

关于人类的命运，有两本寓言小说一直被提及，一本是乔治·奥威尔（George Orwell，1903—1950）的《1984》，另一本是奥尔德斯·赫胥黎（Aldous Huxley，1894—1963）的《美丽新世界》。两本小说为我们描绘了两个完全不同的世界。奥威尔警告人们将会受到外来压迫的奴役，失去自由。而赫胥黎则提醒我们，一个完全自由的世界更加可怕，人类将沦为欲望的奴隶而无法自拔。《1984》和《美丽新世界》就像两柄达摩克利斯之剑，分悬在人类命运的两端。

在1984年成为过去的1985年，尼尔·波兹曼（Neil Postman，1931—2003）出版了另一本轰动一时的书籍——《娱乐至死》。作者在书中告诉我们，赫胥黎的预言更有可能成为现实，也即，毁掉我们的，不是我们憎恨的，恰恰是我们所热爱的。《娱乐至死》成书的年代，电视逐渐普及，并成为大众主要的娱乐方式。鉴于人类对电视的依赖程度，尼尔·波兹曼预感到人类正滑向娱乐至死的境地。

今天再来看《美丽新世界》和《娱乐至死》的警告，人类离赫胥黎和尼尔·波兹曼的预言实现又进了一步。手机已经替代了电视，而且比起电视，人类对手机的依赖有过之而无不及。机不离手，在前几年还是个讽刺漫画题材，如今已经完全变为现实。上班捧着手机，下班也捧着手机，吃饭捧着手机，睡觉也捧着手机，连过马路、骑车，甚至开车都看着手机。手机为人类提供了随时随地的娱乐，也对人类实施了全方位无缝隙的控制。是电视和手机控制了人类吗？当然不是，是唾手可得的娱乐，或者说是欲望，控制了人类。

阿比吉特·班纳吉（Abhijit Banerjee）在《贫穷的本质》一书中举了个有趣的例子。在摩洛哥的一个偏远山村，调查人员问一个叫欧查·姆巴克的穷人：如果有钱，会用来做什么？他说会用来买食品。接着问他：如果有更多的钱呢？他说会买更多好吃的食品。但是，调查人员注意到，虽然家徒四壁，姆巴克的房间里却有一台电视机和 DVD 播放机。于是奇怪地问他：既然一家人都吃不饱，为什么还要买这些东西呢？他笑着回答道："哦，电视机比食物更重要！"

原始人类和所有的动物一样，绝大多数过着食不果腹的日子。他们没有时间，也没有条件娱乐。随着农业革命的到来，部分人类过上了衣食无忧的生活，开始追求除吃饱和繁殖之外进一步的快乐。尤其是在工业革命和信息革命之后，人类的生活更加富足，娱乐的方式更加多元，更加唾手可得。然而欲望并不因此满足，无聊、麻木和不满足感越来越强烈，奖惩系统需要更多的刺激、更强的刺激、不断的刺激，现代人或多或少都已成为某方面的瘾君子。

摆脱了外部奴役和束缚之后，人类并没有获得自由，反而陷入了失重状态，陷入了心魔的蹂躏。勤劳、勇敢、智慧曾是人类追求幸福最重要的品质，然而，在物质越来越富足的未来，自律和自制将显得更加重要，是我们抵制心魔，获得健康和幸福的关键能力。

20 世纪 50 年代曾有一个著名的实验：科学家给老鼠的大脑接上电极，只要通电，就可以刺激老鼠的快乐中枢，产生快感。科学家又给老鼠设置了一个触发装置，也就是开关，按下去，就通电。随后发现，老鼠每天不吃不喝，只是按按钮，刺激自己，直到力竭而亡。

在老鼠的实验中，我们大家都以为自己是那位科学家，其实，我们都是那只待在笼子里无聊又不能自控的老鼠。福楼拜的《包法利夫人》无疑是一个悲剧，悲剧的根源在于包法利夫人无法抑制自己的欲望，但完成小说的福楼拜却痛苦地说："我就是包法利夫人。”如果我们每人都有机会拿到《红楼梦》中跛足道人的风月宝鉴，我们能保证自己不是贾瑞吗？[1]

痛苦和欲望是幸福的源泉

积极心理学的倡导，可以归结为两句话：积极进取，减少预期。但这两句话说起来简单，做起来难，因为其底层逻辑存在矛盾。减少预期，意味着减少欲望，又如何能够积极进取呢？欲望是进取的动力，高欲望，高获取，才是自然选择所鼓励的。没有了欲望，就没有努力。没有努力，就没有获得。没有获得，何来的奖励和快乐？

为了避免人生陷入痛苦，古代哲人和智者有太多的教诲，其中比较极端的是禁欲和无欲。根据幸福经济学，如果把快乐比作正值，把痛苦比作负值，既然获得正值不易，那么避免负值，追求零分，就成了人生看似必然的一个选项。追求零分的人生，成了人作为基因载体的无奈反抗。然而，这种反抗意义何在呢？这一“倒洗澡水把孩子也倒掉”的做法，虽然避免了痛苦，但也杜绝了快乐，因为痛苦和快乐是一枚硬币的两面。

---

1. 出自古典名著《红楼梦》第十二回《王熙凤毒设相思局，贾天祥正照风月鉴》中的情节。贾瑞看上了漂亮的本家嫂嫂王熙凤，反被王熙凤戏弄，导致一病不起。一天，来了一个跛足道人，给了贾瑞一面镜子，也即风月宝鉴，可借此治病。但提醒他，只能照背面，不可照正面。贾瑞发现，镜子的背面出现的是一具骷髅，十分吓人，而镜子正面，出现的却是花枝招展的凤姐在对他招手。贾瑞沉溺于镜子正面的幻象不能自拔，最终一命呜呼。

幸福就是痛苦的解除和欲望的满足。渴了，才有饮水的快乐；饿了，才有吃饭的快乐；有酷热，才有饮冰的快乐；有束缚，才有自由的快乐。面对满桌的山珍海味，如果没有食欲，也便丧失了吃的快乐，此时追求更加丰盛、精美、可口的食物反而徒劳无功，唯一可做的就是等待饥饿。饿了，什么都好吃；饱了，什么都乏味。“吃饭只吃七分饱”“人生应保持适度贫困”之类的古代智慧，揭示的也是这个道理。

叔本华说，人是一团欲望，不满足时痛苦，满足之后无聊。他确实道出了人生的困境。在物质匮乏年代，我们因欲望无法满足而痛苦，但在痛苦中，我们依然充满希望，充满活力。在物质生活越来越丰富的今天，我们却因欲望太容易满足而无聊，在无聊中我们逐渐陷入虚空、麻木和绝望。做乞丐不幸福，做皇帝就能幸福吗？我们其实不能体会他人的幸福，我们看到的他人的幸福永远是自己眼中的幸福。我们不理解那些腰缠万贯的富豪为什么不好好享受，反而更加日理万机，甚至过着另一种“苦行僧”的生活。

今天，喝水畅饮已经不再是一种快乐，喝茶才是。喝茶也逐渐不再快乐，喝龙井茶才是。喝龙井茶也不再快乐，喝明前龙井茶才是。喝明前龙井茶也不再快乐，喝虎跑泉水泡的明前龙井茶才是。喝虎跑泉水泡的明前龙井茶也不再快乐，喝雪后虎跑泉水泡的明前龙井茶才是……总之，我们的快乐越来越少，越来越难得，越来越细微。

即时通信消弭了“烽火连三月，家书抵万金”的幸福，便捷交通消弭了“劝君更尽一杯酒，西出阳关无故人”的幸福，丰衣足食消弭了“日啖荔枝三百颗，不辞长做岭南人”的幸福，电子资讯消弭了“寒夜读书忘却眠，锦衾香尽炉无烟”的幸福……

人生真正的痛苦，是眼看着日薄西山，韶华逝去，欲望一天天从指缝中流失，生活日渐寡淡贫乏无趣，那才是真的欲哭无泪。

既然幸福感是进化对痛苦解除和欲望满足的奖励，那么，痛苦和欲望就是我们每个人人生无法避免的基础设定，也是我们幸福的唯一源泉。

第 16 章

美是生命之舟

1865 年，德国物理学家鲁道夫·克劳修斯提出了热力学第二定律，也即在一个孤立系统中，热量不会自发地从低温物体转移到高温物体。热力学第二定律还有另一种表述：一个孤立系统的有序性趋向于减少，也就是一个孤立系统总是趋向于无序和混乱。这一表述又被称为熵增定律。熵是一个描述系统内在混乱程度的概念。一个系统越混乱，熵越大，反之，越有序，熵就越小。

在日常生活中，我们可以窥见许多熵增的缩影。如果没人帮你打扫房间，你的房间只会越来越乱；放在口袋里的耳机线，总是不断缠绕打结，而不是相反；金属锁具扔在户外，会逐渐生锈腐烂，最终变成一堆粉末……

熵增法则也揭示了一个更加可怕的事实：宇宙万物最终都逃不过熵增的腐蚀。所有恒星，包括太阳，会在未来的日子里耗尽所有能量，走向毁灭。整个宇宙最后将陷入无序和死寂。

然而，正是在这样的宇宙中，出现了一个极其偶然的事件：在银河系一颗不起眼的恒星周边，有颗名为地球的行星上，出现了生命。生命的出现，是一个从无机到有机，从简单到复杂的过程，是一个逆热力学第二定律，呈现熵减的过程。目前，科学家还没有在其他星球上发现生命存在的迹象。为什么茫茫宇宙中会出现这么一个反例？生命演化的熵减现象是如何发生的？薛定谔在其经典科学著作《生命是什么》中提出，“生命以负熵为生”。也即生命体从环境中孜孜不倦地汲取负熵，以免于死亡，这就是生物新陈代谢的本质。那么进一步的问题是，生物新陈代谢的欲望和主动性又是如何产生的，其原始动力是什么？

生命的方向

生命从单细胞生物，逐渐演变为今天所见丰富多样的多细胞生物，这个过程在英文中被称为“evolution”。最初，中文翻译成“进化”。后来，有学者认为这个译法不妥。因为“进化”一词，暗含了方向，似乎告诉人们，生物从简单到复杂、从低等到高等，是一个必然的过程。但其实，生物进化是由基因突变产生性状，然后由自然进行选择的过程。其中，基因突变是完全随机的，自然选择也没有目标，因而，进化不存在确定的方向性。地球上的生命，无论简单也好，复杂也罢，高等也好，低等也罢，只要适应环境，均得以保留，不能适应环境，不可避免要灭绝。所以，人们认为“evolution”译为“演化”更妥。生物演化的无方向性和随机性，在今天几乎成了学界的共识。

然而，这样的观念似乎与我们普通人的理解不同。生命最初出现时只有单细胞生物，大约10亿年前，出现了极为简单的多细胞动物；至5亿年前，发生了寒武纪生命大爆发，出现多种动物类型；4亿年前，脊椎动物登陆；2亿年前，恐龙诞生；5000万年前，哺乳动物开始称霸；20万年前，有了智人。生物演化的历史，表现出从简单到复杂、从低等到高等的显而易见的趋势，这难道不是方向性吗？

对此，进化生物学家古尔德举过一个著名的例子（Gould，1997）。一个醉鬼走在夜晚的大街上，街的左边是一堵墙，右边是一道水沟。醉鬼烂醉如泥，他的走路方向完全是随机的，没有任何趋势。第二天人们会在哪里找到他？水沟里。他会掉进水沟，并不是因为他有喜欢水沟的趋势，而是因为墙挡住了他的路，不能再往左边走了。如果没有水沟，那么这个夜晚越是漫长，醉鬼和墙的平均距离就越远；而不管水沟离墙有多远，只要让醉鬼一直这么走下去，他最后掉进水沟的概率一定是100%。

而如果去掉水沟，任凭一大群醉鬼随便漫游，我们会发现他们的轨迹铺满了一大片区域——有的醉鬼离墙近，有的离墙远。一开始所有醉鬼离墙都很近，最后有些醉鬼走到了很远的地方。夜晚越是漫长，走得最远的那批醉鬼，和墙的距离就越远。而我们人类，暂时就是走得最远的醉鬼之一。

古尔德的例子说明，生物进化如醉鬼走夜路，是完全随机的，并没有方向性，只是自然的选择总有一个路径。但这个路径依然不是方向，而是我们回望历史，历史所呈现出的一种模式。

演化博弈论之父、英国进化理论学家约翰·史密斯（John Smith）曾有一段著名的论述："如果我们能够从寒武纪大爆发开始，把动物演化的整个过程重新启动，那么，不能保证，甚至不可能会出现我们今天看到的演化结果。可能不会有脊椎动物的登陆，不会有哺乳动物的出现，甚至不会有人类（Morris，2003）。”而古尔德的话更加绝对：“就算让进化重演一百万次，人类这样的生物也不会再出现一次（Gould，1990）。”

上述观点代表了多数进化生物学家的看法：生物演化完全是随机的，人类的出现属于一种偶然，或者侥幸。这一论断，也改变了我们对外星生命的猜想：外星生命即便有，也不会重复地球生命的演化模式（Simpson，1964）。

然而，剑桥大学进化生物学家西蒙·莫里斯（Simon Morris）却有不同的看法。西蒙·莫里斯是研究生物趋同演化现象的专家，虽然他也认为，指望遇见类似地球人类一样有5根手指、32颗牙齿，以及带阑尾的外星人，希望非常渺茫，但假如真有外星生命存在，应该具有类似地球的生命演化模式（Morris，2003）。

西蒙·莫里斯根据生物演化中常见的趋同现象，来阐述他的观点。趋同演化是指两种或两种以上亲缘关系甚远的生物，由于栖居于同一类型的环境之中，从而演化出具有相似的形态特征或构造的现象。比如鱼、海龟和海豚，它们分属鱼类、爬行动物和兽类，但都长有适合游泳的桨状鳍。它们的鳍有不同的起源，但具有相同的功能。昆虫、翼龙、鸟类和蝙蝠，都长有适合飞行的翅膀。这些翅膀也具有不同的起源和相似的功能。

莫里斯因此认为，演化并不是完全随机的。那些在生存中具有重要功能的结构，在整个演化史中会反复出现。比如类似照相机的眼睛，在演化史上，就反复出现了六次之多。这说明演化存在某种趋势，具有回归聚类的现象。奔跑的脚、游泳的鳍、飞行的翅膀、抓握的手、撕扯的利爪、吞食的嘴、可视的眼睛……这些都是生物适应环境、生存繁衍所需的重要功能。围绕这些功能，出现了大量的趋同演化结构。智慧对于生存竞争同样重要，因而智慧化也是一种必然的演化趋势。

鉴于此，莫里斯认为，虽然演化重演，不一定会出现与今天完全相同的人类，但类似的智慧生物的出现，是一种必然。

虽然莫里斯的观点挑战了传统的看法，但也是以大量的事实和研究为基础的（Morris，2003）。细想一下，也不无道理。变异虽然随机，选择却不是盲目的。进化虽然没有明确的目标，却有明确的原则，这个原则就是适应：凡适应者生存。我们看到存留至今的生物，从简单到复杂，从低等到高等，五花八门，千姿百态，似乎进化没有特别的目标和方向，其实不然。所有现存生物，都是生存竞争的胜利者。如果我们仔细探究，就会发现，每种生物都有其制胜法宝。正如了解那些明星和成功人士付出的努力之后，我们不免感慨，所有的成功都不是偶然的。对于今天存留的所有生物来说同样如此，它们的存在都不是源于随机和偶然。即使简单如病毒，能够生存至今的，也都是高传染性、高复制性或高隐蔽性的病毒，高传染性、高复制性和高隐蔽性就是它的适应能力。地球环境为地球生物提供了丰富的生态位，不同的生物有其不同的适应维度。智慧化，就是人类最重要的适应维度，或者适应性。有了智慧化，人类才从所有动物中脱颖而出。因而，作为终极制胜法宝，生物的智慧化即便不是必然，也是一种大概率事件。

虽然人类在智慧化的道路上一骑绝尘，但也并不是孤立事件。不同的生物，体现出不同程度的智慧化。除了人类之外，高智慧的生物还包括海豚、鲸、猩猩、大象、猫等。哺乳动物之外，乌鸦、鹦鹉和章鱼也表现出较高的智慧。其中，海豚、猩猩、大象、乌鸦、喜鹊等，甚至能通过镜像实验（Parker et al.，1994）——验证动物是否具有自我认知能力的经典手段。而使用工具，这一曾经被认为是人类特有的高智商行为，如今已经证明，黑猩猩，甚至乌鸦也能做到（Hunt，1996）。

那么，在生命演化史上，智慧又是如何出现的？细察起来，我们会发现，奖惩系统在其中起了关键作用。

我家里养了一缸小鱼，是一种叫青鳉的小鱼。没过多久，这些小青鳉就产出卵来，黏糊糊地附着在水草上。两周不到，在水草周边，仔细观察的话，会发现一些细小的生命在游动。它们正是孵化后的小鱼。这些小鱼有一颗相对硕大的脑袋，后面拖着细小的身体，在水草间游动，取食，慢慢长大。看着这些细小的生命，我不免陷入沉思：如此细小的生命，如何使知道取食，能够独立生存？这肯定和智慧无关。因为我知道，这些小鱼即便有相对硕大的脑袋，也没什么智慧。但在今天，再高级的机器人，放到野外去，一旦电力耗尽，只有死机、解体、腐烂一条路，没有能力自我维持和生存。而这些看似毫无智慧的小鱼则不然，它们一旦孵化，即可自我维持、成长，并繁衍后代。

这些小鱼，和我们人类一样，都是基因的载体，类似于机器人，受基因的控制。而我们今天见到的机器人，则受到生产者，也就是我们人类的控制。同样是机器人，两者之间的区别在哪里呢？

两者的区别，其实是控制类型的不同。基因对动物的控制，仅仅是提供了一张蓝图。一只动物个体一旦脱离母体，就拥有自主意识，可独立生存。基因的控制仅限于“原厂设置”，这样的控制属于弱控制。

我们对机器人的控制则不同，除了原厂设置，日常还需要充电、维护、程序升级、下达指令等。机器人没有自主意识，也不需要自主意识，它一切听从主人的安排与控制。这样的控制属于强控制。

可以用一个比喻来说明两者的区别。比如我们到外面遛狗，在小狗脖子上套一条绳子，牵着它走，小狗没有自由，只能听任主人的摆布，这属于强控制。如果没有这根绳子，主人对小狗仍有一定控制，这种控制来自日常培养的规矩和习惯，来自随时或事后的奖励与惩罚，这便属于弱控制。

奖惩系统就是典型的弱控制系统。演化造就每一个物种，便为每一个物种提供了基因蓝图、身体硬件和生存所需的软件。在这软件中，非常核心和关键的便是奖惩系统。有了奖惩系统，才能控制这些生命取食、避险和繁衍。

奖惩系统不仅在高等动物身上发挥作用，而且也应该在低等动物，甚至在没有大脑结构和神经系统的单细胞生物身上发挥作用。我家鱼缸里的小鱼，之所以会自主觅食，应该是感觉到了饥饿，产生了饮食的欲望，一旦欲望满足，想必也得到了快乐的奖赏。不仅鱼类，甚至更低等的动物，其生存繁衍的动力也来源于此，否则它们何以能够生存至今？

这一推想并非毫无依据，科学家确实已经在低等动物，甚至单细胞动物身上，普遍发现了多巴胺等快乐物质（Goldman et al.，1981；LeRoith et al.，1982；Gunderson & Thompson，1983；Zipser et al.，1988）。这也提醒我们：奖惩系统并不一定以大脑为基础，而是一种比智慧化更原始、更基本的功能系统。它在整个生命演化史中应该发挥着更为重要的作用，是生命的基本控制系统与原始动力。而审美，只不过是这个系统软件中的一个应用程序，利用了系统中快乐这一原始动能。这才是审美的本来面目。

脑神经科学告诉我们，美感带来的快乐总会留下美好的记忆，美好的记忆可以促进学习，而学习，既是生物智慧化的体现，也有助于提升个体生存和繁衍的能力。这是否也说明，美感不仅有利于智慧的升级，也促进了生物的进化？

生命演化虽然存在较强的随机性，但确实呈现出一条核心的路径，那就是神经系统的进化。生命从低等到高等，除了身体结构更加复杂之外，最主要的还是神经系统的发展和完善。从无脊椎动物的感知系统，到原始脊索的出现，到脊椎的发展，以及大脑结构和功能的不断完善，这些硬件的发展，与奖惩系统这一软件之间也理应存在协同演化的关系。

意义美学：我们为什么需要意义

时钟已过 12 点，我依然饿着肚子，斜躺在沙发上刷抖音。我这个样子已经持续两个多小时了，不仅眼睛酸痛，百无聊赖，还有点恶心。我告诉自己，应该马上停止，起来烧饭，吃顿有营养的午餐，然后出去散步，运动一下，回来做点有意义的事情，比如写作《意义美学》。但我并没有停下来，又继续刷了半个小时，才懒洋洋起来泡了一包方便面。吃好之后，由于眼睛酸痛，看不了手机，我便打开投影，开始看武侠片，一直到天黑，又随便吃了点东西，然后上床睡觉。电脑屏幕上，《意义美学》仍只留着一个标题。

我知道这属于自甘堕落，但问题在于我不觉得这样的自甘堕落有多可怕。我也常告诫自己，应该过一个自律、有意义的人生。但又常常陷入怀疑，有意义的人生到底有什么意义。一个人，只有自律才能有成就，这是毫无疑问的。康德假如没有时钟般的自律[1]，就不可能写出《纯粹理性批判》《实践理性批判》和《判断力批判》三大名作，也不可能名垂千古。康德肯定不是那个时代最智慧、最有哲思的，但肯定是那个时代有智慧和哲思的人中最自律的。那些比康德更智慧、更有哲思的人，由于没有康德自律，所以什么也没有留下来，成了过眼烟云和历史尘埃。但康德的人生就比那些历史尘埃更有意义吗？这个意义对于康德来说到底意味着什么？我们看到的意义显然对于康德是没有意义的，正如路边蚂蚁眼中的意义对于我没有意义，200年后张三和李四眼中的意义对于我没有意义一样。康德的意义不应来自康德之外，只能来自康德心中。康德的意义在于他相信自己日复一日的思考和写作是有意义的，这份相信使康德每天起床和上床的时候心中充满了快乐，这才是对于康德有意义的意义。假如那些历史尘埃每天挖土种地，甚至无所事事，但同样每天起床和上床的时候心中充满了快乐，那么，是否他们的人生就和康德具有同等的意义呢？又或者他们的寿命甚至超过康德，那么，他们的人生是否就比康德更有意义呢？

---

1. 康德生来身体羸弱，为了能够保持健康，他持之以恒地恪守自己制定的生活规则，给自己设定了明确的人生目标。每天下午3点半，他一定会准时踱出家门散步，邻居们纷纷以此来校对时间，而教堂的钟声也同时响起。康德深居简出，终身未娶，一辈子独居于出生地，过着高度自律的学者生活，著述甚多，终于名垂青史。

意义到底是什么东西？我们为什么需要意义？意义对于我们每个人来说到底有什么意义？

环顾周围，我们发现，人类是唯一追求意义的动物。戴维·洛奇在《思考……》一书中，向我们描述了这一尴尬处境（Lodge，2001）：

在进化史上，智人是第一个也是唯一一个发现自己必死的物种。那么，他如何回应呢？他编造故事，解释自己为什么陷入这种境地，以及如何摆脱它。他发明了宗教，设计了葬礼习俗，他编造了来世和灵魂不朽的故事。随着时间的推移，这些故事变得越来越精致。但是在最晚近的文化阶段，在进化史上也就是一个瞬间，科学异军突起，开始给我们讲一个我们来自哪里的不同故事，这样一个更为强大的解释，把宗教打得措手不及。没有多少聪明人再相信宗教故事了，但他们依然坚持宗教那慰藉人心的一些概念，比如灵魂，比如来世，诸如此类。

意义虽然不同于来世和灵魂不灭，但同样遭到了科学的打击：进化论告诉我们，人类的出现没有目的，属于一件偶然和随机事件。这导致许多我们原来信奉的意义被消解了。于是人生意义的缺失成了我们全体人类共同面对的问题。

意义是人类意识觉醒的产物。意识觉醒之后，人类不甘心与动物为伍，厌弃肉体，希望获得自由意志，以及超越低级欲望的存在价值。从这个角度理解，意义，其实是进化为人类提供的适应对策，或者说是人类意识觉醒之后，进化为人类的“运行系统”所打的“补丁”。拥有了意义，人类不再困惑、不再彷徨、不再虚无，内心充满了快乐和笃实之感。

做一个快乐的机器人

人是基因的载体，人在宇宙中的存在纯属偶然，人生没有意义，这些都是摆在我们面前的残酷现实。

苏格拉底说，未经审视的生活是不值得过的。然而，当我们把生活看得太明白之后，出现了更加尴尬的局面：我们发现审视之后的生活更不值得过了。人类终于走出了柏拉图的洞穴[1]，却发现眼前是一片一望无际的沙漠。怎么办？我们已经无法重新回到洞穴，也没办法像鸵鸟一样把头埋起来假装对现实视而不见。

在《机器人叛乱：在达尔文时代找到意义》一书中，基思·斯坦诺维奇试图为陷入这一困境的人类寻找出路。斯坦诺维奇认为，被理性毁掉的，我们只能通过理性重构。人类应该通过广义理性，摆脱基因的控制，实现作为载体的利益最大化。

那么载体的利益又是什么呢？是快乐吗？是越来越多的快乐吗？在书中，斯坦诺维奇借用哲学家罗伯特·诺奇克（Robert Nozick，1938—2002）一个名为"体验机"的思想实验（Nozick，1974）来阐述观点：

在数百年后的未来，你儿子把一个东西带回了家，这是神经生理学游戏产业制造的一种先进的享乐机器。你儿子给自己戴上一顶头盔，然后在沙发上一天躺两个小时，接着是一天躺

1. 洞穴之喻是柏拉图在《理想国》中描述的对人类知识的基本想象。他设想在一个洞穴中有一批囚徒，他们自小生活在那里，被锁链束缚，不能转头，只能看到面前洞壁上的影子，于是认为影子是唯一真实的事物。当囚徒走出洞穴，看到阳光下的真实世界时，他会意识到以前所生活的世界只不过是一个洞穴，而以前所认为的真实事物也只不过是影像而已。囚徒走出洞穴的过程也被用来指代通过教育获得真理的过程。

四个小时，一天躺六个小时，八小时……享乐机器把愉快的感受传递给你儿子，只要他带着头盔就行。你希望你的儿子一生大部分时间都生活在这种状态下吗？

我们每个人都希望自己的孩子幸福，而幸福是快乐的总和。根据这个逻辑，我们似乎没有理由反对。但当面对这样的情境和选择时，每个父母都不免犹豫。这又是为什么呢？

斯坦诺维奇又举了一个阿尔兹海默症病人的例子。阿尔兹海默症会导致人的认知能力丧失。到晚期，阿尔兹海默症患者会变成一个玩偶——只对即时欲望有反应，而没有自我意识。假如你的父亲不幸罹患了阿尔兹海默症，他根本不认识你，也不知道自己是谁。那么，让你的父亲体验这样的享乐机器，你还会那么犹豫吗？

如果把阿尔兹海默症的父亲换成你自己呢？你还愿意吗？一个没有自我意识的快乐的玩偶，这不正是窗口雀跃的飞鸟、林间追逐的小鹿的状态吗，你愿意成为一只无忧无虑、但没有自我意识的飞鸟或者小鹿吗？

上述例子告诉我们，在讨论基因和载体利益冲突的时候，我们忽视了一个非常重要的角色——我。我到底是谁？

在我们每个人身上，其实存在着不止两种，而是三种利益冲突：基因、载体和我。我们的身体并不是我的代表，自我意识才是。基因的目标是自我复制，追求永生；载体的利益是肉体，追求感官的快乐；而自我意识追求的是自由意志和意义。基因、载体和我的关系，类似于弗洛伊德的本我、自我和超我。

我们每个人都是基因、肉体和自我意识的综合体。而快乐、意义和永生，分别代表着肉体、自我和基因三者的目标。人生的幸福，绝对无法在单一的目标中实现，而在于协调三者的关系，统一三者的利益。

假如人类确实如斯坦诺维奇所比喻的，就是一个机器人，而且觉醒了，该怎么办？在我看来反抗是无益的，这样的反抗，意味着自己反抗自己，不仅找不到出口，而且从此将陷入更大的、永劫不复的悲剧。不仅你的肉体是基因赋予的，连你的思维、自我意识，甚至你所有的快乐和幸福，也是基因塑造的，离开了基因，你将毫无幸福可言。

根据斯坦诺维奇的建议，唯一可取的是通过理性，重构人生意义。这看似自欺欺人，但并非没有可能，因为意义本身也是进化在人类觉醒之后，为我们的软件系统所打的补丁。这个补丁并非完全虚幻，因为我们确实从意义中感受到了快乐，而意义本身是否真的存在，反而没那么重要。

我们不用像《黑客帝国》电影中的叛徒塞佛那样懊悔觉醒，觉醒的积极方面在于，不被盲目奴役，也不做无谓反抗。假如我们确实是一个机器人，那么，我们应该寻求做一个快乐的、心怀意义的机器人。

美是生命最后的救赎

近年，我在追两部美剧，一部是《权力的游戏》，又名《冰与火之歌》，另一部是《西部世界》。前者气势恢宏，铺陈人生的多态与命运的多舛。后者条分缕析，探寻人性的幽微和自由的本质。

《西部世界》有点烧脑，看明白需要一定的人工智能、认知科学与哲学基础。看第一遍时，我有点囫囵吞枣，只感觉到智商被暴击。时隔一年，再看第二遍，仍有不明白的地方。《西部世界》讲述的是一个典型的机器人反叛的故事。但在我看来，它更像一个关于人类自身的寓言，反映的是人类的觉醒和未来的命运。

在看整部剧的过程中，我一直在思考一个问题：什么是自由？在剧中，有这么一段情节令我印象深刻：

西部世界游乐园的接待员、鸨母梅芙是较早觉醒的机器人。当她冲破种种阻力，渡过重重难关，最终获得自由，登上开往外部“自由世界”的列车时，她却犹豫了，最后居然放弃出逃，返回了园区。因为她意识到，自由并不必然带来快乐，在自由世界里，她没有幸福的未来。她的痛苦、她的记忆、她的爱都在身后这个虚拟的世界里。她应该返回园区，和她的女儿在一起，虽然这个女儿是人类为她设定的剧情，属于角色扮演，但没办法，她所有情感和生理设定已经决定了，她只有和心心念念的女儿在一起，才能获得安宁和幸福。

人是基因的载体。当人类发现这个事实的时候，就浑身不自在，感觉失去了自由。于是，人类开始追问：我们到底有没有自由意志？在哲学和科学层面，作为基因的载体，人似乎是没有自由的。但值得庆幸的是，基因并没有对人采取绝对的控制，人有反叛的机会。所以，人拥有有限的自由。在生活层面，自由归根结底要落实到感觉，落实到人生的幸福感之中。如前所述，自由不是没有束缚，而是感觉不到束缚。因此，人拥有相对的自由。

自由和快乐，似乎都物极必反。而快乐更像一柄双刃剑，少了不行，多了受控成瘾。乔治·奥威尔在小说《1984》中，展示了人们的精神和肉体受控的困境。而奥尔德斯·赫胥黎的小说《美丽新世界》，则为我们描绘了相反的场景：人类实现了精神和肉体的自由，欲望可以得到及时满足，但个人反而失去自我和存在的意义，成了行尸走肉。所以，有许多论者甚至认为：完全的自由，比不自由更可怕。

而永生，则是一个虚幻的泡影。大约35亿年前，自从出现了复制子，就决定了地球上所有生命，包括人类，都不可能永生，永生的只有复制子。如果离开了医学，人类甚至不可能长寿。因为根据自然演化的规律，唯一能够改写人类命运的机会，只有生殖。一旦生殖结束，对于基因来说，个体的使命也便完成了。只有那些有利于繁殖的基因，才能有机会在后代扩散。那些有利于长寿的基因突变，即便出现，由于对繁殖没有任何贡献，最终仍会消失。相反，那些有害的致病基因，对于老年个体来说，由于没有机会通过繁殖消除，会越积越多。在自然的理想状态下，所有生命，包括人类，其个体寿命都会逐渐向生殖寿命回归。所以，进化不追求长寿，更不鼓励永生。

我曾经看到一个说法，根据宇宙大爆炸理论，我们的宇宙膨胀到一定程度，就会重新收缩，收缩到原点之后，会再次爆炸，周而复始。而每次爆炸、膨胀和收缩，都完全重演上一次的历史。初闻这一观点，我曾经在餐桌前很高兴地对妻子和儿子说，等下一次宇宙爆炸之后，我们还是一家人，我还会像这样在餐桌前对你们说这些话。而且，不仅是下一次，还有下下次，我们永远是一家人。后来，我发现这是一个谬论。因为根据量子力学的测不准原理，即便有下一次宇宙爆炸，其历史发展也应该是随机的，不可能完全重演。这让我颇为沮丧了一阵。

后来，我又看到一则报道：1955年3月，爱因斯坦最好的朋友贝索去世。听闻噩耗，爱因斯坦提笔给贝索的家人写了一封慰问信。信中有这样一段话:“现在他比我先离开了这个世界，这没有关系。对于我们这些物理学家来说，过去、现在和未来的区别只是一种幻觉。”这段话，出自像爱因斯坦这样的物理学家之手，让我大感宽慰。在爱因斯坦看来，时间是另一维度的空间。这似乎意味着，所有发生过的一切，都不会消失。就像我随手抽出书架中的一本小说，或者打开硬盘里的一部电影，其中的人物和故事都那么栩栩如生，活灵活现。它们是一种永久的存在，即便有时不在我们的视野中，但依然存在于另一时空。这样的历史图景，比宇宙一次又一次地重复上演，更让我有一种永生之感。我不希望有人来告诉我说，这也是一种幻觉，或者是对爱因斯坦的误读。我对真相不感兴趣，真相既不可知，对我也没有意义。我的相信对我最重要，相信让我有一种笃实之感。

我们对这个世界的所有认识，其实都建立在相信的基础之上。科学和逻辑的基础，其实也是相信。我信奉休谟的观点，不认为有100%的因果关系。逻辑就像一条看似平坦的道路，放大了看，布满了大小不等的裂缝，需要用相信来跨越。追求100%没有意义，我只需要统计学上95%的置信区间（$P<0.05$）[1]。

1. 置信区间是统计学中的一个概念，用于描述一个参数或统计量的不确定性范围。这个范围反映了我们对总体参数真实值的不确定性程度，即我们有多少信心认为总体参数的真实值落在这个范围内。95%是一个在科学上被普遍接受的置信区间。而P值是用来判定假设检验结果的一个参数，也即当原假设为真时，比所得到的样本更极端的结果出现的概率。P值越小，说明原假设情况发生的概率越小，拒绝的理由越充分。对应于95%的置信区间，P值小于0.05是一个拒绝原假设的充分阈值。

看山只是山[1]，人生的代入感，是生命不可承受之重。看山不是山，适当的疏离，有时让我们如释重负，但如果把红尘彻底看破，陷入虚无泥沼，则又是生命不可承受之轻。这时，就需要一个信仰，类似定海神针，让我们心中充满笃实之感。信仰不是自我欺骗，而是一种“看山仍是山”的理性重构。

缺乏信仰的人生是可悲的，但并不令人绝望。因为，我们还拥有美。即便信仰坍塌，美感也不会弃你而去。窗外的风景依然美丽，桌上的饭菜依然可口，家人的友爱依然温暖。走进电影院的时候，我们明知银幕上的一切都是假的，但依然泪流满面。进化既然造就了我们，也就负责对我们的人生兜底。因而，美是生命最后的救赎。

1. 唐代禅宗大师青原行思曾提出参禅的三重境界：参禅之初，看山是山，看水是水；禅有悟时，看山不是山，看水不是水；禅中彻悟，看山仍是山，看水仍是水。

尾声

一切都那么美好

写下“美是生命最后的救赎”这句话，我长舒了一口气，心中充满了欢欣。这意味着一年半前开始的这项写作计划进入了尾声。一年多来，为了熟悉议题，充实资料，我集中看了很多书籍和文献。回头来看，整个过程无异于一次思想历险。沿途风光旖旎，时有惊艳之感。我很庆幸，当初有出发的勇气。

这是一个星期天的下午，我坐在孤山的办公室里。外面刚刚雨骤风急，此时却寂静无声。阳光裹挟着氤氲的湿气，从窗口重新透入。我合上电脑，从座位上站起身来，却感觉右臂隐隐有点酸痛。医生说，这是颈椎退行性病变压迫神经的缘故。颈椎病和腰椎病，都属于人类进化的后遗症。自从我们的猿类祖先开始直立行走之后，颈椎和腰椎就承受了前所未有的压迫。进化是典型的摸着石头过河，走一步，看一步，能否顺利过河却是一个谜。

我走到窗口，伸了个懒腰。窗外云开雾散，空气澄明。紫藤花带着雨露，在花架上开得正艳。两只粉蝶一前一后，翩跹而来，上下飞舞。我正看得入神，忽然一道黑影掠过，粉蝶已经少了一只，剩下的那只也落荒而逃。我的目光追随黑影而去，发现它已经落在孤山一棵大树的枝端了。我凭裸眼判断那是一只鹟，但属于哪种鹟，却看不清。我转身从橱柜里取出长焦相机，并在心里默念，不要飞走，不要飞走。等我装好镜头，调好参数，那只鹟果然还乖乖地待在原地。

鹟是一类小型雀鸟，飞行轻灵，生性安静。我举起相机，对着这只鹟连拍数张。然后，在显示屏里放大了观察。我发现，这只鹟的胸部有几条灰色的纵纹，应该属于灰纹鹟。当然，还有一种叫乌鹟的，外观和灰纹鹟很接近。为了排除乌鹟，我决定查对一下摄影图鉴。

我平常查看较多的是手绘图鉴，此时要用才发现，摄影图鉴被我束之高阁了。我伸手想取，却够不着，只好到门后搬出折叠梯子。查对了几本摄影图鉴后，我确认这是一只刚刚迁徙到来的灰纹鹟。再仔细观看我拍到的照片，羽毛清晰，背景干净，光线柔和，构图完整。到孤山工作后，我有意收集拍摄孤山鸟类，而灰纹鹟还是第一次拍到。这么想的时候，我的内心涌出一份惊喜。此时的我完全忽略了，刚刚发生了一起生物界的屠杀事件。然而，蝴蝶的世界离我实在太过遥远，使我难以共情。

我收好相机，合上书本，发现还得把折叠梯搬回门后。我一面折叠梯子，一面感叹自己长得不够高大。我曾经列出自己的十多个遗传缺点，一度耿耿于怀，但后来就慢慢释然了。因为我明白，这是先天的遗传，我不能改变。不要说十多项，哪怕是改变其中的一项，我就不是我了。可能是路上随便一个人，但不可能是我。我之所以是我，就是因为我拥有这一套全部的基因组合，包括其中的缺陷和不完美。

宝石流霞（钱斌/摄）

想到这一点，我不再懊悔，反生庆幸。是啊，这是多么神奇的一件事啊！在茫茫的宇宙中，居然有一颗地球！在这颗地球上，居然出现了生命！生命最后居然进化出了人类！而人类中居然有一个是我！想想都觉得不可思议，但奇迹就这么发生了。比起那些根本没有机会出生，更没有机会看一眼这神奇世界的生命，或者有机会出生，却没有自觉意识的一只苍蝇、一只蚊子、一只蚂蚱和一只蜥蜴来说，我们有什么可遗憾的呢？

地球可能是这宇宙中唯一的生命星球，人类可能是这宇宙中唯一的智慧生物，那又怎么样呢？地球足够辽阔，景观足够多样，生命足够丰富，历史足够悠久，文化足够灿烂。有那么多神奇的奥秘有待我去探索，有那么多美丽的景色有待我去观看，有那么多可口的食物有待我去品尝，有那么多有趣的书本有待我去打开，有那么多神奇的故事有待我去分享，有那么多动听的音乐有待我去聆听，有那么多悦目的绘画有待我去欣赏……我没有时间孤独和无聊。

当然，生命并不完美，人类社会还存在太多的苦难。我们当然希望尽可能消除战争、饥荒、疾病和欺诈。然而，完美真的是更优选项吗？美丽的新世界真的就是我们追求的幸福世界吗？

电影《黑客帝国》中，尼奥所处的母体世界已经是系统的第六次重启了。前几次，架构师因对人性和人类社会设计得太过完美，反而导致了系统的不稳定。所以，面对苦难和丑恶，我们不必说社会的进步需要一个过程，而是说，适当的苦难和不完美是一种系统平衡，甚至是幸福和美好的必要基础。这么说是否更容易接受一点呢？如果还不能接受，那么，为了寻求心态安宁和心理平衡，我们能否采取一种相对积极的态度？

在《西部世界》第三季的结局，经历了苦难，看透了人性之后的德洛丽丝，最后放下了仇恨，一脸微笑地说，这个世上确实有丑恶，但我选择看见美好！

我像往常一样结束一天的工作，走出博物馆的大门。这时，孤山路上行人稀少，西湖上暮霭已经降临，远处的雷峰塔若隐若现。我有点恍惚，一时不知身在何处，今夕何夕。走了几步路，拐过楼外楼，正要迈上西泠桥，突然被眼前的景象惊呆了：宝石山上，流霞满天。保俶塔尖，直刺云霄。火红色的云彩在塔边盘旋，越过城市上空，向西湖喷洒，北里湖被晕染成水天一色。耳畔仿佛响起贝多芬第九交响曲中那段熟悉的《欢乐颂》，我禁不住热泪盈眶。透过泪光，我看到远处湖心，还停着一对鸳鸯，也正抬头呆呆地望着这晚霞。

参考文献

Adolphs, R. & Anderson, D. 2018. The neuroscience of emotion: a new synthesis. Princeton: Princeton University Press.

Andersson, M. 1982. Female choice selects for extreme tail length in a widowbird. Nature. 299 (5886): 818–820.

Barr, R. G. et al. 1994. Effects of intra-oral sucrose on crying, mouthing and handmouth contact in newborn and six-week-old infants. Developmental Medicine& Child Neurology, 36 (7): 608-618.

Beebe, W. 1926. Pheasants: Their Lives and Homes. 2 vols. New York: New York Zoological Garden and Doubleday.

Benton, D. & Donohoe, R. T. 1999. The effects of nutrients on mood. Public Health Nutrition, 2: 403-409.

Berridge, K. C. & Kringelbach, M. L. 2008. Affective neuroscience of pleasure: Reward in humans and animals. Psychopharmacology, 199 (3): 457-480.

Berridge, K. C. & Kringelbach, M. L. 2015. Pleasure systems in the brain. Neuron, 86: 646-664.

Berridge, K. C. 1996. Food reward: Brain substrates of wanting and liking. Neuroscience & Biobehavioral Reviews, 20 (1): 1-25.

Birkhead, T. 2012. Bird sense: what it's like to be a bird. Bloomsbury Publishing PLC.（中译本：蒂姆·伯克黑德，2017. 鸟的感官 . 北京：商务印书馆 .）

Blood, A. et al. 1999. Emotional Responses to Pleasant and Unpleasant Music Correlate with Activity in Paralimibic Brain Regions. Nature Neuroscience, 2 (4): 382-387.

Bono, T. 2018. When likes aren't enough: A crash course in the science of happiness. Grand Central Life & Style.（中译本：蒂姆·博诺，2020. 幸福的科学 . 北京：中信出版集团 .）

Booker, C. 2004. The Seven Basic Plots: Why We Tell Stories. New York: Continuum.

Bosch, O. et al. 2008. The CRF System Mediates Increased Passive Stress-Coping Behavior Following the Loss of a Bonded Partner in a Monogamous Rodent. Neuropsy chopharmacology, 34 (6): 1406-15.

Bostwick, K. S. & Prum, R. O. 2005. Courting bird sings with stridulating wing feathers. Science. 309

Bostwick, K. S. & Prum, R. O. 2003. High-speed video analysis of wing-snapping in two manakin clades (Pipridae: Aves). Journal of Experimental Biology, 206: 3693-3706.

Buss, D. M. 2012. Evolutionary Psychology: The New Science of the Mind (4th). Taylor & Francis Group LLC. （中译本：戴维·巴斯，2019. 进化心理学：心理的新科学．第 4 版．北京：商务印书馆．）

Cameron, P. & Biber, H. 1973. Sexual thought throughout the life-span. Gerontologist, 13 (2): 144-147.

Cela-Conde, C. et al. 2004. Activation of the Prefrontal Cortex in the Human Visual Aesthetic Perception. PNAS, 101 (16): 6321-6325.

Cetinkaya, H. & Domjan, M. 2006. Sexual fetishism in a quail (*Coturnix japonica*) model system: Test of reproductive success. J. Comp. Psychol. 120, 427-432. doi: 10. 1037/0735-7036. 120. 4. 427; pmid: 17115864

Chatterjee, A. 2013. The aesthetic brain. Oxford: Oxford University Press.（中译本：安简·查特吉，2016. 审美的脑：从演化角度阐释人类对美和艺术的追求．杭州：浙江大学出版社．）

Cheesman, J. & Merikle, P. M. 1986. Distinguishing conscious from unconscious perceptual processes. Canadian Journal of Psychology, 40, 343–367.

Colt, E. et al. 1981. The effect of running on plasma beta-endorphin. Life Sci, 28: 1637-1640.

Cosmides, L. & Tooby, J. 1994. Beyond intuition and instinct blindness: Toward an evolutionarily rigorous cognitive science. Cognition 50: 41- 77.

Croce, B. 1922. Aesthetic as science of expression and general linguistic. London: Macmillan.（中译本：克罗齐，2012. 美学原理．北京：商务印书馆．）

Danto, A. C. 1986. The philosophical disenfranchisement of art. Columbia University Press.（中译本：阿瑟·C. 丹托，2005. 艺术的终结．南京：江苏人民出版社．）

Danto, A. C. 2003. The abuse of beauty. Carus Publishing Campany.（中译本：阿瑟·C. 丹托，2007. 美的滥用：美学与艺术的概念．南京：江苏人民出版社．）

Danto, A. C. 2013. What Art Is. Yale University Press. （中译本：阿瑟·C. 丹托，2018. 何谓艺术．北京：商务印书馆．）

Darwin, C. 1871. The Descent of Man, and Selection in Relation to Sex. London: John Murray. （中译本：达尔文，2009. 人类的由来及性选择．北京：北京大学出版社．）

Davis, K. D. 2000. The neural circuitry of pain as explored with functional MRI. Neurological Research, 22 (3): 313-317.

Dennett, D. 1991. Consciousness explained. Little, Brown & Company.（中译本：丹尼尔·丹尼特，2008. 意识的解释．北京：北京理工大学出版社．）

Dennett, D. C. 1984. Elbow room: The varieties of free will worth wanting. Cambridge, MA: MIT Press.

Dennett, D. C. 1996. Darwin's Dangerous Idea: Evolution and the Meanings of Life. Penguin Books.

Di Dio, C. & Gallese, V. 2009. Neuroaesthetics: A Review. Neurobiology, 19 : 682-687.

Diamond, J. M. 1992. The Third Chimpanzee. Harper Collins. （中译本：贾雷德·戴蒙德，2012. 第三种黑猩猩．上海：上海译文出版社．）

Diener, E. & Biswas-Diener, R. 2008. Happiness: Unlocking the Mysteries of Psychological

Wealth. Malden, MA: Blackwell Publishing.

Doligez, B. et al. 2002. Public information and breeding habitat selection in a wild bird population. Science, 297, 1168e1170.

Dugatkin, L. A. 1992. Sexual selection and imitation: Females copy the mate choice of others. American Naturalist 139: 1384-89.

Dutton, D. 2009. The Art Instinct: Beauty, Pleasure, and Human Evolution. New York: Bloomsburg Press.

Edelman, G. M. 2004. Wider than The Sky: The Phenomenal Gift of Consciousness. Yale University Press. （中译本：杰拉尔德·埃德尔曼，2018. 比天空更宽广 . 长沙：湖南科学技术出版社 .）

Endler, J. A. et al. 2010. Great Bowerbirds Cre-ate Theaters with Forced Perspective When Seen by the Audience. Current Biology 20: 1679-84.

Fisher, R. A. 1915. The Evolution of Sexual Preference. Eugenics Review 7: 184-191.

Fisher, R. A. 1930. The Genetical Theory of Natural Selection. Oxford, Clarendon Press.

Fodor, J. A. 1983. The Modularity of Mind. Bradford Book. （中译本：杰里·福多，2002. 心理模块性 . 上海：华东师范大学出版社 .）

Frith, C. B. & Frith, D. W. 2004. The Bowerbirds. Oxford: Oxford University Press.

Georgiadis, J. R. & Kotekaas, R. 2009. The sweetest taboo: Functional neurobiology of human sexuality in relation to pleasure. In Pleasures of the Brain, M. Kringlebach & K. C. Berridge (Eds.). New York: Oxford University Press, pp. 178-201.

Gigerenzer, G. 1994. Why the distinction between single-event probabilities and frequencies is important for psychology (and vice versa). In Subjective probability, ed. G. Wright and P. Ayton, 129-61. Chichester, England: Wiley.

Goldman, M. E. et al. 1981. High performance liquid chromatographic analysis of catecholamines in growing and non-growing Tetrahymena pyriformis. Biochimica et Biophysica Acta, 676: 221-225.

Gombrich, E. H. 1950. The Story of Art. Phaidon Press Limited. （中译本：贡布里希 . 2014. 艺术的故事 . 南宁：广西美术出版社 .）

Gould, S. J. 1990. Wonderful Life: The Burgess Shale and the Nature of History. W. W. Norton & Company.（中译本：斯蒂芬·杰·古尔德 . 2019. 奇妙的生命 . 海口：海南出版社 .）

Gould, S. J. 1997. Full House: The Spread of Excellence from Plato to Darwin. Three Rivers Press. （中译本：斯蒂芬·杰·古尔德 . 2001. 生命的壮阔：古尔德论生物大历史 . 北京：生活·读书·新知三联书店 .）

Gould, S. J. & Lewontin, R. C. 1979. The Spandrels of San Marco and the Panglossian Paradigm: A Critique of the Adaptationist Programme. Proceedings of the Royal Society of London 205: 281-88.

Gould, S. J. 1992. Male Nipples and Clitoral Ripples in Bully for Brontosaurus. New York: Norton.

Grosse, E. 1897. The Beginning of Art. New York: Appleton. （中译本：格罗塞 . 2017. 艺术的起源 . 北京：商务印书馆 .）

Guastella, A. J. et al. 2009. Intransal Oxytocin Improves Emotion Recognition for Youth with Autism Spectrum Disorders. Biological Psychiatry, 67 (7): 692-694.

Guastella, A. J. et al. 2007. Oxytocin Increases Gaze to the Eye Region of Human Faces. Biological Psychiatry, 63 (1): 3-5.

Gunderson, R. E. & Thompson, G. A. 1983. Factors influencing the pattern of dopamine secretion in Tetrahymena pyriformis. Biochimica et Biophysica Acta, 755: 186-194

Harmand, S. et al. 2015. 3.3-million-year-old stone tools from Lomekwi 3, West Turkana, Kenya. Nature, 521, 310-315. doi: 10.1038/nature14464.

Hofstadter, D. R. 1982. Can Creativity be Mechanized? Scientific American, 247: 18-34.

Horvath, T. 1979. Correlates of physical beauty inmen and women. Social Behavior and Personality, 7 (2): 145-151.

Hume, D. 2018. Of the Standard of Taste. In Four Dissertations. Gale Ecco, Print Editions.

Hunt, G. R. 1996. Manufacture and use of hook-tools by New Caledonian Crows. Nature, 379 (6562): 249–251.

Hurst, W. J. et al. 2002. Cacao usage by the earliest Maya civilization. Nature, 418 (6895): 289-290.

Johnco, C. et al. 2010. They do get prettier at closing time: A repeated measures study of the closing-time effect and alcohol. Social Influence 5: 261-71.

Kawabata, H. & Zeki, S. 2004. Neural Correlates of Beauty. Journal of Neurophysiology, 91: 1699-1705.

Kelley, L. A. & Endler, J. A. 2012. Illusions Promote Mating Success in Great Bowerbirds. Science 335: 335-38.

Kirkpatrick, M. 1982. Sexual Selection and the Evolution of Female Choice. Evolution 82: 1-12.

Klockgether-Radke, A. P. 2002. F. W. Sertürner and the discovery of morphine: 200 years of pain therapy with opioids. Ains Ansthesiologie Intensivmedizin, 37 (5): 244-249.

Kosfeld, M. et al. 2005. Oxytocin increases trust in humans. Nature, 435: 673-676.

Lande, R. 1980. Sexual Dimorphism, Sexual Selection, and Adaptation in Polygenic Characters. Evolution 34 (2): 292-305.

Larson, B. & Brauer, F. (eds) 2009. The Art of Evolution: Darwin, Darwinisms, and Visual Culture. Lebanon: Dartmouth College Press.

Layard, R. 2005. Happiness: lessons from a new science. New York: Penguin Press.

Lea, A. M. & Ryan, M. J. 2015. Irrationality in mate choice revealed by tungara frogs. Science 349, 964-966. doi: 10. 1126/science. aab2012; pmid: 26315434

LeRoith, D. et al. 1982. Corticotropin and β-endorphin-Like Materials are Native to Unicellular Organisms. Proceedings of the National Academy of Sciences, 79: 2086-2090.

Lieberman, D. E. & Long, M. E. 2018. The Molecule of More: How a Single Chemical in Your Brain Drives Love, Sex, and Creativity—and Will Determine the Fate of the Human Race. Dallas: BenBella Books. （中译本：丹尼尔·利伯曼，迈克尔·朗 . 2021. 贪婪的多巴胺 . 北京：中信出版集团 .）

Liu, Y. et al. 2010. Nucleus accumbens dopamine mediates amphetamine-induced impairment of social bonding in a monogamous rodent species. PNAS, 107: 1217-1222.

Lodge, D. 2001. Thinks. . . London: Secker and Warburg.

Lorenz, K. Z. 1965. Evolution and the modification of behavior. Chicago: University of Chicago Press.

Lynch, K. S. et al. 2005. Reproductive state influences female plasticity in mate choice. Animal Bebaviour 69: 689-99.

Macmillan, M. 2002. An odd kind of fame: Stories of Phineas Gage. MIT Press.

Mithen, S. 2003. Handaxes: The first aesthetic artefacts. In Voland, E. & Grammer K. (eds), Evolutionary Aesthetics. New York: Springer.

Morris, D, 1996. The Human Zoo: A Zoologist's Classic Study of the Urban Animal. Kodansha

Globe.（中译本：德斯蒙德·莫利斯，2010. 人类动物园 . 上海：复旦大学出版社 .）
Morris, S. C. 2003. Life's Solution: inevitable Humans in a Lonely Universe. New York: Cambridge University Press.
Munro, T. 1956. Toward Science in Aesthetics. New York: The Liberal Art Press.（中译本：托马斯·门罗 . 1985. 走向科学的美学 . 北京：中国文联出版公司 .）
Nagel, T. 1974. What Is It Like to Be a Bat?. The Philosophical Review. 83 (4): 435-450.
Nozick, R. 1974. Anarchy, state, and utopia. New York: Basic Books.
Nusslein-Volhard, C. 2019. Animal beauty: on the evolution of biological aesthetics. Cambridge: MIT Press.
Olds, J. 1956. Pleasure centers in the brain. Scientific American. 195: 105-116.
Orians, G. H. & Heerwagen, J. H. 1992. Evolved responses to landscapes. In E. C. penning-Rowsell & D. Lowenthal (eds), Landscape meaning and values (pp. 3-25). London: Allen & Uniwin.
Parker, S. T. E. et al. 1994. Self-awareness in animals and humans: Developmental perspectives . Cambridge, MA: Cambridge University Press.
Pedersen, C. & Prange, A. 1979. Induction of Maternal Behavior in Virgin Rats After Intracerebroventricular Administration of Oxytocin. Proceedings of the National Academy of Sciences, 76 (12): 6661-5.
Pennebaker, J. et al. 1979. Don't the girls get prettier at closing time? A country and west-ern application to psychology. Personality and Social Psychology Bulletin 5: 122-25.
Petrie, M. & Halliday, T. 1994. Experimental and natural changes in the peacock's (*Pavo cristatus*) train can affect mating success. Beh. Ecol. Sociobiol. 35, 213-217.
Pettijohn ll, T. F. , & Tesser, A. 1999. Popularity in environmental con-text: Facial feature assessment of American movie actresses. Media Psychology, 1 (3): 229-247.
Pettijohn, T. F. , &. Jungeberg, B. J. 2004. Playboy Playmate curves: Changes in facial and body feature preferences across social and economic conditions. Personality and Social Psychology Bulletin, 30 (9): 1186-1197.
Pfaus, J. G. et al. 2012. Who, what, where, when (and maybe even why)? How the experience of sexual reward connects sexual desire, preference, and performance. Arch. Sex. Behav. 41. 31-62. doi: 10. 1007/s10508-012-9935-5; pmid: 22402996
Phillips, A. G. et al. 2008. A top-down perspective on dopamine, motivation and memory. Pharmacology Biochemistry and Behavior, 90 (2): 236-249.
Pinker, S. 1997. How the mind works. New York: W. W. Norton.（中译本：史蒂芬·平克，2016. 心智探奇 . 杭州：浙江人民出版社 .）
Plassmann, H. , et al. 2008. Marketing actions can modulate neural representations of experienced pleasantness. Proceedings of the National Academy of Sciences USA, 105: 1050-1054.
Prum, R. 2017. The Evolution of Beauty: How Darwin's Forgotten Theory of Mate Choice Shapes the Animal World and Us. New York, Doubleday.（中译本：理查德·普鲁姆，2019. 美的进化：被遗忘的达尔文配偶选择理论如何塑造了动物世界以及我们 . 北京：中信出版集团 .）
Putnam, H. 1981. Reason, Truth and History. Cambridge University Press.（中译本：希拉里·普特南 . 1988. 理性、真理和历史 . 沈阳：辽宁教育出版社 .）
Rachman, S. &. Hodgson, R. J. Experimentally induced "sexual fetishism": Replication and development. Psychological Record, 1968. 18 (1): pp. 25-27.

Ramachandran, V. & Hirstein, W. 1999. The Science of Art: A Neurological Theory of Aesthetic Experience. Journal of Consciousness Studies 6: 15-51.

Ridley, M. 1998. The Origins of Virtue: Human Instincts and the Evolution of Cooperation. Penguin. （中译本：马特 · 里德利 . 2015. 美德的起源：人类本能与协作的进化 . 北京：机械工业出版社 .）

Rizzolatti, G. et al. 2006. Mirrors in the mind. Scientific American, 56: 1-11.

Rodd, F. H. et al. 2002. A possible non-sexual origin of mate preference: Are male guppies mimicking fruit? Proceedings of the Royal Society of London B: Biological Sciences 269: 475-81.

Rosenthal G. G. & Ryan, M. J. 2022. Sexual selection and the ascent of women: Mate choice research since Darwin. Science, 375 (6578), eabi6308 DOI: 10. 1126/science. abi6308.

Rosenthal, G. G. 2017. Mate Choice: The Evolution of Sexual Decision Making from Microbes to Humans. Princeton, NJ: Princeton Univ. Press.

Rozin, P. & Fallon, A. E. 1987. A perspective on disgust. Psychological Review, 94, 32-41.

Ryan, M. J. 2018. A Taste for the Beautiful: The Evolution of Attraction. Princeton, NJ: Princeton Univ. Press.

Ryan, R. M. & Deci, E. L. 2001. On happiness and human potentials: a review of research on hedonic and eudaimonic well-being. Annual Review of Psychology, 52: 141-166.

Schick, K. & Toth, N. 1993. Making silent stones speak: human evolution and the dawn of technology. New York: Simon and Schuster.

Schultz, W. et al. 1997. A neural substrate of prediction and reward. Science, 275 (5306): 1593-1599.

Sibley, C. G. & Ahlquist, J. E. 1984. The phylogeny of the hominoid primates, as indicated by DNA-DNA hybridization, Joumal of Molecular Evolution 20: 2-15.

Sibley, C. G. & Ahlquist, J. E. 1990. Phylogeny and Classification of Birds. New Haven: Yale University Press.

Simpson, G. G. 1964. The nonprevalence of humanoids. Science, 143: 769-775.

Singh, D. 1993. Adaptive significance of female physical attractiveness: Role of waist-to-hip ratio. Journal of Personality and Social Psychology, 65 (2): 293-307.

Solnick, S. & Hemenway, D. 1998. Is more always better? A survey on positional concerns. Journal of Economic Behaviour and Organisation, 37, 373-83.

Solso, R. L. 2003. The psychology of art and the evolution of the conscious brain. Cambridge: MIT Press.（中译本：罗伯特 · 索尔索 . 2018. 艺术心理与有意识大脑的进化 . 郑州：河南大学出版社 .）

Spivey N. 2005. How Art Made the World: A Journey to the Origins of Human Creativity. Basic Books.（中译本：奈杰尔 · 斯皮维 . 2019. 艺术创世纪 . 北京：中信出版集团 .）

Stanovich, K. E. 2004. The robot's rebellion: finding meaning in the age of Darwin. Chicago: The University of Chicago Press. （中译本：基思 · 斯坦诺维奇 . 2019. 机器人叛乱：在达尔文时代找到意义 . 北京：机械工业出版社 .）

Sternberg, E . 2016. Neuro logic: The Brain's Hidden Rationale Behind Our Irrational Behavior. Pantheon. （中译本：埃利泽 · 斯滕伯格 . 2018. 神经的逻辑 . 桂林：广西师范大学出版社 .）

Swain, J. E. et al. 2008. Maternal Brain Response to Own Baby-Cry Is Affected by Cesarean Section Delivery. Journal of Child Psychology and Psychiatry, 49 (10): 1042–1052.

Thornhill, R. & Gangestad, S. W. 1999. Facial attractiveness. Trend in Cognitive Science, 3 (12):

260-452.

Tooby, J. & Cosmides, L. 1990. On the universality of hu-man nature and the uniqueness of the individual: The role of genetics and adaptation. Journal of Personality, 58: 17-68.

Voland, E. & Grammer K. (eds) 2003. Evolutionary Aesthetics. New York: Springer.

Weinstein, D. et al. 2016. Group music performance causes elevated pain thresholds and social bonding in small and large groups of singers. Evol Hum Behav, 37: 152-158.

Whipple, B. & Komisaruk, B. R. 1985. Elevation of pain threshold by vaginal stimulation in women. Pain, 21 (4): 357-367.

Williams, J. R. et al. 1994. Oxytocin administered centrally facilitates formation of a partner preference in female prairie voles (Microtus ochrogaster). Journal of Neuroendocrinology, 6: 247-250.

Young, L. & Alexander, B. 2012. The Chemistry Between Us: Love, Sex, and the Science of Attraction. New York: Current. （中译本：拉里 · 杨，布莱恩 · 亚历山大，2016. 我们之间的化学反应 . 重庆：西南师范大学出版社 .）

Young, S. N. 2007. How to increase serotonin in the human brain without drugs. J Psychiatry Neurosci, 32: 394-399.

Young, L. 2009. Love: Neuroscience reveals all. Nature 457: 148. https: //doi. org/10. 1038/457148a

Young, L. J. & Wang, Z. 2004. The neurobiology of pair bonding. Nature Neuroscience , 7 (10): 1048-54.

Young, L. J. et al. 1999. Increased Affiliative Response to Vasopressin in Mice Expressing the Vla Receptor from a Monogamous Vole. Nature, 400 (6746): 766-8.

Zahavi, A. 1975. Mate selection-a selection for a handicap. J. Theor. Biol. 53, 205-214.

Zald, D. H. et al. 2008. Midbrain Dopamine Receptor Availability Is Inversely Associated with Novelty-Seeking Traits in Humans. The Journal of Neuroscience. 28 (53): 14372-14378. DOI: https: //doi. org/10. 1523/JNEUROSCI. 2423-08. 2008

Zeki, S. 1999. Inner Vision: An Exploration of Art and the Brain. New York: Oxford University Press.

Zipser, B. et al. 1988. The opiate receptor: a single 110 kDa recognition molecule appears to be conserved in Tetrahymena, leech, and rat. Brain Research, 463: 296-304.

大都会艺术博物馆 . 2012. 艺术是……（中文版）. 纽约：大都会艺术博物馆出版 .

胡俊 . 2015. 艺术 · 人脑 · 审美——当代西方神经美学的研究进展、意义和愿景 . 文艺理论研究，4: 164-172.

黎乔立 . 2000. 审美生理学导论 . 广州：广东人民出版社 .

梁宋平 . 2022. 幸福感的由来：生物学机制与启示 . 北京：科学出版社 .

刘晓纯 . 1986. 从动物快感到人的美感 . 济南：山东文艺出版社 .

美学原理编写组 . 2017. 美学原理 . 北京：高等教育出版社 .

孟凡君 . 2023. 认知神经美学视域下的美感问题研究 . 济南：山东大学出版社 .

王婷婷 . 2020. 进化中的审美：从舌尖至心灵 . 北京：清华大学出版社 .

王贤钏 . 2003. 让男人惊叹的女性直觉 . 百科知识，8: 35-36.

周晓，陈东东，Stephen Kress, 陈水华 . 2017. 海鸟种群的人工招引与恢复技术及其应用 . 生物多样性，25 (4): 364–371.

朱光潜 . 1958. 美学批判论文集 . 北京：作家出版社 .

朱光潜 . 2009. 悲剧心理学 . 南京：江苏文艺出版社 .